U0260168

北美非常规油气资源
经济性分析

高世葵　董大忠　黄玲◎编著

中国经济出版社
CHINA ECONOMIC PUBLISHING HOUSE

·北 京·

图书在版编目（CIP）数据

北美非常规油气资源经济性分析／高世葵，董大忠，黄玲编著.
—北京：中国经济出版社，2018.12
ISBN 978-7-5136-5220-9

Ⅰ.①北… Ⅱ.①高…②董…③黄… Ⅲ.①油气资源—资源开发—经济评价—研究—北美洲
Ⅳ.①TE155

中国版本图书馆 CIP 数据核字（2018）第 110258 号

责任编辑　丁　楠
责任印制　马小宾
封面设计　任燕飞

出版发行　中国经济出版社
印 刷 者　北京九州迅驰传媒文化有限公司
经 销 者　各地新华书店
开　　本　710mm×1000mm　1/16
印　　张　25.5
字　　数　415 千字
版　　次　2018 年 12 月第 1 版
印　　次　2018 年 12 月第 1 次
定　　价　88.00 元
广告经营许可证　京西工商广字第 8179 号

中国经济出版社 网址 www.economyph.com 社址 北京市西城区百万庄北街 3 号 邮编 100037
本版图书如存在印装质量问题，请与本社发行中心联系调换（联系电话:010-68330607）

前　言

　　2014 年，国际原油价格的暴跌把北美页岩油气带入了大众的视野。2016 年 OPEC 大幅增产，本以为会被低油价扼杀的页岩企业，却经过 30 美元油价的冲击洗礼，仍屹立不倒。非常规油气已经成为全球能源市场供给的重要一部分，以其巨大的开发潜力、快速的增产能力，成为影响国际油价走势和全球能源化工格局的重要力量。

　　据 BP 世界能源统计年鉴报告，美国天然气产量首次于 2009 年超过俄罗斯成为全球最大的天然气生产国；2016 年美国原油产量每日高达 1235 万桶，天然气年产量突破 7492 亿方，一跃成为天然气净出口国；2017 年美国油气产量甚至超越沙特阿拉伯和俄罗斯位居世界之首。美国的能源工业取得如此改变全球油气市场的辉煌业绩，源于自 2000 年以来北美油气工业发生的一场影响全球的"黑色页岩革命"——美国成功开发了非常规的页岩油气。美国正是依赖这场新的能源"革命"，初步实现了"能源独立"的伟大梦想，改变了全球能源供求格局和地缘政治。

　　21 世纪以来，随着各国人口增长与经济社会发展的新趋势，世界经济进入新的发展周期，发达国家能源需求增速趋缓，但与此同时发展中国家需求直线攀升，需求重心转向以中国和印度为代表的高增长发展中国家（2017 年中国和印度两国能源消费的增长约占全球需求增长的一半——BP 世界能源统计年鉴），不断引领世界一次能源消费需求持续增长。面对巨大的能源需求，尽管油气化石燃料占能源消费的总体份额有所下降，毋庸置疑仍是未来相当长时期的主要能源类型，由于世界常规油气产能建设和供应生产相对不足，新的供应来源必然是整个能源工业最为关注的焦点，"黑色页岩革命"的风暴掀起全球非常规油气勘探开发取得一系列重大突破，美国的致密油气、页岩气、煤层气，加拿大的油砂，委内瑞拉的重油，发展迅猛，导致全球非常规油气产量大幅增长，而全球非常规油气资源丰富，非常规石油资源与常规石油大致相当，非常规天然气资源约是常规天然气的 8 倍，毫无疑问非常规油气资源成为近年来及未来全球能源消费规模最大的新供应来源。

　　中国作为全球最大的发展中国家，能源需求旺盛。BP 世界能源统计年鉴数据显示，中国 2017 年一次能源消费高达 3132 百万吨油当量，中国已连续十七年成为全球范围内增速最快的能源市场；同时中国页岩气资源丰富，原国土资源部资源评价的结果显示，中国页岩气地质资源量为 121.86 亿方、技术可采资源量为 21.81 亿方，位居世界前列。为发展清洁能源、调整能源结构、保障中国能源安全，中国必须参与到这场全球"页岩革命"中，进行"能源革命"。页岩气开发利用成为全球及中国能源战略的重要选择。

一般来说，以页岩气为例的非常规油气是指用传统技术无法获得自然工业产量、需用新技术改善储集层渗透率或流体黏度等才能经济开采、连续或准连续型聚集的油气资源。因此，与常规油气资源相同，非常规油气资源的开发利用离不开三大关键要素——资源、技术和经济，但是非常规油气资源由于孔隙度、渗透率极低，储量丰度低，开采难度大，开采成本高，经济评价、经济分析成为其能否规模开发关注的重中之重。

本书以经济视角，探讨非常规油气资源的经济开采意义、经济主控要素的经济评价方法以构建一套非常规油气资源经济分析的方法体系和评价流程，并据北美页岩资源特征、开发新进展，针对北美页岩区块的非常规油气资源进行经济性分析，旨在为中国页岩气资源实现大规模商业开发奠定经济分析基础；同时也为中国实施"走出去"战略的海外选区并购提供投资决策的经济依据。当然，笔者也将根据该领域研究与勘探开发进展，在将来必要的时候，进一步完善相关认识，吸纳新的研究进展和勘探开发成果，望业内外专家、学者和热心读者提供宝贵意见和建议。由于作者水平有限，时间紧迫，书中疏漏或不妥之处难免，恳请批评指正。

本书共 6 章。前言由高世葵编写，第一章由董大忠、卢一鸣、赵丹丹、梁萍萍编写，第二章由高世葵、殷诚、宋瑶、李冰钰编写，第三章由高世葵、朱文丽、颜楠、吴雅云编写，第四章由高世葵、赵阳、温智婷、陈伟编写，第五章由高世葵、朱文丽、黄玲、叶雪迎、董大忠编写，第六章由董大忠、梁萍萍、张扬、郝梅燕编写。最后由高世葵、董大忠和黄玲统编完成。

本书受到国家油气重大科技专项《全球重点地区非常规油气资源潜力分析与未来战略选区》（2011ZX05028-002）和原国土资源部资源环境承载力评价重点实验室基金资助。

编者

2018 年 10 月

目　录

第一章　非常规油气资源的"非"同常规

21世纪以来，在能源需求不断增长的宏观形势下，在常规大油气田发现个数与储量规模明显下降、勘探开发关键技术不断创新的严峻背景下，谁将逐步补充常规能源成为世界能源新的供应源？谁将跻身能源工业与常规能源并驾齐驱继续撑起化石能源的一片天？在整个能源工业的密切关注和急切等待中，非常规油气资源闪亮登场。

第一节　非常规油气资源的"非"同特性

毫无疑问，近年来规模最大的新供应源正是非常规油气资源。非常规油气资源勘探开发取得了重大突破，非常规油气产量不断刷新，占全部能源供应的比例逐年增加，对勘探领域的拓展和油气工业的发展产生了深远影响，非常规油气是世界油气工业发展的必然趋势、必由之路和必然选择。

那么，与常规油气资源相比，非常规油气资源有着怎样"非"同常规的属性特征？非常规油气资源有着怎样"非"同常规的理论技术？非常规油气资源有着怎样"非"同常规的意义前景？

首先，非常规油气具有与常规油气完全不同的定义特征、属性参数。

一、非常规油气资源的界定

对于非常规油气资源的定义或界定，可能基于不同的角度，有不同的认识。有的按照基质渗透率界限进行界定，有的从地质特征和勘探的角度进行界定，有的根据开采技术要求进行界定，有的却从经济性角度对非常规油气进行界定。

1. 经济技术的视角

大致自20世纪80年代以来，常规和非常规油气的概念开始流行。但是最早的常规与非常规油气资源的划分，不是基于资源本身，而恰恰是源于人们的经济视角。张抗（2012）指出，人类对地下资源的利用，显然总是从较易开发、资源丰度较高、能获得较大经济效益的资源入手，然后随着需求的扩大、高品位资源的耗尽匮乏，不得不转向资源禀赋较差的领域。因此，人们把当时就可进行经济开发的那些油气资源类型归为常规，而把丰度低、难开发以致在当时技术条件下难以取得经济效益的油气资源列入非常规。如在20世纪70年代的早中期，美国大多数勘探地质学家将次经济和经济边缘的煤层气、页岩气、致密低渗透砂岩（或碳酸盐岩）气看作非常规天然气。Etherington（2005）等就指出非常规油气藏是指未经大型增产措施或特殊开采过程而不能获得经济产量的油气藏。Holditch（2007）等将非常规天然气定义为"除非采用大型压裂、水平井或多分支井或其他一些使储层能够更多暴露于井筒的技术，否则就不能获得经济产量或经济数量的天然气"。

从经济技术视角来界定，所谓的非常规是指在当时技术条件下难以取得经济效益的油气资源。

但是，随着在需求的巨大推动下，依托科技水平的提升和本世纪初油气价格的抬升，可采经济边际不断下移，某些原有的非常规油气已投入经济开采，如非常规石油的重（稠）油、油砂、页岩油，非常规天然气的煤层气、页岩气和致密储层气，有的开发成本甚至低于常规资源的平均成本，对于这些类型的油气虽然从整体上看已不再有不能经济开发的含义，但常规与非常规的划分仍被习惯性地沿用至今。显然，从经济开采的视角，对非常规油气的界定更具有动态性质，如图1-1-1中的利润产量临界点可动态变化，常规与非常规的划分是相对的，非常规油气是一个动态的且有着一定人为性的概念。

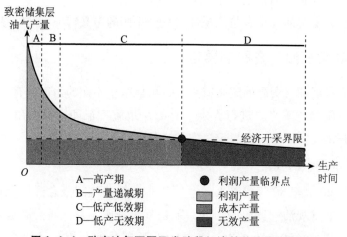

图1-1-1　致密油气不同开发阶段经济效益边界示意图

资料来源：邹才能等（2013）

2. 地质储层的视角

Law 等（2002）认为，常规天然气与非常规天然气在地质上存在根本性差异。常规天然气是浮力驱动形成的矿藏，其分布表现为受构造圈闭或岩性圈闭控制的不连续分布形式，而非常规天然气则是非浮力驱动形成的矿藏，其分布表现为不受构造圈闭或岩性圈闭控制的区域性连续分布形式。

美国石油工程师学会（SPE）、石油评价工程师学会（SPEE）、美国石油地质师协会（AAPG）、世界石油大会（WPC）2007 年联合发布非常规油气资源的定义：非常规资源存在于大面积遍布的石油聚集中，不受水动力效应的明显影响，也称为"连续型沉积矿"。这一定义认为非常规油气资源与连续型油气概念一致。

常规油气总是储存在孔隙度、渗透性较好（多属中、高孔渗类）的地层中，这正是其有较高产量、较好效益的主要原因之一。而孔渗性不好（因而单井日产量相当低）、相对致密的储层中的油气则归属于非常规。Harris Cander（2012）提出了一个简单的定义图版（图 1-1-2），考虑了岩石物性和其中的流体性质等因素。所有油气田都投在黏度和渗透率图版上（横、纵坐标均为对数坐标），常规资源都落于图版的右下象限内，与流体相态无关；所有非常规资源，由于渗透率与黏度的比值较低，都落于图版右下象限之外。非常规资源被定义为通过技术改变岩石渗透率或者流体黏度，使得油气田的渗透率与黏度的比值变化，进而能获得工业产能的资源。

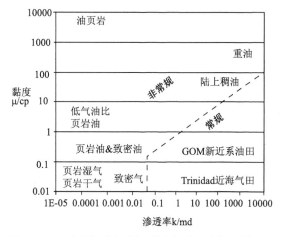

图 1-1-2　非常规油气资源黏度与渗透率相关性图版

资料来源：邹才能等（2013）

加拿大国家能源局（NEB）对非常规页岩油气的定义，是指富集储存在低孔隙度、低渗透性的页岩源岩中，或运移储藏在致密的砂岩、石灰岩等储层中。加拿大非常规天然气学会（CSUG）强调的是非常规储层，而非常规储层通常指的是那些质量差且需要采用加强的完井技术才能在商业上获得成功的井的储层，表现最为突出的就是致密储层。所谓致密储层可包括砂岩类、页岩类和碳酸盐岩类。

3. 综合的视角

Singh 等（2008）、Old 等（2008）、Marin 等（2010）、Cheng（2010）等将非常规油气资源定义为由于特殊的储层岩石性质（基质渗透率低，存在天然裂缝）、特殊的充注（自生自储岩石中的吸附气、甲烷水合物）或者特殊的流体性质（高黏度）而只有采用先进技术、大型增产处理措施和/或特殊的回收加工才能获得经济开发的油气聚集。

邹才能等（2013）在系统分析各类非常规油气基本特征的基础上，重新厘定涵盖主要观点的非常规油气定义（图1-1-3）：非常规油气是指用传统技术无法获得自然工业产量、需用新技术改善储集层渗透率或流体黏度等才能经济开采、连续或准连续型聚集的油气资源。非常规油气有两个关键标志和两个关

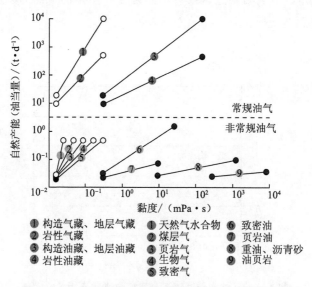

图1-1-3　常规与非常规油气黏度与自然产能鉴别图

资料来源：邹才能等（2013）

键参数，两个关键标志为：①油气大面积连续分布，圈闭界限不明显；②无自然工业稳定产量，达西渗流不明显。两个关键参数为：①孔隙度小于 10%；②孔喉直径小于 $1\mu m$ 或渗透率小于 $1\times10^{-3}\mu m^2$。

赵靖舟（2012）把非常规油气定义为在油气藏特征或成藏机理方面有别于常规油气藏、采用传统开采技术通常不能获得经济产量的油气矿藏（图1-1-4）。非常规油气的内涵比"连续油气聚集"的含义广，后者是非常规油气资源的重要组成部分但不是全部。非常规油气还包括重油、油砂等，它们不一定是连续型的。

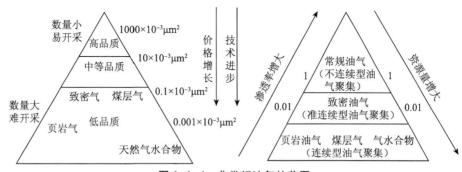

图 1-1-4 非常规油气的范围
资料来源：赵靖舟（2012）

这样，从可以进行商业开发的非常规油来说就包括重（特重）油沥青砂、油砂、页岩油和致密油、油页岩，非常规天然气则有天然气水合物、煤层气、页岩气、生物气和致密气。

二、非常规油气资源的类型

据邹才能等（2012）引用的 Masters 和 Gray（1979）的油气资源类型特征三角图（图1-1-5），其顶部是常规的构造油气藏和岩性地层油气藏，资源品质高，但资源总量较小；中间是准连续型的重油、油砂油、碳酸盐岩缝洞油气等；下部是连续型的致密油、致密气、煤层气、页岩油、页岩气、油页岩油、水合物等，后两者为非常规油气聚集。从不同角度，根据非常规油气的不同属性和特征，可以对非常规油气进行不同分类。根据储集岩类型，可以分为致密砂岩油气、页岩油气、煤层气、碳酸盐岩缝洞油气、火山岩储层油气、变质岩储层油气等。根据成熟度、密度和黏度，依次可分为油页岩，重油，油砂，页岩油、致密油，页岩气、煤成气、致密气。

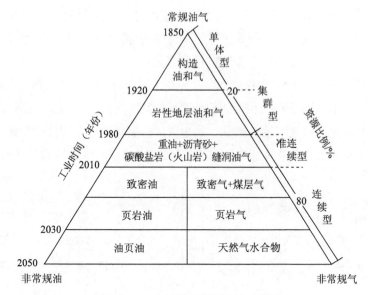

图 1-1-5 油气资源类型特征三角图

资料来源：邹才能等（2012）

根据油气赋存载体及其耦合关系，可以分为流固耦合型（致密油气、页岩油气、煤成气）、气水固合型（天然气水合物）、气水融合型（水溶气）、水动力遮挡型（水动力封闭气）。按照油气聚集方式，常规和非常规油气可分为单体型、集群型、准连续型与连续型4种基本类型，其中非常规油气包括准连续型和连续型，不严格受圈闭控制，平面上呈大面积准连续型或连续型分布。准连续型油气聚集，包括碳酸盐岩缝洞油气、火山岩储层油气、变质岩储层油气、重油、油砂油、天然气水合物等；连续型油气聚集是非常规油气的主要聚集模式，包括致密砂岩油和气、页岩油和气、煤层气等。总之，非常规天然气包括致密气（致密砂岩气、火山岩气、碳酸盐岩气）、煤层气（瓦斯）、页（泥）岩气、天然气水合物（可燃冰）、水溶气、无机气以及盆地中心气、浅层生物气等。非常规石油包括致密油（致密砂岩油、火山岩油、碳酸盐岩油、变质岩油）、页岩油、油页岩、重油、油砂油等。

不同类型非常规油气的地质特征、聚集机理和分布规律既有共同之处，也存在差别（表1-1-1）。在非常规油气中，连续型油气占绝大多数，下面对主要非常规油气类型做简要介绍。

表1-1-1　非常规油气成藏特征对比表

分布特征	油气聚集类型	模式图	实例
准连续型	碳酸盐岩缝洞油气		塔里木盆地台盆区Є—O缝洞油气
	火山岩储层油气		新疆北部C—P克拉美丽气田、牛东油田
	变质岩储层油气		辽河凹陷兴隆台古潜山内幕油气
	重油		渤海湾盆地N重油
	油砂油		准噶尔盆地西北缘J油砂
连续型	致密砂岩油气		鄂尔多斯盆地C—P、T致密油气
	致密碳酸盐岩油气		北美Eagle Ford致密油
	页岩油气		鄂尔多斯盆地T页岩油、四川盆地Є、S页岩气
	煤层气		沁水盆地C—P煤层气
	油页岩		松辽盆地K油页岩
	水合物		南海北部斜坡区水合物

资料来源：邹才能等（2012）

1. 非常规天然气

致密砂岩气：是覆压基质渗透率 ≤0.1×10^{-3} μm^2（约相当于空气渗透率 ≤1×10^{-3} μm^2）的砂岩中的天然气。致密砂岩气的基本特征是：储层物性差，孔隙度小于10%，渗透率为 10^{-12}~1×10^{-3} μm^2；砂泥间互、源储邻接；无明显圈闭和直接盖层，但上覆区域性盖层好，构造活动性弱，保存条件好；主要分布于盆地中部及斜坡，气水界限与分布复杂。天然气聚集服从"活塞式"运移原理，一般致密气运移聚集表现为气层与煤系源岩大面积接触，以短距离二次运移为主。如鄂尔多斯苏里格、四川盆地须家河组致密砂岩气等。

页岩气：是指赋存于非常细、极低孔渗的沉积岩（主要为页岩层）中的天然气。在富含有机质的页岩层段中，以吸附气、游离气和溶解气状态储藏的天然气，主体是自生自储的连续性气藏。富烃页岩既是烃源岩，又是储集岩，储集空间主要有粒间孔、粒内孔和有机质孔，为纳米级孔隙系统。高有机质含量的黑色泥页岩是形成页岩气的基本条件。影响页岩气形成的因素很多，其中有3个因素最为关键：一是有机质丰度，有机质丰度越高，含气量越大，一般要求 TOC 大于2%；二是有机质成熟度，热成因气页岩的 R$_o$ 一般大于1.5%；三是页岩的岩石性质，其控制产能大小，一般要求脆性矿物（石英、长石等）含量达到40%，裂缝发育，有利于游离气产出。页岩气具有以下基本特点：一是页岩气主要形成于成熟有机质高热演化阶段；天然气赋存方式既有游离气，也有吸附气和溶解气；二是页岩气分布于平缓斜坡区、坳陷区和盆地边缘，含气范围广，气层厚度大，有核心区和"甜点"，可预测性强；三是单井产量不高，稳定产量一般（1~20）×10^{4}m^3，但稳产时间长，可以持续生产20~30年以上，一般不产水。如四川盆地下古生界页岩气等。

煤层气：是一种生成并储存于煤层中，以甲烷为主要成分、以吸附状态为主要赋存方式，在煤矿开采中俗称"瓦斯"。煤层气是煤层中自生自储式非常规天然气，源储一体，圈闭界限不明显。煤层气甲烷含量超过95%，存在极少量较重的烃类（大部分为乙烷和丙烷）以及氮气、二氧化碳。煤岩不仅持续生烃，而且运移、聚集、分布以及开采过程均表现出"连续性"特征。由于生成、赋存、富集条件和开发方式不同，煤层气与常规天然气既相似，又有其自身的特点。煤层气赋存具有明显的分带性，依据煤层气 δ^{13}C$_1$ 值、非烃含量、甲烷含量和开采特点，由盆地边缘向腹地一般可划分为氧化散失带、生物降解带、饱和吸附带和低解吸带4个带。其中饱和吸附带盖层条件好，处于承压水封闭环境，含气量大，含气饱和度高，煤层埋深适中，物性较好，气井单井产量高，是煤层气勘探开发的主要目标区，如山西沁水、陕西韩城等区块的煤层气。

2. 非常规油

致密油：是一种非常规的轻质石油，储集在覆压基质极低渗透率≤$0.1×10^{-3}\mu m^2$（约相当于空气渗透率≤$1×10^{-3}\mu m^2$）的致密砂岩、致密碳酸盐岩、页岩等岩层中。致密油主要地质特征是：覆压基质渗透率≤$0.1×10^{-3}\mu m^2$，孔隙度<10%，一般 API 大于 40°。形成致密油需具备 3 个必要条件：①广覆式分布的Ⅰ型或Ⅱ型优质成熟生油层；②大面积分布的储集层；③致密储集层与生油岩紧密接触。如鄂尔多斯延长组、松辽盆地白垩系湖盆中心致密砂岩油等。

页岩油：是指赋存于富有机质、纳米级孔径页岩中的石油聚集。石油基本未经历运移，原位赋存。页岩既是石油的生油岩，又是石油的储集岩。页岩油以吸附态和游离态存在，一般油质较轻、黏度较低。在较高热演化的生油岩中，页岩热演化处于凝析油阶段，形成凝析页岩油。目前研究较多的是海相页岩气，陆相页岩油还没有获得真正意义上的工业化突破和规模化生产。与页岩气不同，页岩油主要形成在有机质演化的"生油窗"阶段（R_o介于 0.5%~2.0%）。在富有机质页岩持续生油阶段，石油也在页岩储层中滞留吸附、持续聚集，只有在页岩储层自身饱和后才向外溢散或运移。页岩油一般分布于平缓斜坡区、坳陷区和盆地边缘烃源岩排烃不畅的地区或层段。目前世界上形成工业产量的页岩油绝大多数产自裂缝性泥页岩。页岩裂缝孔隙型石油形成于特殊的地质环境和聚集条件：①优质烃源岩；②发育脆性矿物；③微米-纳米级基质孔喉系统；④厚层页岩中具网状裂缝。如鄂尔多斯盆地三叠系页岩油等。

重油沥青：重油和沥青，不同国家有不同的定义标准，一般指黏度大、密度高，地下条件不易流动或不能流动的原油。在油层温度条件下，黏度大于$1.0×10^4 mPa·s$，密度小于 10°API（相对密度大于 1.0）的石油为沥青；黏度为 50~10000mPa·s，密度为 10°~20°API（相对密度 0.934~1.0）的石油为重油。重油沥青的成因主要有原生型和次生型两种类型。原生型主要是指未成熟油或低成熟油，次生型是指后期遭受生物降解等稠变作用形成的重油。重油和沥青的特点是密度大、黏度高和馏分组成偏重，20℃时密度均在 $0.9 g/cm^3$ 以上。如加拿大阿尔伯达重油沥青、委内瑞拉重油沥青带、辽河欢喜岭油田等。

油页岩：又称油母页岩，是指高灰分的固体可燃有机岩，含油率应大于3.5%，它可以是腐泥、腐殖或混合成因的，其发热量一般≥4.19MJ/kg。它和煤的主要区别是灰分超过40%，与炭质页岩的主要区别是含油率大于3.5%。如美国绿河油页岩及中国抚顺、茂名油页岩等。

天然气水合物：是由主体分子（水）和客体分子（烃类甲烷、乙烷、丙烷、异丁烷等气体分子及非烃类氮气、二氧化碳以及硫化氢等气体分子）在低温（-10~+28℃）和高压（1~9.0MPa）条件下，通过范德华力相互作用，形成的结晶状笼形固体络合物，其中水分子借助氢键形成结晶网络，网络中的孔穴内充满轻烃、重烃或非烃分子。水合物具有极强的储载气体能力，一个单位体积的天然气水合物可储载100~200倍于该体积的气体量。天然气水合物通常呈白色，外形如冰雪状。结晶体以紧凑的格子构架排列，与冰的结构相似。天然气水合物中通常含大量甲烷或其他碳氢气体分子，易燃烧，也有人称之为"可燃冰"，而且在燃烧以后几乎不产生任何残渣或废弃物。决定天然气水合物形成和分布的地质控制因素包括温压稳定性、气源、水源、天然气运移和储集岩。如中国南海海域、南极等。

三、非常规油气资源地质特征

1. 源储特征

非常规油气的源储关系多数为源储共生，主要包括源储一体型和源储接触型两种类型，其中源储一体型油气聚集是指烃源岩生成的油气没有排出，滞留于烃源岩层内部形成油气聚集，包括页岩气、页岩油和煤层气等，是烃源岩油气；源储接触型油气聚集是指与烃源岩层系共生的各类致密储集层中聚集的油气，包括致密油和致密气，是近源油气。

从常规圈闭油气藏到常规油气聚集区带，再到非常规油气聚集层系，代表了油气勘探开发对象的变迁。单个圈闭中如果聚集并保存油气则成为油气藏；常规油气聚集区带是受同一个二级构造带或岩性地层变化带控制的、聚集条件相似的一系列油气藏（田）的总和，强调了油气藏边界的概念和作用；非常规油气聚集层系是储集于大面积源储共生层系纳米级孔喉系统等储集空间中的连续型油气聚集，以及储集于碳酸盐岩缝洞、火山岩储集层、变质岩储集层等储集空间中的准连续型油气聚集，突破了带状分布和油气藏的理念，无明显"藏"边界。

2. 运聚特征

非常规油气聚集单元是大面积储集层，不存在明显或固定界限的圈闭和盖层。

非常规油气运聚过程中，区域水动力影响较小，水柱压力与浮力在油气运聚过程中的作用局限，以扩散和超压作用等非达西渗流为主。源储一体型油气主要是滞留聚集，源储接触型油气主要靠渗透扩散。运聚动力为烃源岩排烃压力，运聚阻力为毛细管压力，两者耦合控制油气边界或范围。

非常规油气聚集运移距离一般较短，为初次运移或短距离二次运移，其中煤层气、页岩油气"生-储-盖"三位一体，基本上生烃后原地存储；致密砂岩油气存在一定程度运移，渗滤扩散和超压等是油气运移主要方式，如美国 Fort Worth 盆地石炭系 Barnett 页岩既是烃源岩又是储集层，含气面积达 10360 km^2，表现为"连续"聚集特征。

3. 储集层特征

非常规油气聚集储集层主要发育大规模纳米级孔喉系统，如致密砂岩气储集层孔喉直径主要为 25~700 nm；致密砂岩油储集层以中国鄂尔多斯盆地湖盆中心长 6 油层组为代表，孔喉直径主要为 60~800 nm；致密灰岩油储集层以中国川中侏罗系大安寨段为代表，孔喉直径主要为 50~800 nm。

纳米级孔喉系统导致储集层致密、物性差，一般孔隙度小于 10%、渗透率为 $10^{-6}\times10^{-3}\sim1\times10^{-3}$ μm^2，断裂带发育处伴有微裂缝，储集层物性变好，如中国鄂尔多斯盆地苏里格地区盒8段平均孔隙度为 7.34%、渗透率为 0.63×10^{-3} μm^2，山$_1$段平均孔隙度为 7.04%、渗透率为 0.38×10^{-3} μm^2。页岩油气储集层更加致密，孔隙度一般为 4%~6%，渗透率小于 $10^{-4}\times10^{-3}$ μm^2，处于断裂带或裂缝发育带的页岩储集层渗透率则有所增加。

4. 分布特征

非常规油气主要分布在源内或近源的盆地中心、斜坡等负向构造单元，大面积"连续"或"准连续"分布，局部富集，突破了传统二级构造带控制油气分布概念，有效勘探范围可扩展至全盆地，油气具有大面积分布、丰度不均一特征。源储一体或储集体大范围连续分布、圈闭无形或隐形决定了非常规油气大面积连续分布，油气聚集边界不显著，易形成大油气区或区域层系。如页岩油气自生自储，没有明确圈闭界限与气水界面。源储直接接触的盆地中心及斜坡区油气聚集，空间分布具有"连续性"，如鄂尔多斯盆地三叠系致密油和上古生界致密气平面上连续分布。

非常规油气连续型聚集主要取决于优质烃源岩层、大面积储集层、源储共生3个关键要素。

5. 流动特征

一般无自然工业产量、非达西渗流是非常规油气聚集的典型特征之一。以致密砂岩为例，渗流机理受孔渗条件和含水饱和度控制，存在达西流和非达西流双重渗流机理，广泛存在非达西渗流现象。致密油气具有滞流、非线性流、拟线性流3段式流动机理。碳酸盐岩中连通的缝洞体、致密砂岩中的溶蚀相带或裂缝带是油气富集的"甜点区"。

6. 开采特征

非常规油气储集层致密，一般无自然工业产量，主要采用水平井规模压裂技术、平台式"工厂化"生产、纳米技术提高采收率等方式开采。目前非常规油气一般以一次与二次开发为主，通常采用水平井、多分支井等钻井技术，最大限度钻揭储集层；水平井多级体积压裂改造技术，最大限度提高储集层改造范围与规模，最大限度提高单井产量；平台式工厂化开采技术，最大限度开发利用地下资源。"人造渗透率"为核心的水平井体积压裂技术创新、平台式"工厂化"低成本开发模式创新，使非常规油气资源得以大规模经济有效开发。主要具有八大开采特征：①油气连续性区域分布，局部发育"甜点"；②无统一油气水界面，产量有高有低；③开发方案编制主要基于油气外边界确定和资源预测；④典型的"L"型生产曲线，第1年递减率超50%，长期低产稳产；⑤需打成百上千口井，没有真正的"干井"；⑥采收率较低，一次开采为主，井间接替；⑦以水平井体积压裂与平台式工厂化生产为主；⑧地质风险相对小，但效益有高低。

页岩气主要靠滑溜水压裂生产，页岩油可能主要靠气体压裂生产。针对尚未突破的页岩油，需加强非水气体压裂等技术攻关，如临界气体（二氧化碳、烃类气、氮气、空气等）压裂液等工业化试验，改变石油在页岩地层中的温压参数、赋存状态、流动性能等。

第二节　非常规油气资源的"非"凡意义

一、非常规油气资源的革命

油气革命通常有 3 个显著标志：一是理论的颠覆性，二是技术的突破性，三是生产的工业性。

1. 非常规油气理论的颠覆性

Mccolough（1934）提出的"圈闭学说"是常规油气地质理论形成的重要标志，指导常规油气资源的勘探开发。常规油气是以圈闭和油气藏为研究对象，圈闭是核心，学科基础是圈闭成藏理论。传统石油地质研究强调从烃源岩到圈闭的油气运移，寻找有效聚油圈闭是油气勘探的核心。传统常规勘探开发将页岩作为生油气层而非储层，没有把页岩油气作为有效资源。

Schmoker（1995）等提出的"连续型油气聚集"证实页岩中发育纳米级孔喉系统，没有圈闭也能聚集油气，这一理论突破了资源禁区，挑战常规储层下限，颠覆传统圈闭成藏理论，是非常规油气理论开启的里程碑，为非常规油气资源有效开发利用提供了科学依据。非常规油气是以连续型或准连续型油气聚集为研究对象，源储配置是核心，学科基础是连续型油气聚集理论。针对大面积展布的非常规储集体，关键在于大规模纳米级孔喉储层的致密背景与油气生成、排聚过程的时空匹配，以圈定核心区、筛选甜点区，确定油气资源潜力。

未来，油气勘探开发将不断突破"生烃最高温度"、"储层最小孔隙度"、"油气赋存最大深度"等方面极限。

2. 非常规油气技术的突破性

理论的颠覆带来技术突破。随着以纳米孔喉系统"连续型"油气聚集地质理论的创新，带来了非常规油气的一系列技术的突破。

非常规油气储集体物性差，储层主体孔隙度小于 10%，地下渗透率小于 $0.1 \times 10^{-3} \, \mu m^2$，一般无自然工业产能。为了最大限度增大油层接触面积与油气流动通道，需要"人造渗透率"的技术，旨在让无自然工业产能的非常规油气得以实现有效开采。

与直井相比，水平井具有泄油气面积大、单井产量高、穿透度大、储量动用程度高、节约土地占用、避开障碍物和环境恶劣地带等优点，在提高单井油气产量和提高油气采收率方面具有重要作用，目前已成为非常规油气资源高效勘探开发的关键技术。随着水平井技术综合能力和工艺技术的发展，催生了多种水平井新技术，如大位移水平井、侧钻水平井、多分支水平井、羽状水平井、丛式水平井（PAD）、欠平衡水平井、连续油管钻井等。

体积压裂改造技术是在水平井最大限度增加泄油气面积的基础上，通过压裂形成一条或多条主裂缝的同时，使用分段多簇射孔及转向技术等，实现对天然裂缝、岩石层理的沟通，以及在主裂缝的侧向强制形成次生裂缝，在次生裂缝上继续分支形成二级次生裂缝，以此类推，形成主裂缝与多级次生裂缝交织形成的裂缝网络系统，实现对储层在长、宽、高三维方向的全面改造。体积改造技术既能大幅提高单井产量，又能降低储层有效动用下限，是实现非常规油气经济开发的重要技术。

而微地震监测技术，则通过直接测量因裂缝间距超过裂缝长度而形成的裂缝网络，从而对压裂作业效果进行评价，不断优化非常规油气藏的管理，提高非常规油气的最终采收率。

因此，水平井钻井、大规模压裂和压裂微地震实时监测诊断三大关键技术的创新，大大提高了非常规油气的初始开采速率和最终采收率，为非常规油气革命奠定了技术基础。

3. 非常规油气生产的工业化

非常规油气开发的技术进步推动了整个石油工业技术升级换代和快速发展。从开发方式和产量提升上，常规油气开发是按照确定的产能目标建设，一般先依靠油层自身能量进行开采；当天然能量不足时，再通过人工向油层注水、注气或注其他溶剂，保持油层压力进行开采。

非常规油气资源经济有效开发的关键是不断探索低成本开采工艺与开采方式。由于非常规油气的"初始产量较高，递减很快且中后期递减速度较慢，稳产期很长"的独特开采特征，决定了非常规油气开采从一个井场单井开采的常规模式转变为平台式钻井+同步压裂或交叉压裂的"工厂化"作业方式，通过井间接替追求累计产量，实现全生命周期的经济效益最大化。这种方式可大幅减少土地占用量、设备动迁次数和作业时间、减少地面管线与集输设备，在多口井控制范围内整体产生更为复杂的裂缝网络体系，增加油气聚集单元改造体积，既能大幅提高初始产量和最终采收率，又能降低生产作业成本，是目前非常规油气资源实现经济有效开发的最有效手段，实现了非常规油气资源的工业化开采。

北美地区已实现"平台式"钻井、"工厂化"生产，创建了"多井低产"、"多井低成本"的非常规油气有效开发的典范。中国在鄂尔多斯盆地致密油、致密气、煤层气开采方面，开始探索"平台式"钻井与"工厂化"生产的开发方式，也取得了重要进展。

总之，非常规油气资源的这场革命，使得其与常规油气勘探开发在地质研究、技术攻关、勘探方法、开发方式与开采模式等方面有着不同的工作重点（表1-2-1）。

表1-2-1 非常规与常规油气勘探开发工作的主要区别

序号	工作重点	非常规油气	常规油气
1	地质研究	优选核心区	优选圈闭
		确定富集"甜点"	确定有效聚油气圈闭
2	技术攻关	水平井	地震目标预测
		体积压裂	直井钻井
3	勘探方法	突破"甜点"	获得发现
		确定连续型油气区边界	确定圈闭边界
4	开发方式	平台式"工厂化"生产试验区建设	产能目标建设
		探索降低成本工艺	探索开发方式
5	产量提升	单井累产	单井高产稳产
		井间接替	注气液提高采收率

资料来源：邹才能（2015）

二、非常规油气资源的前景

据国际能源机构（IEA）统计，2017年非常规石油产量已占全球石油总产量的11%，2017年非常规天然气产量已占全球天然气总产量的23%，非常规油气已成为全球油气供应的重要组成部分。目前中东、俄罗斯、北美、南美四大常规油气分布区已经形成，而北美、亚太、南美、俄罗斯四大非常规区正逐步成形，全球也正在形成西半球的美国、东半球的中国两大非常规油气战略突破区。

全球非常规油气资源丰富，据美国联邦地质调查局（USGS）、美国能源部

（DOE）、国际能源机构（IEA）等有关研究结果，全球常规与非常规油气资源总量大约 $5×10^{12}$ t，常规与非常规油气资源比例大约为 2∶8（图 1-2-1）。美国联邦地质调查局（USGS）和美国能源部的有关研究结果显示，全球非常规石油可采资源量约为 $6200×10^8$ t，与常规石油可采资源基本相当。全球非常规天然气可采资源量近 $3922×10^{12}$ m³，大约是全球常规天然气资源量的 8 倍。中国非常规石油可采储量 $223×10^8$ ~ $263×10^8$ t，与常规石油可采储量相当；非常规天然气（仅包含致密砂岩气、煤层气、页岩气和天然气水合物）资源量为 $280.6×10^{12}$ m³，是常规天然气资源量的 5 倍。

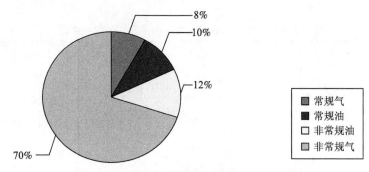

图 1-2-1 常规与非常规油气资源构成比例图

资料来源：根据 USGS（2000）、IEA（2009）、EIA（2004）整理

1. 非常规天然气

全球非常规气中致密气、煤层气、页岩气资源合计约 $921.9×10^{12}$ m³（表 1-2-2），是目前最为现实的勘探领域。据 IEA 预测，2040 年全球非常规天然气产量将达到 $1.5×10^{12}$ m³，占届时全球天然气总产量的 25%。

致密气已成为非常规天然气发展的重点领域。目前，全球已发现或推测有 70 个盆地发育致密砂岩气，资源量约为 $209.6×10^{12}$ m³，主要分布在北美、拉丁美洲和亚太地区。致密砂岩气是最早实现工业化开采的非常规天然气资源，约占非常规天然气产量的 75%。美国已在 23 个盆地发现了 900 多个致密气田，可采资源量 $13×10^{12}$ m³，可采储量 $5×10^{12}$ m³，生产井超过 10 万口，2017 年产量大约 $1200×10^8$ m³，约占美国天然气总产量的 16%。据 EIA 预计 2040 年致密砂岩气产量将保持在 $2380×10^8$ m³，届时占美国天然气总产量的 22%。

表 1-2-2　全球致密气、煤层气、页岩气资源分布情况　　单位：$\times 10^{12} m^3$

地区	致密气	煤层气	页岩气	合计
北美	38.8	85.4	108.8	233.0
拉丁美洲	36.6	1.1	59.9	97.6
欧洲	12.2	7.7	15.5	35.4
苏联	25.5	112.0	17.7	155.2
中东和北非	23.3	0.0	72.2	95.5
撒哈拉以南非洲	22.2	1.1	7.8	31.1
亚太	51.0	48.8	174.3	274.1
世界	**209.6**	**256.1**	**456.2**	**921.9**

资料来源：Roger（1999）

　　煤层气已是非常规天然气发展的重要领域。煤层气的开发利用已从最初的煤矿瓦斯抽排发展成为独立的煤层气产业。全球煤层气资源量约为 256.1×10^{12} m^3，主要分布在苏联、北美和亚太地区的煤炭资源大国。世界主要产煤国都十分重视开发煤层气，在 75 个有煤炭储量国家中，已有 35 个国家开展了煤层气的研发，其中约半数进行了煤层气专项勘探和试验开采。20 世纪 70 年代末至 80 年代初，美国地面煤层气开采试验获得成功，并快速进入规模发展阶段，2007 年产量突破 $500 \times 10^8 m^3$，占当年美国天然气总产量的 9%；2017 年美国煤层气产量大约 $255 \times 10^8 m^3$，据 EIA 预测，美国煤层气产量将保持基本稳定，预计 2040 年煤层气产量约为 $483 \times 10^8 m^3$，届时占美国天然气总产量的 5%。加拿大从 1978 年开始进行煤层气开采试验，经过 20 多年探索与发展，至 2002 年煤层气年产量才达到 $1.0 \times 10^8 m^3$ 左右，之后产量开始快速增长。澳大利亚煤层气在 2004 年前后开始快速增长，2017 年产量规模增长到 $400 \times 10^8 m^3$ 左右，主要集中在澳大利亚东部的波恩、悉尼、刚尼达、加利利等二叠—三叠系含煤盆地中。中国煤层气自 1994 年开始专项勘探与开采试验以来，经过近 20 多年的发展，在沁水盆地南部、鄂尔多斯盆地东缘实现了地面煤层气工业性开采，2017 年煤层气产量达到 $50 \times 10^8 m^3$。

　　页岩气成为非常规天然气发展的热点领域。页岩气是近期世界关注的重点，关注程度远远超过了致密气、煤层气等。据 BP 预测，全球页岩气技术可采资源量约为 $215 \times 10^{12} m^3$。美国于 2005 年以来掀起了一场全球性的页岩风暴，推动了页岩气产量大幅度攀升,以致根据 BP 统计 2009 年美国首次超过俄罗斯成为天然气产量世界第一生产国,将页岩革命推向高潮。目前美国页岩气技术可采资源量约为 $21×10^{12}m^3$,已在 20 多个盆地实现页岩气勘探开发,2017 年页岩气产量高达 $4772×10^8m^3$,占美国天然气总产量的 60% 以上,未来页岩气产量仍将保持快速增长,EIA 预测 2040 年页岩气产量将达到 $8000×10^8m^3$ 以上,届时占美国天然气总产量的 70%。2005 年以来,借鉴美国成功经验,中国在四川盆地威201 直井获日产大于 $1×10^4m^3$ 页岩气流,并在四川富顺—永川、威远—长宁、重庆焦石坝、云南昭通等地区开展页岩气开采试验。截至 2017 年,已完钻各类页岩气井近 1000 口,2017 年页岩气产量突破 $90×10^8m^3$,顺利实现页岩气工业化规模开发。

2. 非常规油

全球非常规石油包括重油、致密油、天然沥青、油页岩油等资源,主要分布如表 1-2-3 所示。北美致密油、加拿大油砂油、委内瑞拉重油已实现大规模开发。IEA 预测,未来非常规石油产量将不断上升,2035 年全球非常规石油产量有望达到 $7.5×10^8t$,届时占全球石油总产量的 15.3%,为保证全球石油供应发挥重要作用。

表 1-2-3　全球主要非常规石油可采资源分布情况　　单位:×10⁸t、%

地区	致密油		重油		天然沥青		油页岩油		合计	
	资源量	百分比	资源量	百分比	资源量	百分比	资源量	百分比	资源量	百分比
北美	109.1	23.1	53.5	5.0	870.3	81.6	1011.1	67.3	2044.0	49.6
南美	81.4	17.2	823.5	76.3	0.2	0.0	39.1	2.6	944.2	22.9
非洲	58.5	12.4	10.9	1.0	70.5	6.6	77.7	5.2	217.7	5.3
欧洲	19.5	4.1	7.4	0.7	0.3	0.0	56.3	3.7	83.5	2.0
中东	0.1	0.0	118.5	11.0	0.0	0.0	46.8	3.1	165.4	4.0
亚洲	100.8	21.3	44.8	4.2	70.2	6.6	152.1	10.1	368.0	8.9
俄罗斯	103.4	21.9	20.3	1.9	55.2	5.2	118.2	7.9	297.2	7.2
世界	**473.0**	**100.0**	**1078.9**	**100.0**	**1066.7**	**100.0**	**1501.3**	**100.0**	**4119.9**	**100.0**

资料来源:邹才能等(2013)

致密油成为全球非常规石油发展的亮点。BP 预测全球致密油技术可采资源约 3400 亿桶（约 470 亿吨）。2010 年以来，随着页岩气开发技术的创新和油价上涨，被称为"黑金"的致密油成为页岩革命中的新热点，得到迅猛开发。目前，北美已发现致密油盆地 20 多个，技术可采资源量为 $107 \times 10^8 t$。致密油的开采使美国持续 24 年的石油产量下降趋势止跌回升，2017 年致密油产量达 $2.6 \times 10^8 t$，占美国石油总产量的 54% 以上。除美国外，加拿大、阿根廷、厄瓜多尔、英国和俄罗斯等国家都发现了致密油。中国在松辽盆地白垩系致密砂岩、鄂尔多斯盆地中生界致密砂岩、四川盆地川中侏罗系致密灰岩、渤海湾盆地沙河街组湖相碳酸盐岩、准噶尔盆地二叠系云质岩、酒泉盆地白垩系泥灰岩中发现了丰富的致密油资源，2017 年在鄂尔多斯盆地、准噶尔盆地建成 $160 \times 10^4 t/$ 年致密油产能。

重油是未来非常规石油发展的上升领域。全球重油可采资源量大约 $1079 \times 10^8 t$，主要分布于南美和中东地区，分别占全球重油资源量的 76.3% 和 11.0%。委内瑞拉奥利诺科（Orinoco）重油带是全球最大的重油聚集区，重油分布面积达 $18220 km^2$，位于委内瑞拉陆上面积最大的沉积盆地——东委内瑞拉盆地的南部，是世界著名的重油生产区。据 USGS（2009）评价，委内瑞拉奥利诺科重油技术可采资源量为 $823 \times 10^8 t$。据 BP（2017）统计，奥利诺科重油剩余探明可采储量达 $357 \times 10^8 t$，加上常规石油储量，委内瑞拉剩余探明石油可采储量达 $470 \times 10^8 t$，已成为全球第一大石油储量国，超过排名第二位的沙特阿拉伯（$366 \times 10^8 t$）$104 \times 10^8 t$，约占全球储量的 19.5%。相比丰富的重油资源与储量，目前奥利诺科重油产量还不高，2017 年产量约 $5500 \times 10^4 t$，占委内瑞拉石油总产量的比例不足 40%。随着开采技术的不断进步，奥利诺科重油有望实现大规模开发利用，产量上升空间很大。中国陆上稠油及沥青砂资源分布很广，约占石油资源量的 20%，其产量占世界的 1/10，中国稠油产量主要来自辽河、新疆、胜利、河南 4 个油田，投入开发的地质储量超过 $8 \times 10^8 t$。

油砂是未来非常规石油发展的接替领域。全球天然沥青或油砂资源丰富，可采资源量大约为 $1066.7 \times 10^8 t$，81.6% 分布于北美地区。加拿大的阿尔伯达省是全球油砂最富集的地区。据 BP 统计，截至 2013 年底，加拿大油砂油剩余探明可采储量达 $269 \times 10^8 t$，占其剩余石油探明总储量的 97%。目前，加拿大是世界上唯一进行大规模、商业化生产油砂油的国家，BP 统计 2016 年油砂油产量大约为$2.18×10^8$t。油砂生产在加拿大420万桶/日的原油产能中占据2/3。由于油砂项目一旦建立，就能产出几十年，因此其将继续对加拿大能源产出做出重大贡献。若油砂油能够完全开发生产，加拿大有望成为仅次于沙特阿拉伯、俄罗斯和委内瑞拉的全球第四大石油生产国。中国油砂资源潜力可能大于稠油资源，初步估算可采石油资源量$100×10^8$t左右。主要分布在新疆、青海、西藏、四川、贵州。此外，广西、浙江、内蒙古也有分布，油砂矿点多面广，且含油率高，有的地区油砂含油率高达12%以上，勘探前景十分喜人。

页岩油是未来非常规石油发展的潜在领域。伴随致密油的大规模勘探开发，页岩油勘探开发也展现出了较好的苗头，据EIA（2013）年预测全球页岩油可采资源量约为$3450×10^8$bbl，资源潜力非常大，在排名前十的国家中，俄罗斯和美国这两国的资源几乎相当于另外8个国家的资源。近年来，中国针对页岩层系中的石油资源，开展了一系列的钻探和试验，如辽河西部凹陷曙古165井沙三段页岩、泌阳凹陷安深1井核三段页岩等，获得了较好的效果，但都与裂缝有关。在页岩地层发现纳米级孔隙，并有石油滞留，初步展示了中国也具有页岩油的资源潜力。

油页岩是未来非常规石油发展的新领域。全球油页岩的开发利用历史十分悠久，早在19世纪后期就已开始油页岩油的生产，20世纪70—90年代还曾有过大规模开发利用，1980年高峰产量曾达到$4500×10^4$t左右。目前，油页岩油生产国主要有爱沙尼亚、巴西、中国、澳大利亚等，但产量已降至$2000×10^4$t以下。全球据不完全统计其蕴藏资源量约有$10×10^{12}$t，据EIA统计全球33个国家页岩油可采资源量可达$4100×10^8$t。已发现600余处油页岩矿，其中，美国约占世界的70%，但美国始终未进行油页岩油的工业生产。进入21世纪，随着国际油价的不断攀升和石油供需平衡状况日趋脆弱，美国国会于2005年通过了发展非常规能源的法案，鼓励企业进行油页岩干馏炼油的研究与开发。根据美国能源部于2007年9月公布的研究报告，2020年美国油页岩油产量将达到$0.5×10^8$t，2030年达到$1.2×10^8$t。2004—2006年，中国对油页岩资源进行了国内首次评价，查明地质资源量为$7199×10^8$t，折合成页岩油为$476×10^8$t。

三、非常规油气资源的地位

非常规油气资源时代悄然而至，世界石油工业正呈现出"常规油气进入持续发展期、非常规油气进入战略突破期、油气科技创新进入黄金发展期"的发展态势。完整的石油工业生命周期将经历常规油气、常规与非常规油气并重、非常规油气三个发展阶段。目前传统化石能源仍是最主要的常规能源，非常规油气资源是常规化石资源的重要补充。

1. 传统油气化石能源仍是主力能源

根据 BP 世界能源统计年鉴 2018 统计，2017 年石油天然气产量增长，仍然是全球最重要的燃料，化石能源仍占 85%，其中石油占全球能源消费的 34.2%；天然气占一次能源消费的 23.4%；煤炭占比降至 27.6%；核能增长占比为 4.4%；水力发电略长占比为 6.8%；可再生能源继续增长比重达 3.6%（图 1-2-2）。

随着世界人口增长、经济发展和人民生活水平的提高，21 世纪上半叶全球一次能源消费需求量将保持持续稳定增长态势。BP（2018）预测（图1-2-3），能源结构逐步转型，到 2040 年，石油、天然气、煤炭和非化石能源预计将各提供世界能源的约1/4，这是

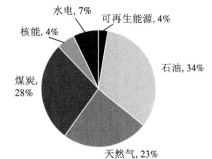

图 1-2-2　2017 年全球一次能源消费占比

资料来源：根据 BP 2018 统计年鉴数据整理

有史以来最多元化的能源结构，可再生能源是增长最快的能源来源年均 7%，占超过 40% 的能源供应增量，在所有能源来源中占比最高。即便如此，化石燃料的石油、天然气、煤炭仍将是为全球经济提供动力的主导能源，提供了到 2035 年 60% 的能源增量，约占 2035 年能源供应总量的 80%，尽管化石燃料的总体份额将从 2016 年的 85% 有所下降，页岩气所带动的天然气必然成为强劲增长的化石能源，化石燃料仍是未来的主要能源类型；总之，2040 年以前，新能源和可再生能源受技术发展水平和基础设施制约，在世界一次性能源消费需求结构中的比重很难超过 25%，传统化石能源仍是一次能源消费构成的主体，特别是石油天然气所占比例仍将超过 50%，其中 6% 来自于致密油、油砂等非常规石油的贡献，另外 6% 来自于页岩气等非常规天然气的贡献。

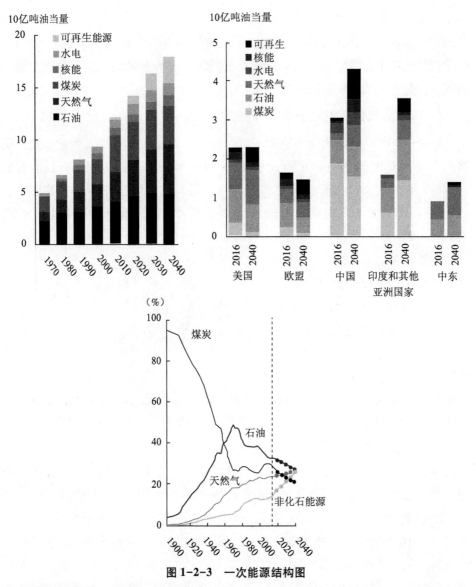

图1-2-3　一次能源结构图

资料来源：根据 BP（2018）展望

2. 非常规资源潜力超过常规油气资源

全球剩余油气资源丰富，发展潜力仍然很大。据 USGS（2007）的评价结果（表1-2-4），全球常规石油可采资源量为 $4878×10^8$ t，已累计采出 $1853×10^8$ t，尚有62%的常规石油资源有待开采；常规天然气可采资源量为 $471×10^{12}m^3$，已累计采出 $85×10^{12}m^3$，尚有82%的常规天然气资源有待生产。按照当前油气生产趋势综合预测，全球常规石油产量将在2030年前后达到高峰，常规天然气产量将在2040年前后达到高峰。

表1-2-4　全球常规资源分布

地区	石油				天然气			
	剩余探明可采储量（10^8t）	比例（%）	待发现可采资源量（×10^8t）	比例（%）	剩余探明可采储量（10^{12}m³）	比例（%）	待发现可采资源量（10^{12}m³）	比例（%）
北美	77	4.4	141	10.4	11.7	6.3	16.2	8.0
中、南美	157	9.0	204	15.1	7.7	4.1	13.9	6.9
欧洲	20	1.1	111	8.2	3.7	2.0	16.2	8.0
中亚-俄罗斯	179	10.2	316	23.4	52.9	28.5	79.9	39.5
中东	1094	62.3	377	27.9	80.3	43.2	49.7	24.5
非洲	173	9.8	113	8.4	14.2	7.6	13.4	6.6
亚太	56	3.2	88	6.5	15.2	8.2	13.2	6.5
合计	1756	100.0	1351	100.0	185.7	100.0	202.5	100.0

资料来源：邹才能等（2013）

全球非常规石油资源储量丰富。据各有关国际机构估算，全球重油、天然沥青、油页岩油等非常规石油资源量为$2200\times10^8 \sim 9300\times10^8$t，相当于常规石油资源的0.5~1.9倍。美国联邦地质调查局（USGS）和美国能源部的有关研究结果显示，全球重油、天然沥青、致密油、油页岩油等非常规石油可采资源量约为6200×10^8t，与常规石油资源量大致相当。

全球非常规天然气资源蕴藏十分丰富。致密气、页岩气和煤层气等非常规天然气资源量为$800\times10^{12} \sim 6521\times10^{12}$m³，相当于常规天然气资源的1.7~13.8倍。美国联邦地质调查局和美国能源部的有关研究结果显示，全球非常规天然气资源量近3922×10^{12}m³，大约是全球常规天然气资源量的8倍。而天然气水合物在世界范围内广泛存在，地球上大约有27%的陆地、90%的大洋水域属于天然气水合物矿藏的潜在赋存区域，有机构认为天然气水合物资源量是所有已知化石燃料资源量的2倍多，大约为2.1×10^{16}m³，相当于常规天然气资源量的

45 倍左右。

总之，非常规油气资源潜力远远超过常规油气资源，占到世界资源总量的82%，发展前景巨大超过常规资源。BP 统计全球 2017 年油气消费 77.8×10^8 油气当量，全球年产油气 75.51×10^{8}t 中产量仍以常规油气为主，但常规油气重大突破已过高峰期；开发利用非常规油气将是人类利用能源的必然选择。非常规油气产量占总产量的比例超过 10%，成为全球油气供应的重要组成部分。

3. 非常规油气资源正转变为"新常规"

随着世界经济对能源需求的持续增长，全球油气需求将更加依赖于非常规油气资源的有效补充，全球常规油气向非常规油气快速转化成为必然。非常规油气正转变为"新常规"，增加了全球能源类型与资源量。

根据目前的综合预测，世界石油工业的生命周期大约为 300 年，自 1859 年现代石油工业诞生起，已经历 150 余年。人类利用能源的经历有三次重大转换，分别是从木柴转向煤炭、从煤炭转向油气、从油气转向新能源。但在从油气向新能源转换的当今时代中，在相当长时期内，新能源难以担当重任，传统化石能源仍将是一次能源消费主体，尤其是随着非常规油气的大规模开采，许多学者预测的油气产量峰值不断被突破，峰值到来的日子不断被延后。比如，美国油气产量自 20 世纪 70 年代初达到产量高峰之后，产量一路下滑，但随着近年来非常规油气突破，美国石油产量已止跌回升，天然气产量更是创出历史新高。目前，常规油气资源采出程度仅为 25%，非常规油气资源采出程度更是微不足道，从资源角度，特别是从非常规资源的角度，油气完全可以在相当长时期内满足人类社会发展需要。1956 年哈伯特提出的石油产量"峰值理论"早已被颠覆，世界油气产量高峰从 20 世纪 60 年代开始，可能会延迟到 21 世纪 30—40 年代，由于非常规油气资源正转变为新常规资源，世界石油工业的生命周期也很可能会超过 300 年。

非常规油气的勘探开发不断延长石油工业的生命周期，引导油气资源的石油工业发展阶段从"常规资源的一枝独秀"到"常规与非常规的并蒂开花"，最后可能会步入到"非常规的独领风骚"，为新能源的到来赢取了更长时间。或许未来新能源最终替代化石能源，不是因为化石能源利用的枯竭，而只是因为新能源更加低廉、更低碳、更大众。

第三节　页岩气和致密油的非常崛起

21世纪以来，页岩气在非常规天然气资源的勘探开发中异军崛起，成为非常规油气发展的热点方向，引发了油气上游业的一场"页岩革命"，并逐步向一场全方位的变革演进。继页岩气之后，致密油的开发再一次把页岩革命推向高潮，成为原油开采的新亮点。非常规油气勘探开发在页岩气、致密油等领域相继获得的重大突破和迅猛发展是此前未曾预料的，BP预测至2035年，世界一次能源产量年均增长1.4%，与消费增长持平，在技术提升的推动下页岩气和致密油等新型能源的总体年均增长6%，到2035年将贡献45%的能源生产增量，页岩气、致密油的生产成为能源供应的主要推动因素。实际上，近4年来，BP公司对美国页岩气和致密油的远景展望被反复上调（图1-3-1）。据BP分析，全球致密油、页岩气剩余技术可采资源量非常丰富，主要集中在美洲和亚太地区（图1-3-2）。

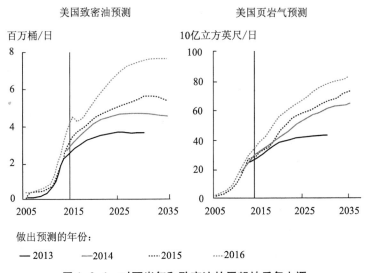

图1-3-1　对页岩气和致密油的展望被反复上调

资料来源：BP 2016展望

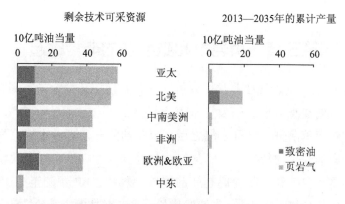

图1-3-2　全球致密油页岩气剩余技术可采资源量

资料来源：BP 2016世界能源展望

一、页岩气是全球非常规天然气开发的热点

天然气具有低碳、洁净、绿色、低污染的特性，成为一种相对清洁的燃料。相比常规天然气而言，非常规天然气由于其分布广、储量大，勘探开发潜力无限，在未来的开发利用中将占据越来越重要的地位，其中页岩气已经成为非常规天然气开发的热点。

1. 页岩气资源与分布

页岩气是蕴藏于页岩层中的天然气，以游离和吸附状态藏身于页岩层或泥岩层中。大部分产气页岩分布范围广、厚度大，且普遍含气，这使得页岩气井能够长期产气，但页岩气储集层渗透率低，开采难度非常大。无论是从资源的探明程度，还是从开采利用的生产程度，毋庸置疑，页岩气的开发是非常规天然气资源乃至整个能源工业的一次重大突破。

全球142个盆地（图1-3-3）中存在超过688处的页岩气资源，其主要分布在北美、中亚和中国、拉美、中东和北非、俄罗斯等地区。目前已有十几处（主要位于北美地区）得到开发。

2011年4月美国能源信息署（EIA）发布研究报告对除美国以外的全球14个区域、32个国家的48个页岩气盆地和69个页岩储层进行了资源评价，结果显示，全球页岩气技术可采资源将超过$187×10^{12}m^3$，2013年6月EIA又在此基础之上扩大评价范围，对美国之外的41个国家的95个页岩气盆地和137个页岩储层进行了新的资源评价（表1-3-1），指出全球页岩气技术可采储量将超

过 $206×10^{12}\mathrm{m}^3$，2014 年再一次新增了 4 个国家的资源评估数据，EIA 于 2015 年 9 月发布的全球 46 个主要国家的页岩气技术可采资源量为 $214×10^{12}\mathrm{m}^3$，其中中国位居第一，拥有页岩气技术可采资源量 $31.58×10^{12}\mathrm{m}^3$，其他前 2~6 位的国家依次为阿根廷、阿尔及利亚、美国、加拿大和墨西哥。美国拥有页岩气技术可采资源量为 $17.63×10^{12}\mathrm{m}^3$（图 1-3-4 和图 1-3-5）。

表 1-3-1　世界主要国家页岩气技术可采资源量

地区	国家	页岩气技术可采资源量（Tcf）	更新日期
北美	加拿大	572.9	2013 年 5 月 17 日
	墨西哥	545.2	2013 年 5 月 17 日
	美国	622.5	2015 年 4 月 14 日
澳洲	澳大利亚	429.3	2013 年 5 月 17 日
南美	阿根廷	801.5	2013 年 5 月 17 日
	玻利维亚	36.4	2013 年 5 月 17 日
	巴西	244.9	2013 年 5 月 17 日
	智利	48.5	2013 年 5 月 17 日
南美	哥伦比亚	54.7	2013 年 5 月 17 日
	巴拉圭	75.3	2013 年 5 月 17 日
	乌拉圭	4.6	2013 年 5 月 17 日
	委内瑞拉	167.3	2013 年 5 月 17 日
东欧	保加利亚	16.6	2013 年 5 月 13 日
	立陶宛/加里宁格勒	2.4	2013 年 5 月 13 日
	波兰	145.8	2013 年 5 月 13 日
	罗马尼亚	50.7	2013 年 5 月 13 日
	俄罗斯	284.5	2013 年 5 月 13 日
	土耳其	23.6	2013 年 5 月 13 日
	乌克兰	127.9	2013 年 5 月 13 日
西欧	丹麦	31.7	2013 年 5 月 13 日
	法国	136.7	2013 年 5 月 13 日
	德国	17	2013 年 5 月 13 日
	荷兰	25.9	2013 年 5 月 13 日
	挪威	0	2013 年 5 月 13 日
	西班牙	8.4	2013 年 5 月 13 日
	瑞典	9.8	2013 年 5 月 13 日
	英国	25.8	2013 年 5 月 13 日

续表

地区	国家	页岩气技术可采资源量（Tcf）	更新日期
北非	阿尔及利亚	706.9	2013 年 5 月 13 日
	埃及	100	2013 年 5 月 13 日
	利比亚	121.6	2013 年 5 月 13 日
	毛里塔尼亚	0	2013 年 5 月 13 日
	摩洛哥	11.9	2013 年 5 月 13 日
	突尼斯	22.7	2013 年 5 月 13 日
	西撒哈拉	8.6	2013 年 5 月 13 日
撒哈拉以南非洲	乍得	44.4	2014 年 12 月 29 日
	南非	389.7	2013 年 5 月 13 日
亚洲	中国	1115.2	2013 年 5 月 13 日
	印度	96.4	2013 年 5 月 13 日
	印度尼西亚	46.4	2013 年 5 月 13 日
	蒙古	4.4	2013 年 5 月 13 日
	巴基斯坦	105.2	2013 年 5 月 13 日
	泰国	5.4	2013 年 5 月 13 日
里海	哈萨克斯坦	27.5	2014 年 12 月 29 日
中东	约旦	6.8	2013 年 5 月 13 日
	阿曼	48.3	2014 年 12 月 29 日
	阿拉伯联合酋长国	205.3	2014 年 12 月 29 日
46 国总计		7576.6	

资料来源：EIA 2015 年 9 月 24 日，http：//www.eia.gov/analysis/studies/worldshalegas/

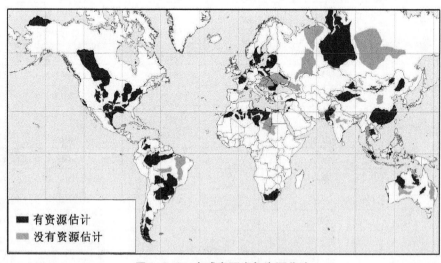

有资源估计
没有资源估计

图 1-3-3　全球含页岩气资源盆地

资料来源：据 EIA（2013），https：//www.eia.gov/analysis/studies/worldshalegas/pdf/overview.pdf

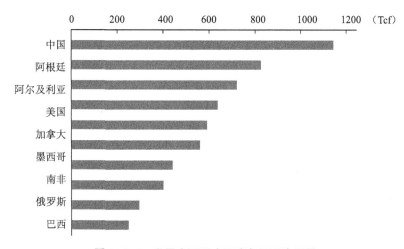

图 1-3-4 世界主要国家页岩气可采资源量

资料来源：据 EIA（2015）

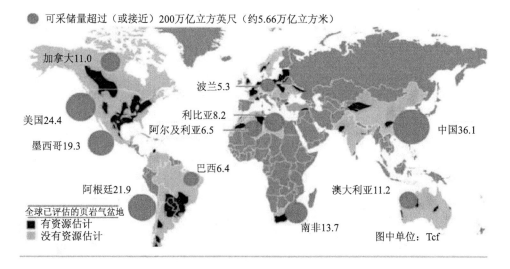

图 1-3-5 全球页岩气盆地及资源最多的 11 国分布图

资料来源：（EIA）根据 ARI 公司及美国石油公司（BP）的统计数据编制. http：//www. offshoreoil-andgas. net/market-detail. php id = 2328

2. 页岩气资源的开发

近 10 年成为美国页岩气"革命性发展的黄金十年"，页岩气在美国的开采进入到了如火如荼的开发时期。

据 EIA 预测，全球天然气产量持续增长，将从 2015 年的 $96.8 \times 10^8 \mathrm{m}^3/\mathrm{d}$ 提

高到 2040 年 $156.9 \times 10^8 \mathrm{m}^3/\mathrm{d}$，其中的最大增幅将来源于页岩气的开发，预计将从 2015 年的 $12 \times 10^8 \mathrm{m}^3/\mathrm{d}$ 增加到 2040 年的 $47.6 \times 10^8 \mathrm{m}^3/\mathrm{d}$，页岩气占天然气产量的比例从 2015 年的 12% 预计提高到 2040 年的 30%（图 1-3-6），2040 年天然气产量的一半以上都是页岩气、致密气、煤层气等非常规天然气的贡献（图 1-3-7）。

图 1-3-6　全球页岩气占比趋势图

资料来源：根据 EIA（2016）能源展望整理

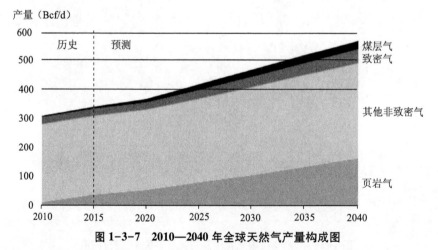

图 1-3-7　2010—2040 年全球天然气产量构成图

资料来源：EIA（2016），https：//www.eia.gov/todayinenergy/detail.php id=27512

* 1Bcf = $2831.7 \times 10^4 \mathrm{m}^3$.

同样，据 BP 预计（图 1-3-8），全球页岩气产量将以年均 5.6% 的增速持续增长，到 2035 年将占天然气总量的约 1/4。目前北美主导页岩气生产，提供了几乎页岩气所有的供应，占全球页岩气增量的 2/3，到 2035 年仍将占约 3/4 的份额。

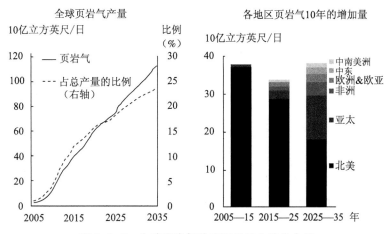

图 1-3-8 全球页岩气快速增长且北美为主导

资料来源：BP 2016 能源展望

北美以外地区已有 20 多个国家在进行页岩气资源的前期评价和勘探开发先导试验。除美国之外，目前只有加拿大、中国、阿根廷进入到了页岩气商业化开采中，预计随着页岩革命技术的全球推广，墨西哥和阿尔及利亚也将步入到页岩气的开发行列，这 6 个国家的页岩气产量将占到全球页岩气产量的 70% 以上（图 1-3-9、图 1-3-10）。预计 2017 年之后欧洲的一些国家也将逐步放宽对非常规天然气开发的限制而进行页岩气商业化开发。

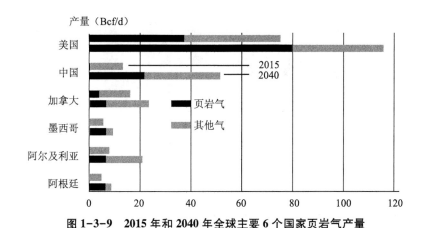

图 1-3-9 2015 年和 2040 年全球主要 6 个国家页岩气产量

资料来源：EIA（2016），https：//www.eia.gov/todayinenergy/detail.php id＝27512

* 1Bcf＝2831.7×10^{4}m^3

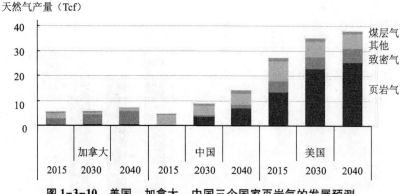

图 1-3-10　美国、加拿大、中国三个国家页岩气的发展预测

资料来源：EIA 2017 展望

据 EIA 分析预测，中国将成为自美国之后的最大页岩气生产国，2017 年的国内天然气产量达 $1478×10^8 m^3$，页岩气产量为 $90.25×10^8 m^3$，占中国全部供应的 64%，2040 年国内天然气产量可达 $3600×10^8 m^3$，其中几近一半来自于页岩气 $1775×10^8 m^3$（图 1-3-11），占所有供应的 1/3。

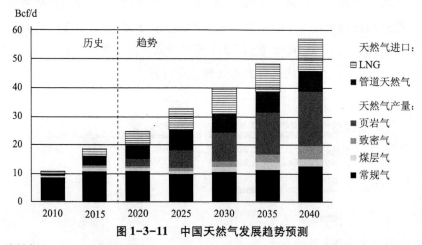

图 1-3-11　中国天然气发展趋势预测

资料来源：EIA 2017 能源展望

同样，BP 预测在 2025 年之后，中国的各类天然气供应的产量强劲增长（年均 5.1%），其中页岩气产量以 10Bcf/d 的年均 33% 增速不断提高，占全球页岩气增长的 13%，成为对页岩气产量增加贡献最大的国家，中国是北美以外最有潜力的国家，到 2035 年中国页岩气产量达到 $1200×10^8 m^3$，中国和北美合计约占 85% 的全球页岩气产量。

2015 年，阿根廷页岩气产量为 $14.5×10^8m^3$，投资于页岩气领域的外资仍在不断涌入。阿根廷现有的管道设施足以满足目前的生产，但随着产量的提升还需要扩充完善基础设施，保障短缺的专业钻机和压裂设备，EIA 预计到 2040 年阿根廷页岩气产量将几乎占到天然气总产量的 75%。

近 10 年，阿尔及利亚的石油天然气产量均在下降，这迫使政府开始修订法规，出台一系列优惠政策来鼓励国家石油公司与国际石油公司，合作开发页岩气资源。阿尔及利亚已经开始页岩气井的试验项目，并制定了一个 20 年的投资规划以实现 2020 年页岩气的商业化开采。EIA 预计 2040 年阿尔及利亚的页岩气产量将占到全国天然气产量的 1/3。

随着石油行业上游的对外资开放，墨西哥也将逐步开发页岩气资源。目前墨西哥正在为进口美国低价天然气而扩建管道提高运输能力。EIA 预计 2030 年墨西哥将进入页岩气的商业化开采阶段，到 2040 年页岩气将贡献 75% 以上的天然气产量。

二、致密油是全球非常规油开发的亮点

1. 致密油资源与分布

致密油是一种非常规的轻质石油资源，产层为渗透率极低的页岩、粉砂岩、砂岩或碳酸盐岩，致密储层与富有机质源岩紧密相关。

2013 年 9 月 HIS 公司发布的《走向全球：预测下一个致密油革命》的研究结果显示，全球很多地区拥有致密油地质构造，包括阿根廷 Vaca uerta 构造区、北非 Silurian 页岩区和西西伯利亚的巴热诺夫页岩区，此外还包括一些位于欧洲、中东、亚洲和澳大利亚一些鲜为人知的构造区。该研究报告确定了全球范围内 23 个拥有致密油资源最大潜力的地区，证实了全球致密油资源拥有广泛的地质潜力，并发现这些地区潜在的技术可开采资源或达到 $240×10^8t$，而全球所有 148 个区块的资源近 $411×10^8t$。

EIA 在 2011 年 4 月、2013 年 6 月对全球致密油与页岩气资源进行评估，2015 年 9 月发布的资料显示，全球致密油技术可采资源约量约 $574×10^8t$，据 BP 预测约为 $466×10^8t$，如表 1-3-2 所示。资源蕴藏最丰富的国家有美国、俄罗斯、中国、阿根廷、利比亚和阿拉伯联合酋长国（图 1-3-12、图 1-3-13）。美国和俄罗斯两国的资源量几乎相当于与其他 8 个国家之和。

表 1-3-2　全球 46 个主要国家的致密油技术可采资源量

地区	国家	技术可采资源量（×10^{8}bbl）	发布日期
北美	加拿大	88	2013 年 5 月 13 日
	墨西哥	131	2013 年 5 月 13 日
	美国	782	2015 年 4 月 14 日
澳洲	澳大利亚	156	2013 年 5 月 13 日
南美	阿根廷	270	2013 年 5 月 13 日
	玻利维亚	6	2013 年 5 月 13 日
	巴西	53	2013 年 5 月 13 日
	智利	23	2013 年 5 月 13 日
	哥伦比亚	68	2013 年 5 月 13 日
	巴拉圭	37	2013 年 5 月 13 日
	乌拉圭	6	2013 年 5 月 13 日
	委内瑞拉	134	2013 年 5 月 13 日
东欧	保加利亚	2	2013 年 5 月 13 日
	立陶宛/加里宁格勒	14	2013 年 5 月 13 日
	波兰	18	2013 年 5 月 13 日
	罗马尼亚	3	2013 年 5 月 13 日
	俄罗斯	746	2013 年 5 月 13 日
	土耳其	47	2013 年 5 月 13 日
	乌克兰	11	2013 年 5 月 13 日
西欧	丹麦	0	2013 年 5 月 13 日
	法国	47	2013 年 5 月 13 日
	德国	7	2013 年 5 月 13 日
	荷兰	29	2013 年 5 月 13 日
	挪威	0	2013 年 5 月 13 日
	西班牙	1	2013 年 5 月 13 日
	瑞典	0	2013 年 5 月 13 日
	英国	7	2013 年 5 月 13 日

续表

地区	国家	技术可采资源量（×10^{8}bbl）	发布日期
北非	阿尔及利亚	57	2013 年 5 月 13 日
	埃及	46	2013 年 5 月 13 日
	利比亚	261	2013 年 5 月 13 日
	毛里塔尼亚	0	2013 年 5 月 13 日
	摩洛哥	0	2013 年 5 月 13 日
	突尼斯	15	2013 年 5 月 13 日
	西撒哈拉	2	2013 年 5 月 13 日
撒哈拉以南非洲	乍得	162	2014 年 12 月 29 日
	南非	0	2013 年 5 月 13 日
亚洲	中国	322	2013 年 5 月 13 日
	印度	38	2013 年 5 月 13 日
	印度尼西亚	79	2013 年 5 月 13 日
	蒙古	34	2013 年 5 月 13 日
	巴基斯坦	91	2013 年 5 月 13 日
	泰国	0	2013 年 5 月 13 日
里海	哈萨克斯坦	106	2014 年 12 月 29 日
中东	约旦	1	2013 年 5 月 13 日
	阿曼	62	2014 月 12 月 29 日
	阿拉伯联合酋长国	226	2014 月 12 月 29 日
46 国总计		4189	2014 月 12 月 29 日

资料来源：EIA 2015 年 9 月 24 日，http：//www.eia.gov/analysis/studies/worldshalegas/

＊1bbl＝7.3t

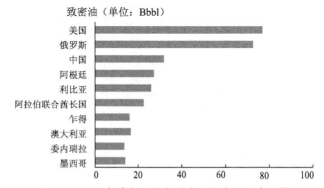

致密油（单位：Bbbl）

图 1-3-12　全球主要国家致密油技术可采资源量

资料来源：根据 EIA（2015）数据整理

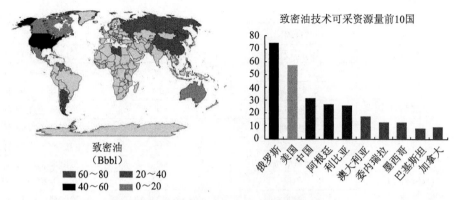

致密油技术可采资源量前10国

图1-3-13　全球十大致密油资源国家

资料来源：HIS（2014）

2. 致密油资源的开发

2008年，北美巴肯致密油实现规模开发，被确定为全球十大发现之一。从2010年开始，致密油得到了迅猛高速发展，由于2014年原油的暴跌，减缓了致密油开发的增速，从短期看会有所下调；但是从长期来看，致密油产量仍将保持着一定的增长，增速逐步趋缓（图1-3-14）。

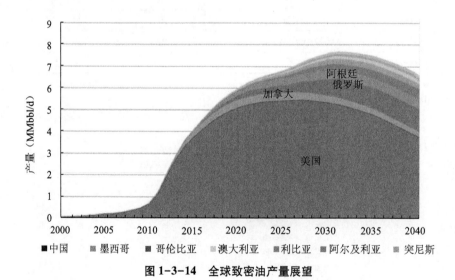

图1-3-14　全球致密油产量展望

资料来源：IHS（2014）

据BP展望，到2035年（图1-3-15），全球致密油产量将增长至大约1000

万桶/日,尽管增长很大,致密油占 2035 年全球液体总产量仍不足 10%。北美致密油在过去 10 年已成为石油增长的主要来源,在未来 20 年内仍将持续增长。从 2015—2025 年,北美致密油产量预计将在 250 万桶/日,2025—2035 年,仅仅增长 100 万桶/日。与之相比,过去 10 年产量增长了 450 万桶/日,这一放缓将部分被世界其他地区增加的产量抵消,在 2025—2035 年的后 10 年,几乎有一半(90 万桶/日)的致密油增量来自北美以外的地区。

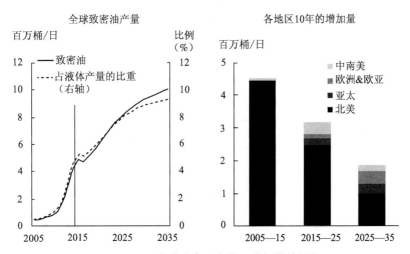

图 1-3-15 全球致密油产量及增加量的展望

资料来源:BP 能源展望 2016

据 EIA(2016)预测,全球致密油生产从 2015—2040 年将翻番,从 2015 年的 4.89 百万桶/日提高到 2040 年的 10.36 百万桶/日,这其中最主要的增长贡献仍然来自于北美地区,其余将来自于阿根廷、俄罗斯和加拿大这些致密油资源丰富的国家(图 1-3-16)。

自 2004 年以来,美国致密油一直以两位数的加速度急速增长(图 1-3-17),尤其是 2010—2017 年,最高增速达 68%,2014 年原油价格暴跌导致增速减缓甚至在 2016 年负增长。根据 EIA 的统计,2017 年美国致密油产量已达 4.7 百万桶/日,占全部原油产量 9.3 百万桶/日的 50.1%,2018 年 5 月致密油产量已达 5.77 百万桶/日。BP(2018)能源展望预测 2040 年美国致密油生产 8.2 百万桶/日,约占全部原油产量的 70%。

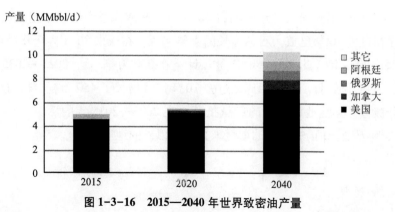

图 1-3-16 2015—2040 年世界致密油产量

资料来源：EIA（2016），https：//www. eia. gov/todayinenergy/detail. php id＝27492

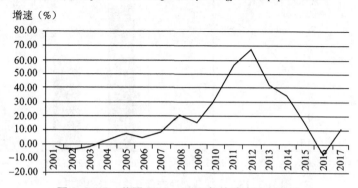

图 1-3-17 美国 2001—2017 年的致密油年增速

资料来源：据 EIA（2018）

　　加拿大国家能源委员会的资料显示，加拿大的致密油产量在 2014 年 12 月达到了 45 万桶/日，2016 年 1 月则下滑到 36 万桶/日，从 2012 年以来，致密油的平均年增长率在下降，主要是由于加拿大油砂资源的开发吸引了更多的投资，毕竟加拿大开发油砂比开发致密油有着更为广泛的资源基础。据 2016 年 EIA 预测，直到 2020 年致密油产量仍将持续下降，然后在后面的 20 年内随着油价的攀升和与油砂竞争的减弱，加拿大致密油才有可能开始增产，到 2040 年产量预计达到 76 万桶/日。

　　阿根廷仍处于致密油商业化生产的早期阶段。据阿根廷国家石油公司 Yacimientos Petrolíferos Fiscales 的报道，2015 年第四季在 Neuquén 盆地与雪佛龙公司的合资企业页岩油产量已达 5 万桶油当量/日（其中致密油约 3 万桶/日）。IEO 2016 年预测，阿根廷从 2015 年到 2020 年致密油产量将翻番，在 2040 年提高到 69 万桶/日。

俄罗斯、墨西哥、哥伦比亚和澳大利亚及其他国家,虽然拥有丰富的致密油资源,截止到 2015 年仍没有实现商业化开采。随着 2020 年以后的原油价格回升,EIA(2016)预计这些国家将为 2040 年全球致密油总产量 10.36 万桶/日贡献其中的 18%,即 1.8 万桶/日。

未来的 20 年中,在技术和生产力提升的推动下,几乎所有增长都来自非常规资源(致密油、天然气液体产品、生物燃料和油砂),致密油仍将成为原油能源供应的主要推动因素,对供应增长将做出重大贡献,在常规原油产量大体平稳的情况下,到 2035 年天然气液体产品和致密油将分别提供 13% 和 7% 的全球供应。

第四节 北美页岩革命下的世界能源工业"非"常格局

北美是页岩气和致密油资源蕴藏丰富的地区。美国拥有的页岩气技术可采资源量为 $17.63 \times 10^{12} m^3$,拥有的致密油技术可采资源量 $107 \times 10^8 t$,分别占世界资源排名的第 4 和第 1 位;加拿大拥有的页岩气技术可采资源量为 $16.2 \times 10^{12} m^3$,拥有的致密油技术可采资源量 $12.1 \times 10^8 t$,分别占世界资源排名的第 5 和第 13 位。这两个国家的合计资源分别约占全球页岩气和致密油总量的 16% 和 21%。

世界上的页岩气资源研究和勘探开发最早始于美国。美国在政府的一系列政策措施鼓励之下,大量投资于非常规油气的技术研发与生产,先后于 20 世纪 80 年代实现致密砂岩气的大规模开发、90 年代实现煤层气的大规模开发,接下来在 21 世纪初实现了页岩气致密油的大规模发展。

1821 年,世界上第一口页岩气井钻于美国东部,20 世纪 70 年代页岩气勘探开发区扩展到美国中、西部,页岩气开采逐步形成规模,产量达到 $20 \times 10^8 m^3$。20 世纪 90 年代,在政策优惠、价格有利、技术进步、配套完善等因素的推动下,终于迎来页岩气产业的革命。2005 年开始,在页岩技术不断创新中,大规模的页岩气的生产促使产量逐年迅猛增长,作为全球页岩气开采几乎唯一的生产国,美国成为全球第一大页岩气生产国。加拿大自从 2008 年开始生产页岩气,是除美国之外的全球主要 3 个商业化开采国家之一(图 1-4-1)。根据 EIA 统计,2015 年美国和加拿大两国的页岩气合计产量达 $11.8 \times 10^8 m^3/d$,几乎占全球页岩气产量的 98.8%，约占全球天然气产量的 12.13%。

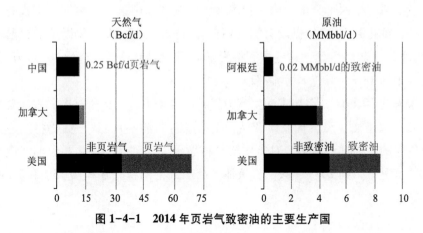

图 1-4-1　2014 年页岩气致密油的主要生产国

资料来源：EIA（2014），https：//www. eia. gov/todayinenergy/detail. php? id＝19991

在页岩气革命的带动之下，北美的致密油生产直追其后，致密油产量的迅猛上升，使得原油产量不断刷新冲高。据 EIA 统计，能进行商业开采致密油的国家只有美国、加拿大和阿根廷（图 1-4-1）。而 2015 年美国和加拿大两国的致密油产量合计几乎就是全球致密油产量，约占全球原油产量的 12.13%。伍德麦肯兹咨询公司的调查显示，2017 年加拿大致密油日均产量约为 33.5 万桶，10 年内会增加至日均 42 万桶，加拿大致密油气总投资将从 2017 年的 75 亿美元增加至 2018 年的 100 亿美元。IEA 预计未来几年加拿大油气产量增速将在主要产油国中排名第二。

据 EIA 预测，2013—2035 年北美致密油和页岩气的累计产量约相当于 50% 的技术可采致密油资源和 30% 的技术可采页岩气资源，而世界其他地区的可比数字分别仅为 3% 和 1%。虽然北美以外的产量有所增长，但其他地区不可能迅速复制引起北美产量激增的各项因素，不可能复制北美成功的模式。

近 10 年是北美页岩气、致密油"革命性发展的黄金十年"，尤其是美国，几乎主导了全球页岩气和致密油的生产和供应，因为随着勘探的不断深入，常规石油天然气资源增储增产难度越来越大，非常规油气资源的战略地位日趋重要，由此美国的页岩革命冲击着全球传统能源体系，重塑世界能源格局。

一、美国成为全球最大的能源生产基地

1. 美国天然气产量领先俄罗斯

北美页岩气开采从北美南部地区的巴内特，到海恩斯维尔，再到东部地区的马塞勒斯，持续获得重大发展，成为非常规油气发展热点，进入大规模商业化开采页岩气的阶段。近10年，美国页岩气生产一直以加速度的增长不断刷新产量，据BP统计2009年在页岩气推动下美国天然气产量首次超过俄罗斯（图1-4-2）。根据EIA统计，页岩气产量占全美天然气供给的比例不断上升，2014年已超过一半，至此天然气增长速度略微减缓，2015年、2016年和2017年几乎维持产量，2017年美国页岩气产量为4757亿方，占全美天然气产量的58%以上（图1-4-3）。依托页岩气产量的提升，美国天然气生产以6.1%的增速取得世界最大增幅，占全球净增长的77%。据EIA 2018能源展望的预测分析，在正常情境下，天然气产量从2017到2020年以6%/年的速度持续增长，将超过2005—2015年这10年的4%的增长速度，但是2020年之后增速减缓到1%，其中页岩气的生产，无论是绝对数量的增长还是占比比例的增长，依然是提高美国天然气供应的主要推手。EIA预计2040年美国页岩气产量翻番，将占到2040年美国天然气产量的70%（图1-4-4），预计到2050年，美国天然气产量占能源供应的39%。

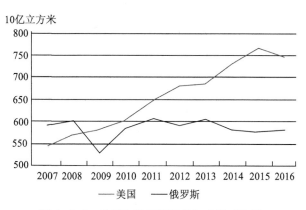

图1-4-2 美国和俄罗斯天然气产量对比图

资料来源：根据BP资料整理

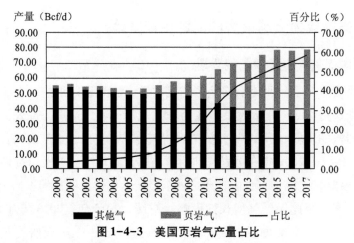

图 1-4-3　美国页岩气产量占比

资料来源：据 EIA（2018）资料整理

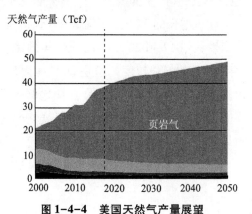

图 1-4-4　美国天然气产量展望

资料来源：据 EIA（2018）能源展望

2. 美国原油产量赶超沙特阿拉伯

近年来，页岩气开发技术创新和高油价开启了北美庞大的非常规石油资源的开发，由北部地区的巴肯，到南部地区的鹰滩，再到东部地区的尤蒂卡，致密油的开发连续获得重大突破，成为非常规油气发展的最大亮点。

在致密油藏开发的不断推动下，致密油资源迅猛开发，美国的原油产量自 2011 年开始屡创历史新高。据 BP 统计，2014 年美国石油产量的增加（170 万桶/日）是迄今为止最大的增幅，也成为有史以来首个连续三年增产超过 100 万桶/日的国家（图 1-4-5），其中 2013 年和 2014 年原油产量的增幅，在增幅排行榜上历史性地进入第四和第十（图 1-4-6）。2014 年美国石油产量达到 1986

年以来的最高水平，首次赶超沙特阿拉伯成为全球最大的产油国（图1-4-7），
美国取得如此成就，这在没有大规模开发致密油之前是无法想像的。从2015年
到2017年，随着油价低迷和投资缩减带来产量可能会增速减缓甚至下跌，但是
由于钻井技术的创新进步及其成本削减，生产商单井采收率会得到不断提高，
这对于低价导致致密油产量下跌的趋势会得到进一步缓解。若原油价格回暖，
美国致密油产量增速将再次提升，据EIA统计尤其是2017年11月美国原油产
量已历史性地突破1000万桶/日（1009.9万桶/日，图1-4-8）。根据EIA统
计，2017年美国致密油产量已达4.7百万桶/日，占全部原油产量9.3百万桶/
日的50.1%（图1-4-9），占世界原油产量的5.79%（图1-4-10），2018年5
月致密油产量已达5.77百万桶/日。

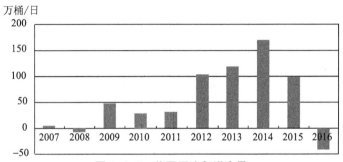

图1-4-5　美国原油年增产量

资料来源：根据BP（2017）资料整理

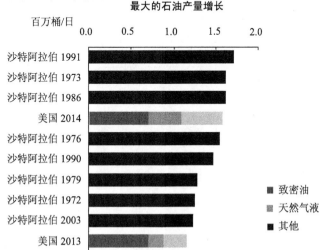

图1-4-6　美国石油产量增长历史排名第四

资料来源：据BP世界能源展望2015

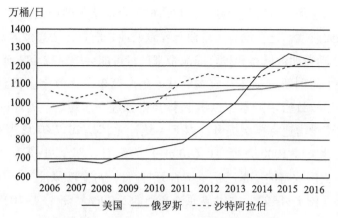

图 1-4-7 美国与沙特、俄罗斯原油产量对比

资料来源：据 BP2017 年鉴整理

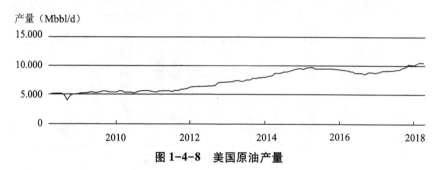

图 1-4-8 美国原油产量

资料来源：据 EIA 资料整理

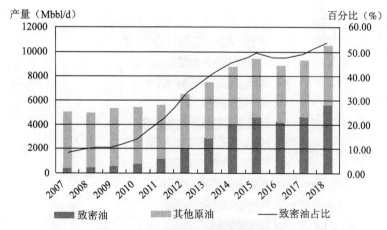

图 1-4-9 美国原油与致密油产量占比

资料来源：据 EIA 资料整理

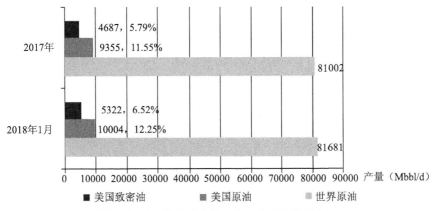

图 1-4-10　美国致密油、原油产量与世界之比

资料来源：据 EIA（2018）资料整理

2018 年能源展望预测 2040 年致密油产量为 8.2 百万桶/日，约占全部原油产量的 70%（图 1-4-11）。

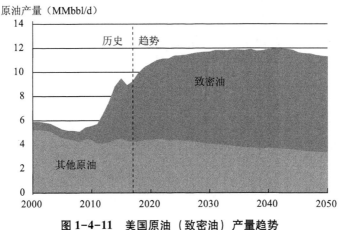

图 1-4-11　美国原油（致密油）产量趋势

资料来源：据 EIA，AEO 2018 展望，https：//www.eia.gov/todayinenergy/detail.php id＝35052

3. 美国逐步实现能源自给自足

在非常规页岩气和致密油生产的推动之下，美国成为全球最大的天然气和原油生产及供应国。

历史上的美国天然气贸易，都是通过天然气管道从加拿大进口到墨西哥。尽管美国国内天然气消费在不断上升，但随着页岩气资源的大力开发，国内天然气消费与天然气生产越来越趋于平衡，EIA 的统计数据显示，2014 年美国天然气自给率已达到 100%，可以彻底扭转天然气净进口的局面（图 1-4-12），并且在未来的时期内，国内天然气供应量和消费量的差距会越来越大（图 1-4-13），美国原本为进口液化天然气而建造的各种设施现在已用于出口，2018 年 3 月已有 2 个 LNG 出口设施运营，到 2021 年再建成 5 个 LNG 出口设施，将更多的液化天然气 LNG 出口到更多的国家（图 1-4-14），尤其是以更具竞争力的气价出口到亚洲国家。

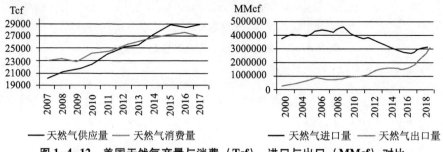

图 1-4-12　美国天然气产量与消费（Tcf）、进口与出口（MMcf）对比

资料来源：根据 EIA 数据整理

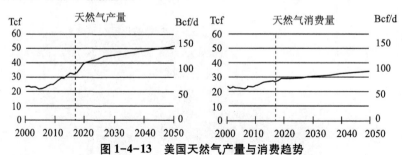

图 1-4-13　美国天然气产量与消费趋势

资料来源：据 EIA 2018 能源展望

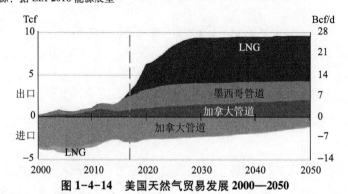

图 1-4-14　美国天然气贸易发展 2000—2050

资料来源：EIA 能源展望 2018

与此同时，在美国原油消费量基本保持稳定的同时，原油产量在美国致密油不断贡献下不断攀升而原油净进口量却在不断缩减（图1-4-15）。1953年美国成为彻头彻尾的石油进口国，是液体石油的进口国也是出口国，进口的大多是原油，出口的大多是汽油、柴油之类的石化产品。根据EIA预测，美国将在2020年之后彻底翻身成为能源净出口国（图1-4-16）。

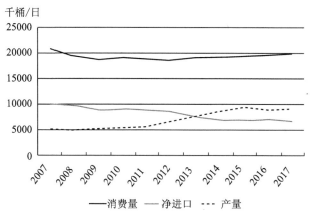

图1-4-15 美国原油的净进口量、产量、消费量的对比

资料来源：根据EIA数据整理

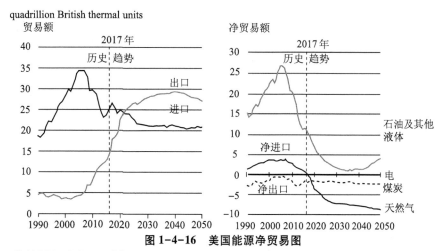

图1-4-16 美国能源净贸易图

资料来源：根据EIA数据整理

美国致密油产量蓬勃发展以及能源需求疲软下降改变了美国对石油进口的依赖程度，使得美国油气净进口和对外依存度持续大幅下滑（图1-4-17）。据EIA统计，2017年美国从84个国家进口石油约10.1MMb/d，其中79%为原油，

2017 年美国出口到 180 个国家 6.3 MMb/d，其中 82% 是石油制品，2017 年石油净进口为 3.8 MMb/d，而在 2005 年至少为 12.5BBb/d。美国在能源安全上已经大大减少对外依存的威胁和风险，到 2030 之前必定实现自给自足，彻底转变为能源净进口国。

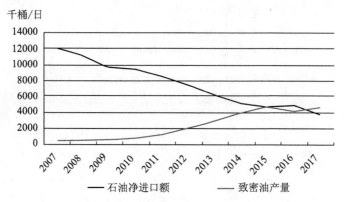

图 1-4-17 美国石油净进口额与致密油产量关系

资料来源：根据 EIA（2018）数据整理

页岩热潮使美国能源自给率大幅回升，从能源进口国一下子变成了能源出口国。美国能源部估计，美国国内技术上可开采的页岩气总量约为 25 万亿立方米。加上其他的石油和天然气来源，美国可以维持 200 年的能源自给。美国未来将依靠美洲大陆实现宽泛意义上的能源独立和能源安全。

此外，凭借新发现的丰富能源，美国国家实力增强。页岩能源生产刺激了经济，创造出更多的就业岗位。能源进口减少，国际收支状况得到改善，新增税收使财政预算更加宽裕。更加廉价的能源，大幅提升美国制造业的竞争力，提振美国实体经济，增强了美国的国际竞争力。

二、北美页岩革命重塑世界能源市场

20 世纪末期，许多专家谈到"石油峰值"理论，即便是沙特阿拉伯，也被认为油田已经勘探殆尽，不会再发现新的大型油田，出人意料之外的是，北美页岩革命横空出世，冲击了全球的能源市场，颠覆了世界石油供求格局。

1. 页岩革命形成世界能源新版图

随着非常规油气资源的工业化大生产，不断攀升的北美非常规油气产量改变了全球传统能源格局，影响了世界能源发展秩序。20 世纪 60 年代末，中东地区石油产量超过美国，成为全球最大的油气生产中心，之后，中东地区就一直处于世界能源版图的中心，成为维持世界石油供需平衡的核心区。进入21世纪，加拿大的油砂、委内瑞拉的重油、美国的页岩气和致密油等非常规油气资源的大规模开发利用，世界能源新版图正在形成——以美洲为核心的西半球"非常规油气"和原有的以中东为核心的东半球"常规油气"（图1-4-18）。

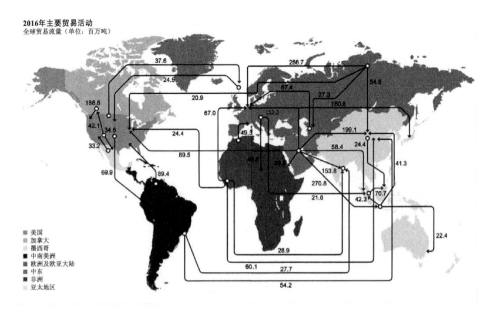

图1-4-18　世界能源新版图及贸易流向

资料来源：BP 2017 年鉴

　　页岩革命还悄然影响着世界石油贸易的流向，美国致密油的蓬勃发展影响巨大，随着中国和印度的强劲增长推动能源需求扩大（图1-4-19），石油流动日益从西至东，而非从东至西。欧洲和亚太是全球两大油气供应流向的低洼地。欧洲油气需求趋于饱和，未来供需格局将基本维持动态平衡；亚太已成为未来世界油气供需缺口最大的地区。中东地区在世界能源版图中的地位虽然下降，但依然作为全球油气供应中心，将主要单一流向中国、日本、印度等东亚和南亚国家。

　　BP 2018 年能源展望预测，未来初期供给的增加仍然由美国致密油驱动占全球供应增量的2/3，受致密油和天然气凝析液推动，并在21世纪30年代初期进入平台期，届时美国成为远远领先于其他国家的液体燃料最大生产国，到2035 年，美国石油产量增加 400 万桶/日达 1900 万桶/日，俄罗斯产量将增加

100 万桶/日，2035 年将达 1200 万桶/日。而到了 21 世纪 20 年代末期，因中东生产者采取增加市场份额的策略而由石油输出国组织接替。天然气增长强劲，主要是因为广泛的需求，低成本共济的增加和液化天然气供给持续扩张，导致全球范围内可获得性增加。到 2040 年，美国占全球天然气产量的近 1/4，远高于中东和独联体各占 20%（图 1-4-20）。

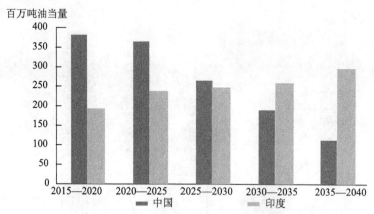

图 1-4-19　中国和印度的能源需求展望

资料来源：据 BP 2018 能源展望

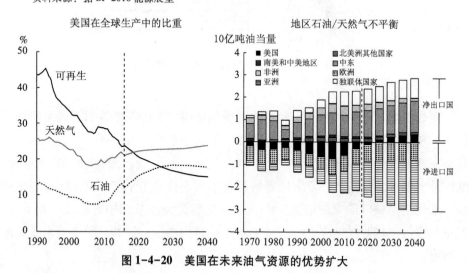

图 1-4-20　美国在未来油气资源的优势扩大

资料来源：据 BP 2018 能源展望

　　事实上，未来的世界能源版图上，由沙特阿拉伯为首的欧佩克组织、美国和俄罗斯等低成本的石油生产国所主导（图 1-4-21）。

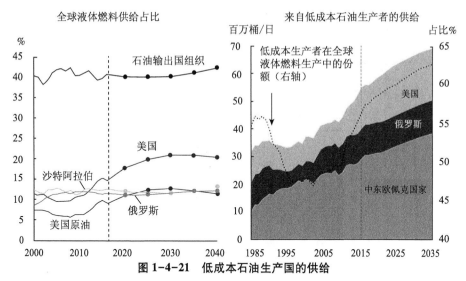

图 1-4-21 低成本石油生产国的供给

资料来源：据 BP2017、2018 能源展望

2. 页岩革命调整世界能源价格

1978 年中国启动改革开放，以中国为主的非经合组织经济体的发展中国家经济快速增长、能源需求不断增加，而石油输出国组织以外的供应来源似乎正在枯竭，由此油价在低位稳定徘徊了 20 年之后，2001 年开始一路攀升，2008 年 1 月暴涨至每桶 100 美元以上，2009 年迅速反弹回位后 2011—2014 稳定在 90~100 美元/桶之间（图 1-4-22）。这是因为，其间虽有非洲和中东地区的供应中断——利比亚、伊朗、叙利亚、南北苏丹和也门这些国家自"阿拉伯之春"爆发以来的累计供应减产高达惊人的 300 万桶/日，但是美国页岩革命带来的产量增长，几乎完全弥补了这一减产，而 2014 年下半年原油价格的暴跌也主要是因为非常规油气资源开发导致的供给上扬所引起的，以美国为代表的非欧佩克国家的产量增速为 210 万桶/日，而最大产油成员国沙特阿拉伯意图通过维持不减产导致低价来捍卫自身市场地位，遏制因油价高企而不断涌入的竞争者，包括非常规石油开采者。非欧佩克国家的大量扩产以及欧佩克国家为维持市场份额而不愿意减产，导致了强劲的石油产量增长，最终直接开启了一年多的断崖式下跌旅程，加之全球经济复苏依然疲软，需求不振，国际油价并未有止跌迹象。当然，这轮价格暴跌不仅将使遭受经济制裁的俄罗斯、伊朗等传统产油国经济雪上加霜，也考验着因"页岩革命"而崛起的美国等新兴产油国对低油价的承受力。

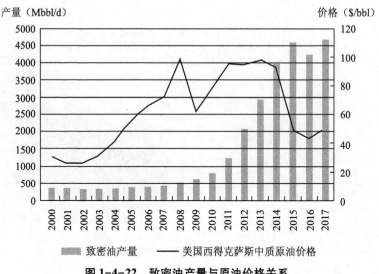

图1-4-22 致密油产量与原油价格关系

资料来源：据BP 2017统计年鉴和EIA整理

同样，世界天然气市场上席卷着北美的页岩气风暴。如火如荼的页岩气开发，在将天然气产量推向历史高峰的同时，导致了天然气价格跌至17年以来的谷底（图1-4-23）。

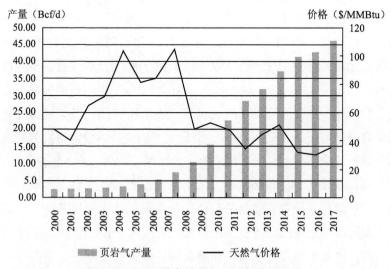

图1-4-23 页岩气产量与天然气价格关系

资料来源：据BP 2017统计年鉴和EIA整理

尽管谁也无法预料未来能源价格的走向，但能源价格或许会在一段时间内保持在低位。当然，技术和政治都有可能推翻这种预测。技术进步将增加供给，降低价格。政治因素更有可能扰乱供给，导致价格上涨。但是在业已发生页岩革命的现在，干扰不大可能造成剧烈或长期的影响。美国成为了所谓的"机动产油国"，可以更加灵活地应对市场价格波动，有能力在全球油气市场上发挥调整供求关系的作用。或许是因为欧佩克石油减产协议可能抵不过美国原油产量的不断攀升，2018年3月沙特阿拉伯能源部长哈立德·法利赫表示，欧佩克成员国需要继续与俄罗斯和其他非欧佩克产油国就2019年的供应限制进行协调，以减少全球供应过剩的原油。

3. 页岩革命改变地缘政治

毋庸置疑，由于全球油气资源分布的不均衡，能源话语权自然掌握在产油产气大国手中。以沙特阿拉伯为首的石油输出国组织欧佩克、天然气出口国俄罗斯分别在石油和天然气市场上拥有一定主导地位的影响力。但近年来，随着美国页岩革命带来的页岩油气产业的繁荣，欧佩克（图1-4-24）和俄罗斯的权威地位遭到了严重冲击。根据BP预测，在未来30年，美国作为全球最大的石油和天然气生产国的地位有所增强，美国在全球石油生产中的份额，从2017年的约12%上升到2040年的约18%，这一比例超过沙特阿拉伯2040年的13%；在天然气方面，美国的领先地位更加明显，2040年将占全球天然气生产的24%，位居第二的是俄罗斯为14%（图1-4-25）。

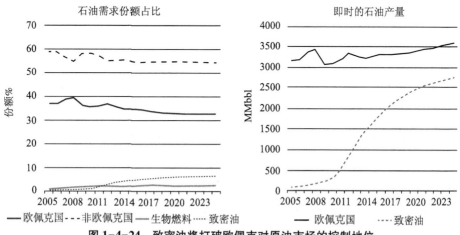

图1-4-24　致密油将打破欧佩克对原油市场的控制地位

资料来源：HIS（2014）

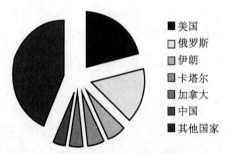

图 1-4-25　2016 年全球天然气产量分布图

资料来源：根据 BP 2017 年鉴整理

　　据 BP 统计，欧佩克拥有探明石油储量 1712 亿吨，占全球资源的 71.5%，2016 年石油产量为 1864.2 百万吨，占全球产量的 42.54%，但致密油开发的强劲势头以及相对疲软的原油消费减少了对欧佩克组织原油的市场需求（图 1-4-26)，尤其是随着美国国内页岩油库存的高涨，2015 年 12 月国会表决通过解除实施 40 年的石油出口禁令，美国发挥地缘政治影响力的一个重要障碍被扫清。石油出口禁令解除，让大量美国页岩油倾巢而出，大至中国、印度，小至西非的多哥，满载美国原油的油轮已陆续抵达了亚洲及欧洲一些全球最大石油进口国家，抢走了许多欧佩克成员国的市场占有率，对沙特阿拉伯及俄罗斯构成直接重大威胁，让像委内瑞拉那样的国家在联合国和加勒比海地区利用石油收买选票的力量被削弱。

　　美国也依然是世界上最大的天然气消费国和第二大石油消费国，因此其净出口仅占世界贸易额的相对较小份额，低于俄罗斯全球最大石油天然气出口国的一半。但 2016 年美国放开天然气海运出口，导致俄罗斯等天然气出口国以及卡塔尔和澳大利亚等 LNG 生产国都面临新的严峻挑战，俄罗斯也不再能够通过威胁停止天然气供应迫使邻国妥协并以此对欧洲邻国施加政治和经济影响。

　　世界能源格局的重构正在悄然改变地缘政治格局，能源的地缘政治正发生"地壳变动"。美国充盈的石油库存使得中东地区输出给美国的能源总量大幅下降，美国可以摆脱中东能源的掣肘，在国际舞台上的余地更大。随着中东出口转向欧亚各国以及美国页岩油气的出口，欧洲能源选择更加多样，而欧洲的选择将牵动俄罗斯能源的发展前景。欧洲各国，主要是东欧国家不再过分依赖俄罗斯的石油天然气，俄罗斯在欧洲天然气市场上垄断的地位受到冲击，俄罗斯能源作为政治工具效能或将降低，欧洲寻求政治上减少对俄的让步。俄罗斯不得不寻求转向与亚太国家合作。对俄美两国能源博弈来讲，美国占据话语权。俄罗斯、中国等世界大国做出政治、经济、军事等战略调整和新布局。

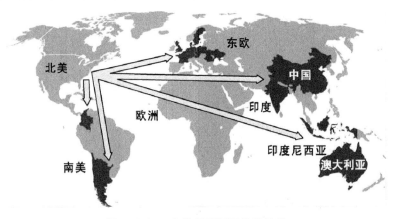

图 1-4-26 非常规能源开发的转移

资料来源：据 IHS（2013），https：//www. eia. gov/conference/2013/pdf/presentations/slaughter. pdf

第二章　非常规油气资源经济开发主控因素

油气资源经济开发的影响因素（图2-0-1）包括油气价格、投入产出、技术进步、税负政策、自然地理管网基础设施、经济体制管理模式等等。其中：油气价格是最为敏感的关键因素，决定着盈利亏损的边界和开发关停的切换；投入产出（即现金的流入流出）是影响油气资源勘探开发产量及其成本的直接因素；技术进步是加快油气资源经济开发的推动因素，从工业试验成功到商业化大规模开采，每上一步台阶，技术进步都是背后推手，推动着产量的提升和成本的降低；税负等国家相关经济政策是激励因素，从宏观层面通过税费刺激引导微观企业的经济行为；自然地理管网设施则是制约因素，没有良好的自然地理条件、没有配套的管网基础设施，必然制约着上游的开发和下游的利用；经济体制管理机制作为软因素所导致的自由竞争动力可以产生经济的"技术溢价"和"管理溢价"。

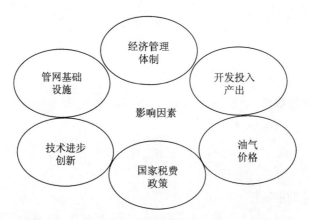

图2-0-1　非常规油气资源开发经济性的影响因素

对于非常规油气资源的开发而言，价格、产量、成本和技术是决定其经济性的主控因素。

第一节 国际油气价格

无论是常规还是非常规油气田的开发，油气价格是影响其经济性开发的首要因素，反之开发产出量也是影响油气价格变化波动的重要因素，价格和产量往往是相辅相成、相伴相随、相互制约、相互平衡的因素。

由于油气资源是国际物资，原油是不可再生性资源，原油短期供给弹性较小，但是在新的大型油田被发现以及重大技术创新出现时情况不同。随着非常规油气资源的重大创新技术——水力压裂和水平钻井技术的创新与普及，随着非常规油气田进入到了大规模的商业化开发阶段，能源价格必然会打破原有的供需平衡。

一、国际原油价格的主要影响因素

受到多重因素的影响，原油价格具备高度不确定性，从 1861 起至今，原油价格从几美元/桶攀升至近 150 美元/桶，跌宕起伏、震荡波动。油价的高度不确定性，导致能源机构在对未来能源发展进行展望预测时，不得不预设不同的价格情境。比如 EIA 在 2017 年进行能源展望预测时，就提出了 2040 年时的三种价格情境（图 2-1-1），低情境下的原油价格仍然在 50 美元/桶的下行通道中徘徊，中情境下原油价格已稳定爬升至 110 美元/桶，而高情境下则跃到 225 美元/桶。

世界石油市场像其他商品市场一样是经常变化的，市场短缺变为市场过剩或市场过剩变为市场短缺，油气价格在市场盈缺相互转化过程中起着枢纽作用。从本质上讲，原油的商品属性——供求关系决定油价方向，决定原油价格长期走势的主要是原油供需基本面因素，而其他变量，其对油价的影响要么是短期的，要么只是助推油价变动的因素。常见的影响原油价格变动的因素一般包括能源消耗量、产量、库存、剩余产能、替代产品供给以及地缘政治风险等基本因素。此外，金融市场、期货市场交易、大宗商品投资及美元指数等因素，也会影响原油价格变化的评估与判断。图 2-1-2 描述的影响原油市场的 6 个主要因素，涉及经合组织国家（OECD）和非经合组织国家（非 OECD）的能源需求，涉及欧佩克国家（OPEC）和非欧佩克国家（非 OPEC）的产量供给，涉及金融市场干预和替代产品的平衡等。

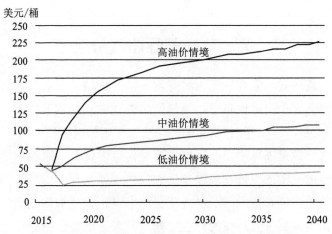

图 2-1-1　EIA 2017 能源展望中的三种原油价格情境

资料来源：EIA 2017 能源展望

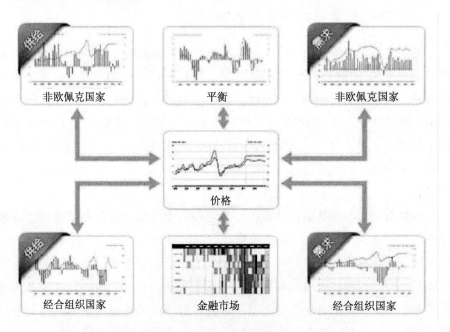

图 2-1-2　国际原油市场影响因素分析图

资料来源：https：//www. eia. gov/finance/markets/crudeoil/supply-opec. php

1. 能源消耗量

经济的发展以石油为动力，是石油需求的主要拉动力，是影响原油价格的主要力量。因此世界经济的发展（包括世界各国国内生产总值 GDP 的变化以及经济增长方式、经济结构的变化）是影响国际石油市场油气需求的主要因素之一，它直接引起国际石油需求总量、能源消耗量的变化，进而导致国际油价的变化。

近年来全球经济持续增长，但非经济合作与发展组织（非 OECD）国家的国内生产总值（GDP）增长速度明显高于经济合作与发展组织（OECD）国家（图 2-1-3）。经济增长必然带动能源消耗量的提升，非经合组织国家 GDP 增长率和原油消耗量之间存在着显著关联性（图 2-1-4）。

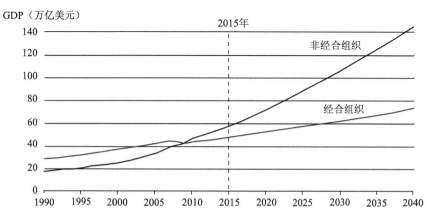

图 2-1-3 经合组织与非经合组织的 GDP 以 2010 年购买力平价美元为单位

资料来源：据 EIA 2017 能源展望

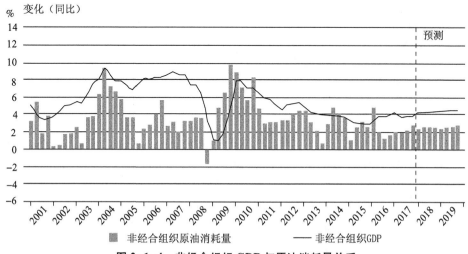

图 2-1-4 非经合组织 GDP 与原油消耗量关系

资料来源：EIA 2018 what drives crude oil prices

据 EIA 分析预测，世界能源消耗将从 2015 年的 575 Btu 增长到 2030 年的
663 Btu，然后到 2040 年的 736 Btu，其中 OECD 成员国的原油消耗量 2000—
2014 年呈缓慢降低趋势，2015—2040 年间则平稳增长 9%，而非 OECD 国家的
原油消耗量则大幅上涨 40% 以上（图 2-1-5），其中亚洲国家又是非经合组织
的主要贡献者（图 2-1-6），占到整个能源消耗增长的一半以上，亚洲国家中
的印度和中国又是主要推手（图 2-1-7），原油消耗量上涨见证和反映了这些
发展中国家经济的快速增长。在未来 20 年内，原油消耗量所有净增长都将来自
非 OECD 国家。

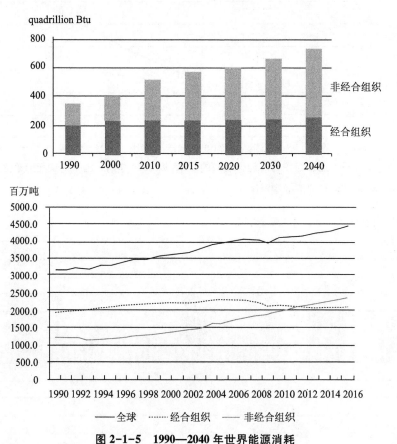

图 2-1-5　1990—2040 年世界能源消耗

资料来源：上图：据 EIA 世界能源展望 2017，下图：据 BP 能源统计 2017

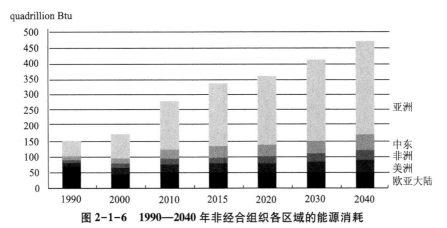

图 2-1-6　1990—2040 年非经合组织各区域的能源消耗

资料来源：据 EIA 2017 世界能源展望

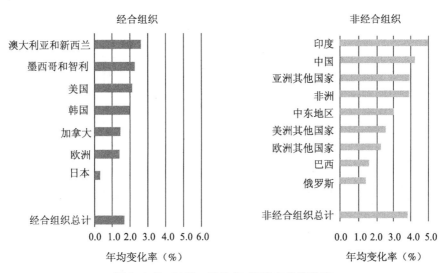

图 2-1-7　2015—2040 年 GDP 年均变化率

资料来源：据 EIA 2017 世界能源展望

原油消耗和经济增长之间的联系与各个国家的经济结构有很大关系。非经合组织发展中国家经济处于提速期，制造业占经济总量比重较大，相对于服务业属于能源密集型产业；商业和交通运输活动也需要大量的原油；同时，许多非经合组织国家还经历着人口快速增长，这也导致原油消耗量强劲增长。发达国家经济增长速度相对较慢，服务行业份额大于制造业的份额，因此并未对原油消耗量产生如非经合组织国家那样强烈的影响，占原油消耗总量比重较大的运输体系较成熟，人均汽车保有量较高。运输量还取决于政府政策，比如经合组织成员国对终端用户价格的补助较少，市场上原油价格的变化通常会快速传递给消费者导致油价上涨与原油消耗降低呈现一致（图2-1-8），原油价格预期值变化还会影响消费者对运输方式选择和车辆购买决策；许多经合组织成员国设置了较高的燃油税，出台了提升新型汽车燃料经济性政策，推广生物燃料使用，即使是在经济强劲增长时期，这些措施也起到减缓原油消耗量增长的作用。而许多发展中国家对终端用户价格施行管控或发放补贴，以防止消费者对市场价格变化做出过激反应，这使得需求对价格变化不敏感，进一步使经济增长成为推动非经合组织国家能源需求和促使全球原油价格变化的重要因素。

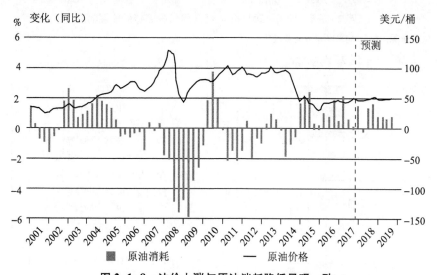

图 2-1-8　油价上涨与原油消耗降低呈现一致

资料来源：EIA 2018 what drives crude oil prices

2. 石油储产量

欧佩克是世界上最大的储产油集团，是国际原油的重要供应者。到2016年底，欧佩克组织的成员国拥有的探明储量仍占全球的71.5%（图2-1-9），产油量一直占据全球石油产量的42%左右，储产比84.7，同时欧佩克石油出口量占国际石油出口贸易总量的68%，其中沙特阿拉伯占据约18%的原油出口。因而欧佩克国家的储采比、产油量以及欧佩克国家协调产量份额的程度，都会影响甚至严重影响国际油价的变化，其中欧佩克最大的石油输出成员国沙特阿拉伯的原油产量在2010年之前对原油价格的影响尤为明显（图2-1-10）。

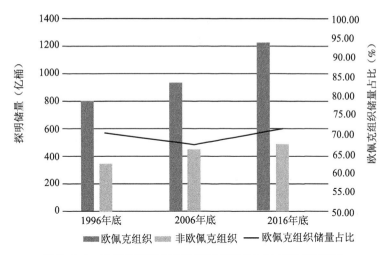

图 2-1-9　欧佩克组织与非欧佩克组织的石油探明储量对比

资料来源：根据 BP 2017 数据统计

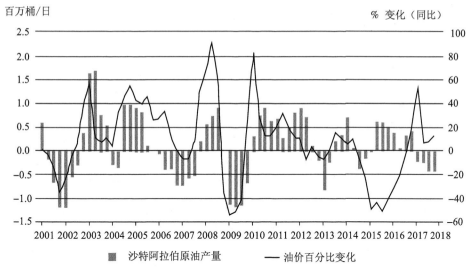

图 2-1-10　沙特阿拉伯原油产量变化影响油价关系

资料来源：EIA 2018 what drives crude oil prices

　　虽然世界石油储量的 70% 左右集中在欧佩克国家，且这些国家集中了最为丰富的高产大油田，生产成本也很低。但 20 世纪 80 年代前的原油价格暴涨刺激了非欧佩克国家发展石油工业的积极性，使非欧佩克的石油产量和储量都有明显增长，目前非石油输出国组织国家石油产量占世界石油总产量的 60% 左右。

欧佩克国家不再像 70 年代那样垄断油价，非欧佩克国家也是影响国际油价的重要力量（图 2-1-11），其产量和储量的增减会影响世界石油的供求关系，进而影响油价的涨落。

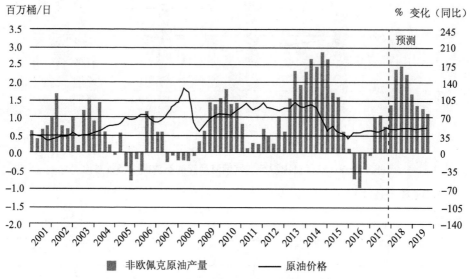

图 2-1-11 非欧佩克组织的产量与原油价格的关系

资料来源：EIA 2018 what drives crude oil prices

原油价格不仅受非欧佩克国家实际产量影响，还与欧佩克国家的剩余产能（Spare Capacity，根据 EIA 定义，在 30 日之内达到且持续不低于 90 日的生产能力）以及各国对未来原油供应期望值变化密切关联。欧佩克作为全球最大的石油输出国组织，保有一定份额的剩余产能，这是世界上其他油气资源国所不具备的特点，高剩余产能水平意味着可能是出于价格管理的目的而预留产能，欧佩克原油剩余产能的 80% 集中在沙特阿拉伯。欧佩克正是通过调节其剩余产能来影响全球原油供给量，进而控制全球原油市场走势，沙特阿拉伯通常拥有 1.5~2 百万桶/日的剩余产能以对石油市场进行管理。但在 2003—2008 年间，欧佩克的剩余产能水平低至不到 2 百万桶/日（全球总产量不到 3%），不足以对旺盛的需求和高企的油价做出有效缓解和反应（图 2-1-12）。

此外，近年非欧佩克国家天然气产量不断上升促使天然气凝析液（NGL）产量出现显著增长，推动全球液体燃料供应总量上升，且 NGL 并未包含在欧佩克产量配额中，有助于减缓价格波动。

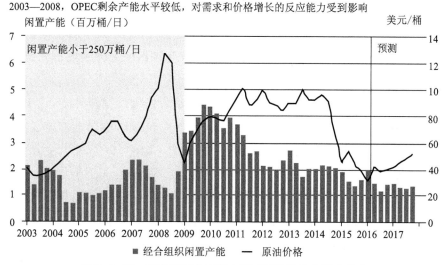

2003—2008，OPEC剩余产能水平较低，对需求和价格增长的反应能力受到影响

图 2-1-12　欧佩克剩余产能水平对原油价格的反应能力

资料来源：EIA 2018 what drives crude oil prices

3. 石油库存储备

石油需求量不仅和 GDP 有关，还和石油需求的价格弹性、石油储备等有关。

原油库存分为商业库存和战略储备，商业库存的主要目的是保证在原油需求出现季节性波动的情况下企业能够高效运作，同时防止潜在的原油供给不足；国家战略储备的主要目的是应付原油危机。

各个国家的原油库存在国际原油市场中起到调节供需平衡的作用，其数量的变化直接关系到世界原油市场供求差额的变化。在国际原油市场上，美国原油协会（API）、美国能源部能源信息署（EIA）每周公布的原油库存和需求数据已经成为许多原油商判断短期国际原油市场供需状况和进行实际操作的依据。

根据 EIA 统计，2017 年美国石油储备总量为 1894.952 百万桶，其中战略原油储备 662.831 百万桶。按照日均消费 1966 万桶计算，石油库存储备天数是 96 天，这已经大大超过了常规的 65~70 天的水平。国际能源署在其成员国之间开展全面的能源合作计划，每个成员国都有义务持有相当于其 90 天净进口的石油库存。

4. 国际政治经济突发事件

国际政治尤其是中东主要产油国的国际关系、武装冲突、突发事件等都可能会对国际油价产生重大影响（图 2-1-13）。1973 年的中东战争爆发，阿拉伯向美国的石油禁运提升油价，80 年代的伊朗革命和两伊战争引发油价暴涨，1985 年的沙特阿拉伯放弃摇摆角色宣布以低价销售石油，导致油价当腰斩断，这个时期的欧佩克在全球石油市场拥有绝对的价格决定权；90 年代发生过的伊拉克入侵科威特及随之而来的海湾战争，都使油价产生过剧烈的波动；1997 年的亚洲金融危机迫使油价滑落；2001 年美国"9·11"事件严重打击了美国经济也冲击着国际油价，短期上涨之后又一度跌回；2007—2008 年，美元贬值游资投机炒作引发全球金融崩塌使得油价急升骤跌；从 2010 年下半年起，中东北非局势动荡不止，从突尼斯骚乱到埃及动荡再到利比亚卡扎菲倒台，产油国局势混乱使国际原油市场供给紧张油价飙升，叙利亚内战、伊朗核问题及以及动荡的伊拉克使得油价居高不下。2013 年乌克兰危机爆发，美欧加大对俄罗斯的制裁，美国作为世界主要的油气生产国和消费国，俄罗斯作为世界上第二大石油生产国，双方的紧张关系对国际石油市场，尤其是国际油价走势产生深远长期利空的影响。2015 年 12 月美国打破原油出口的禁令，继续打压油价。

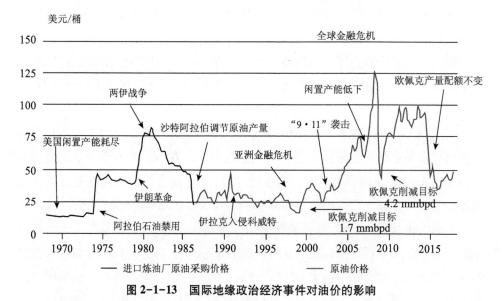

图 2-1-13　国际地缘政治经济事件对油价的影响

资料来源：EIA 2018 what drives crude oil prices

5. 替代能源

石油是不可再生的矿物能源，随着油气勘探开采技术的进步，每年都有大量石油被发现和采出，但综合自然、经济、技术和社会诸因素从发展趋势来看，石油勘探开发的难度和成本都会不断提高，石油资源最终也会枯竭。因而，从70年代爆发石油危机以来，许多国家都在寻找替代能源。石油的替代能源包括常规能源中的煤炭、水力和核裂变能，非常规能源和新能源中的油页岩、太阳能、风能、地热能、生物质能、潮汐能、海洋能、核聚变能等等。替代能源的开发一方面会减少对石油的需求，另一方面会制约油气的价格。替代能源的成本将决定石油价格的上限。当石油价格高于替代能源成本时，消费者将倾向于使用替代能源，类似日本福岛核电站事故的"黑天鹅事件"也可能增加市场需求的波动性。

根据BP 2017年的世界能源展望，到2040年可再生能源将是能源增长的最大来源。风能和太阳能的竞争力上升使得可再生能源的增长强劲成为可能，特别是太阳能的增长前景令人瞩目，由于科技快速发展和政策的强力支持，太阳能持续遵循其学习曲线成本迅速下滑（图2-1-14），累计发电装机每提升1倍，光伏组件成本下降约24%，且太阳能在中国和印度的增长最大。随着中国和随后的发展中国家接替欧盟成为增长引擎，可再生能源大范围扩展，中国是增长的最大来源，可再生能源增长量，将在2030年之后超过整个经合组织（图2-1-15），印度将成为第二大增长源。

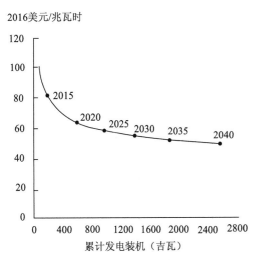

图 2-1-14　北美大型光伏项目标准成本

资料来源：据 BP 2018 世界能源展望

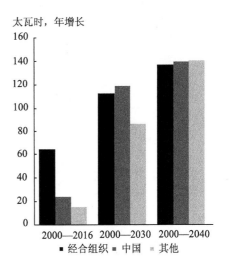

图 2-1-15　中国可再生能源增长量

资料来源：BP 2018 世界能源展望

据 EIA 预测，到 2040 年，除煤炭之外，不同能源的消耗量都在增长，当然，可再生能源和天然气的增长趋势最为明显（图 2-1-16）。

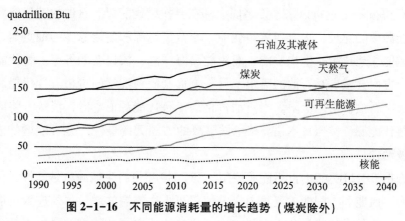

图 2-1-16 不同能源消耗量的增长趋势（煤炭除外）

资料来源：EIA 世界能源展望 2017

二、近 30 年来国际油价的波澜起伏

从历史来看，石油价格经历过多次变动，剧烈波动的原因包括两个方面：需求端因经济形势变化引发全球能源消耗量变化，如金融危机或者中国、印度经济腾飞；供应端变化，如以沙特阿拉伯为主的欧佩克国家决定增产或者减产，以及突发政治危机如海湾战争、伊朗核危机等造成的世界石油市场恐慌。近 30 年跌幅超过 50% 的油价下跌有 5 次，分别是 1986 年、1998 年、2001 年、2008 年和 2014 年（表 2-1-1）。

表 2-1-1 近 30 年国际油价历次暴跌

年份	原因	最高跌幅	后期走势
1985—1986	供给过剩	73%	10 年低迷
1998—1999	需求疲软	63%	1999 年 4 月恢复
2001	需求疲软	50%	2002 年 5 月恢复
2008	需求疲软	80%	2010 年初恢复
2014	供给过剩	72%	低迷至 2017 年后缓慢回升

资料来源：常毓文（2016）

1. 近 30 年来国际油价的历次暴跌

由于全球石油分布极其不均衡，石油资源开采和出口主要集中在中东和拉美的发展中产油国，早期被"七姊妹"的国际石油垄断资本所长期霸占，世界石油市场的价格是由国际石油垄断公司控制的。在同垄断资本进行斗争、收回被掠夺的石油资源方面欧佩克发挥了重要作用，因此 1973 年 10 月能源危机之后，欧佩克掌握了世界原油的作价权，通过控制石油产量和出口量，多次提高油价。

70 年代世界石油价格发展的基本趋势是上涨的。1973—1974 年的第一次石油危机和 1979—1980 年的第二次石油危机，推升着石油价格，整个 70 年代油价上涨 14 倍，大约在 1980 年达到顶峰 41 美元/桶（欧佩克公布的官方售价的上限），然后开始出现跌势，到 1986 年暴跌至 14 美元/桶。此次暴跌的主要原因就是产量过剩。在世界能源需求缓慢增长的同时，一方面，高启石油刺激了非欧佩克产油国的石油生产迅速崛起，尤其是英国、挪威、墨西哥等国趁石油高价之机迅猛生产和扩大出口，抢占能源需求市场；另一方面，以沙特阿拉伯为首的欧佩克毅然决定转为推行捍卫其市场份额而放弃限产保价，于是 1986 年世界石油价格在供给过剩、供需失调中暴跌，最大跌幅高达 73%，随后延续了10 年的油价低迷。

1998 年，东南亚金融危机对经济的打击直接导致石油需求疲软。1997 年底东南亚地区的能源消费量已经开始了首次自 1982 年以来的下滑，同期 12 月欧佩克竟毫无察觉仍将 1998 年产量配额增加，于是需求的下降与欧佩克的高产致使油价下滑，最大跌幅为 63%，直至 1999 年 4 月油价才有所企稳反弹。

2000 年不断上涨的油价已经开始压制石油需求的增长，2001 年进口石油的发展中国家比如印度等国能源需求已然受到高油价的极大抑制，而市场上现货原油的大量供给和欧佩克组织的持续高产，迫使油价下探一半，直至 2002 年 5月恢复。

2008 年 9 月美国爆发金融危机。此前的 2005—2008 年，全球经济增长势头强劲，而原油产量增长放缓甚至在某些季度中出现下滑，市场供不应求对原油价格攀升形成较大支撑，而美元贬值和投机炒作是本阶段高油价的最直接的推力和最主要的手段，但此时金融危机引发美国经济衰退已经严重打击市场信心，投机资金离场、美元走强、能源需求负增长终于点爆油价下跌，最大跌幅达80%，直至 2010 年初恢复。

2014 年的油价暴跌，与历史上任何一次油价下跌不同，最大的不同在于，此次有美国的参与、有非常规油气的参与。2014 年的本轮油价下跌除了受地缘政治、全球经济、美元指数等多因素影响外，消费疲软是大环境大背景，但全球原油供给宽松是主要原因。本轮全球原油供给总量增加主要有两个原因：一是以美国为代表的非常规致密原油以及以巴西为代表的海域原油产量快速增长，美国原油进口减少导致全球市场供给过剩；二是欧佩克坚持不减产政策，欧佩克放弃拯救市场反而加大产量，持续压低油价以低价倾销抢占市场。终于在2014下半年开始，国际油价从6月高位的每桶106美元下跌到2016年2月的30美元，跌幅深至接近72%，到2016年依然在40美元左右徘徊（图2-1-17左图）。2016年11月30日石油输出国组织（OPEC）的14个主要产油国终于就减产问题达成一致，约定将日产油量减少120万桶，OPEC国家合计产量降至每日3250万桶，协议自2017年1月1日生效，限期6个月。同时，俄罗斯也承诺日减产30万桶。受此影响，国际油价一度飙升超过10%，美国西得克萨斯轻质原油（WTI）和布伦特（Brent）原油分别达到49.82美元/桶和52.24美元/桶，一举刷新了2016年10月以来的最高位，并出现一路上涨趋势，2018年3月已达62美元/桶。此次OPEC再次减产，对近期油价的提升作用显著（图2-1-17右图）。

图2-1-17　2014下半年以来的原油价格暴跌与止跌回升

资料来源：根据EIA数据整理

总之，探其止跌回升的原因，要么由于经济复苏刺激需求，要么产油国主动减产。对于"需求疲软型"暴跌来说，随着经济状况和需求复苏，油价回升过程通常较为顺利；供给过剩的油价回升过程相对较为缓慢，是因为石油行业投资周期长、市场供应量在短期内缺乏弹性等特点，如果仅靠低油价的挤出效应"去产能"则需要较长时间，需要人为限制产量。

2. 历史上欧佩克组织的减产行动

在国际政治经济的重大事件中离不开欧佩克的身影。如表2-1-2所示，历史上欧佩克的近8次减产，其中经历了5次战争和2次金融危机，分别是1973

年第四次中东战争、1980 年长达 8 年的两伊战争、1990 年海湾战争、2000 年之后美国主导的中东战争、2010 年阿拉伯之春革命利比亚战争；两次大的经济危机：1998 年亚洲金融危机，2008 年全球金融危机。历史上，每当欧佩克产量目标削减时，原油价格大都会上涨。这 8 次减产协议达成后，有 6 次油价上涨，2 次仍然继续下跌。

表 2-1-2　欧佩克组织历史上减产

	时间	原因	油价后期走势
第一次减产	1973 年	阿拉伯联合酋长国首先宣布对美国禁运并减产 12%，其他阿拉伯产油国也纷纷宣布对美国禁运并持续减产	2 美元/桶上涨至 11 美元/桶↑
第二次减产	1980 年	两伊战争期间两国互相攻击油田炼厂，切断石油运输管道	上涨至 29 美元/桶↑
第三次减产	1982 年	应对供应过剩导致的油价下滑	从 36.83 下降到 27.51 美元↓
第四次减产	1986 年	应对油价暴跌带来的油价低迷，实施 1660 万桶/日的配额制度	持续下滑至 13 美元↓
第五次减产	1998 年	亚洲金融危机导致油价暴跌，1999 年欧佩克达成减产协议	9.25 美元上升至 30 美元（2000 年）↑
第六次减产	2001 年	油价暴跌导致欧佩克连续三次减产	持续上升至 150 美元左右↑
第七次减产	2008 年	金融危机爆发油价暴跌，欧佩克减产	由 40 美元上升至 115 美元左右↑
第八次减产	2016 年	北美页岩油气大规模开发，库存过剩导致油价暴跌	由 45 美元开始上升↑

资料来源：金融界网站：http：//m.jrj.com.cn/madapter/opinion/2016/12/01162721780549.shtml

历史经验显示，虽然欧佩克"限产保价"的效果要通过多次减产来实现，并且存在一定的滞后期，但最终的国际油价仍然很大程度上受欧佩克产油国一致决议或部分行动的影响。

3. 致密油成为影响国际油价的一股力量

2014 年原油价格暴跌与历史上 1986 年的原油价格暴跌何其相似，都是非欧佩克国家（前者为美国，后者为英国和挪威）的生产崛起且欧佩克国家为了打击对手捍卫市场而放弃限产保价低价倾销；不同于 1986 年的是，2014 年的生产崛起是因为北美勘探开发的技术突破引爆"页岩革命"，致密油等非常规油气资源的大规模开发导致北美的原油产量扩张。

从需求端来分析，全球的石油消耗除了 2008 年的经济危机之外，一直延续着上升的态势，并未出现明显的下滑迹象，2004—2014 年世界石油消耗量年增长率平均为 1.33%（图 2-1-18），2014 年全球一次能源消费仅增长 0.9%，保持着非常平缓的微涨。这是由于 2011 年之后，中国经济结构开始转型，经济增长的重心逐步从能源密集型行业转型，中国原油呈较低速增长，2014 年能源消费需求增速跌至 1998 年以来的最低点。随着中国、巴西等金砖国家的经济增速明显放缓，由这种新兴经济体拉动石油需求强劲增长的时代已经悄然过去，与此同时欧美发达国家的经济增长一直缺乏后劲。

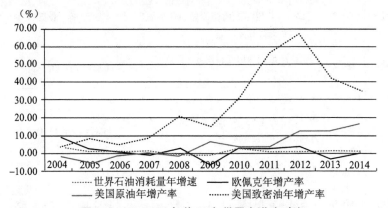

图 2-1-18　2014 年前 10 年供需方增速对比

资料来源：根据 EIA、BP 资料整理

从供应方来看，最重要的主角之一美国携致密油闪亮登场，2004—2014 年美国致密油产量以年增长率平均 26.8.% 的大幅攀升独领风骚（图 2-1-19），其中 Bakken 和 Eagle Ford 是美国的主力致密区块，导致美国石油产量年增速为

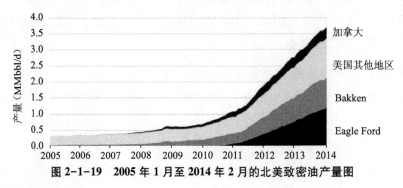

图 2-1-19　2005 年 1 月至 2014 年 2 月的北美致密油产量图

资料来源：EIA 整理

4.58%，持续下跌数十年的美国原油产量自 2009 年戛然而止。2013 年第四季度时美国原油产量已占全世界的 10%以上，其中 41%以上来自于致密油的贡献（图 2-1-20）。作为主要消费国和进口国，美国本土原油产量的供给扩大必然引发美国原油进口的减少，同期美国的原油日均进口量从 1370 万桶降至 940 万桶，产量增幅与进口减少量相当，几乎全部来自致密油产量的增长（图 2-1-21）。总之，致密油的增长对 WTI 原油价格起到明显的抑制作用，原油价格承压下降是必然趋势。

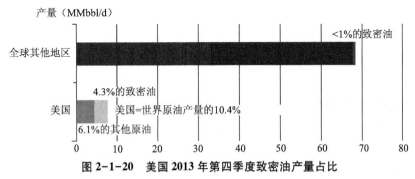

图 2-1-20　美国 2013 年第四季度致密油产量占比

资料来源：EIA，https：//www. eia. gov/todayinenergy/detail. php？id＝15571#

于是供应方的另一主角欧佩克在全球的能源市场空间被北美致密油挤压萎缩，原本就是世界能源舞台主角的欧佩克自然不能轻言放弃，希望油价下跌直至突破致密油生产商的盈亏平衡点或生产成本，美国致密油生产的盈亏平衡点因不同地质构造、钻井技术、服务成本、金融成本以及基础设施条件不同而大相径庭，有的公司能够把盈亏平衡点控制在低于 50 美元/桶，而成本高的区块盈亏平衡点则在 80 美元/桶之上（图 2-1-22），这样，欧佩克就可以借市场之手赶走生产成本较高的致密油商这类企业。

图 2-1-21　2014 年石油战争诱因分析

资料来源：据凤凰财经 2015，http：//finance. ifeng. com/gold/special/2015opec/

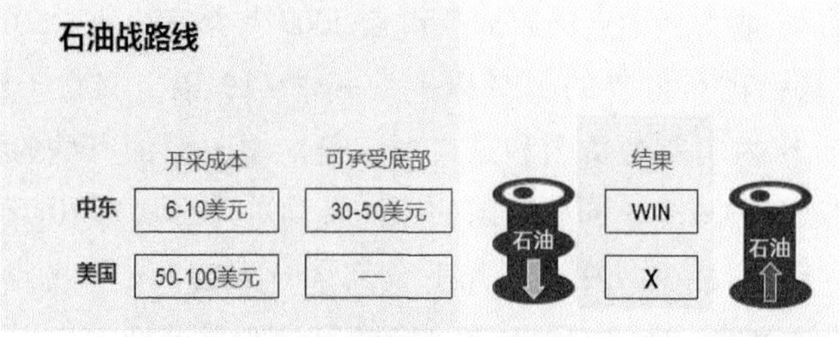

图 2-1-22　2014 年石油战争双方的供应成本对比

资料来源：据凤凰财经 2015，http：//finance. ifeng. com/gold/special/2015opec/

为换取市场份额，欧佩克富余的剩余产能与北美致密油产量之间的博弈在全球石油市场上上演了低成本竞争的好戏。从 2009 年开始，欧佩克从 2009 年第四季度剩余产能在最高峰 4.34 万桶/日开始持续下降直到 2016 年第四季度的接近 1 万桶/日（图 2-1-12）。2004—2014 年，欧佩克国家的石油产量年增速平均为 1.48%（图 2-1-18），与世界石油消耗量年增长率 1.33% 基本保持一致，中东的增产显然是源于沙特阿拉伯剩余产能的释放。国际油价在 80～100 美元/桶徘徊 4 年之后，终于无法抵御打击在 2014 年 6 月突然暴跌。

毫无疑问，2014 年的油价暴跌是原油供应过剩所致。美国致密油的大规模开发成为原油供给过剩的直接推手和根本原因，欧佩克国家为捍卫市场份额没有采取限量生产而是低价倾销政策，加剧了供需失衡。对于 2014 年油价暴跌，如果说欧佩克释放产能的倾销政策难咎其责的话，美国致密油则是真正的"罪魁祸首"。事实上，在油价暴跌之前，北美致密油的成功商业化就已经催生了关于致密油开发降低国际原油价格水平的观点，这些观点来自于包括麦肯锡在 2013 年上半年发布的《全球能源白皮书》和全球著名会计师事务所普华永道的研究报告。

油价暴跌的 2 年之后，2016 年 11 月 30 日欧佩克 14 个国家终于达成减产协议，历史经验显示，欧佩克国家减产之后油价会大增。但是，与历史上任何一次所不同的是，此次减产效果不能忽视北美致密油的后发力量，忽视致密油"野火烧不尽，春风吹又生"的强劲韧劲。

自 2014 年 6 月油价断崖式下跌后，美国致密油钻井数量反应迅速（图 2-1-23 左轴），从 2014 年 10 月份原油生产的钻机数量峰值 1596 口持续开始减少，一直持续下降到 2016 年 5 月的 320 口，下降了 80%，随后开始反弹。钻机数量的增减必然体现出致密油生产的扩产或减产。这说明，2016 年 11 月减产协议后，被低价打压的美国几大致密油产区随油价回暖如雨后春笋般逐步恢复进入复产。美国的致密油复产或许会抵消欧佩克和其他产油国做出的减产努力，导致中短期油价变动不会超出一定的波动范围（图 2-1-23 右轴），长远的后期走势将取决于欧佩克组织产量协议与美国致密油开发的继续博弈。

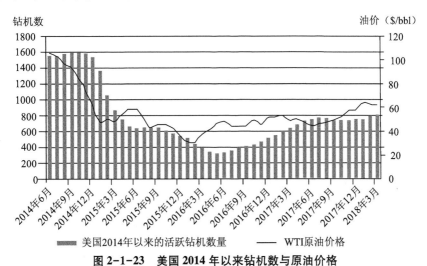

图 2-1-23　美国 2014 年以来钻机数与原油价格

资料来源：根据 EIA（2018）资料整理

　　仅从原油的供给关系来看，致密油的发展难以导致原油价格持续大幅下降，在完全开放的市场下，致密油高速增长将分别从行业内外两个路径共同发力，使得原油价格持续下跌面临压力（图 2-1-24）。在国际油价下跌后，社会经济运行的整体成本减少会推动 GDP 的增长，与此同时致密油因利润萎缩而减产，从而刺激原油消费增长和减少原油供给，最终导致油价下跌没有支撑，开始上涨。

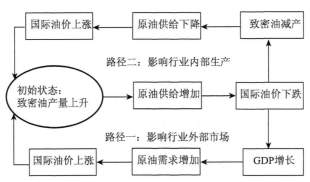

图 2-1-24　致密油增产与国际原油价格走势关系图

资料来源：侯明扬等（2014）

三、价格对非常规油气资源开发的影响

价格是影响非常规油气资源经济开发的关键因素。价格的高低，是决定现金流入的关键要素，决定着销售收入的多寡。与常规资源相比，非常规油气资源的成本高、产量低，价格力量对其的影响尤为敏感和刚性，更是关键影响因素。油气价格分别从微观、中观和宏观上对非常规油气资源及其能源公司造成影响且意义深远。

1. 微观上——直接决定油气井和能源公司资产的经济性

在微观上，油气价格直接决定非常规油气开采井的经济性和能源公司资产的经济性。

油气价格直接决定油气产品的收益，当开采成本一定时，价格越高、利润越大、经济性越好，这是不容置疑的事实。

如图 2-1-25 所示，气价为 10 美元时，有更多的生产井在现值利润（PVP）大于 0 的经济区域之内，意味着有更多的生产井具有经济性。显然，随着油气价格从 2 美元、5 美元上升到 10 美元，越来越多的原来处于经济边界线之下的生产井，由于气价的提高进入到了经济边界之上，其生产效益超过了盈亏平衡点而具有经济性。

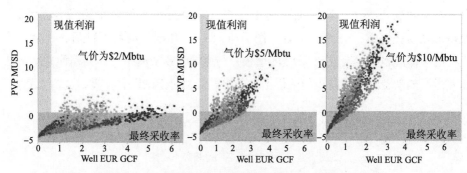

图 2-1-25　不同价格下的利润与最终采收率的关系

如图 2-1-26 所示，随着天然气价从 2011 年第二季度至 2012 年第二季度的一路下滑，切萨皮克（CHK）公司在北美 5 个页岩气带的净现值（NPV）也随之下降，且在 2012 年第三季度剧烈下降（滞后一段时期），切萨皮克（CHK）公司的页岩资产经济性随之下滑。

图 2-1-26　CHK 公司在北美主要 5 个页岩区带的 NPV 与气价对比

资料来源：根据 NASQ. HartEnergy. com 资料整理

　　油气之间价格的差异也决定着拥有不同油气资产结构的能源公司经济性有所不同。这是因为，如果同一时期下原油价格超过天然气价格的收益，拥有多个油气区块的能源公司必然趋利避害地调整资产投资组合，将投资转向油井；反之，增加气井开采。

　　如图 2-1-27 所示，由于从 2005 年开始原油价格一路上扬，页岩区带上的干气钻井数大大减少，美国新增的油井数从 20% 增加到 50%。

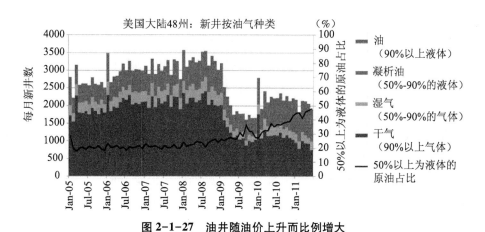

图 2-1-27　油井随油价上升而比例增大

资料来源：IHS（2012）

　　如图 2-1-28 所示，EOG 公司与戴文公司的油气资产结构不同，EOG 公司拥有更高比例石油资产和更低比例的天然气资产，因此在天然气价格不利的形势下，相比戴文公司，EOG 公司资产经济性更好。这是因为随着 2005 年开始的原油价格走高，EOG公司调整油气资产组合，投资转向油井，干气井数越来越少，新增的原油钻井数比例高达80%，而戴文公司却不足20%。

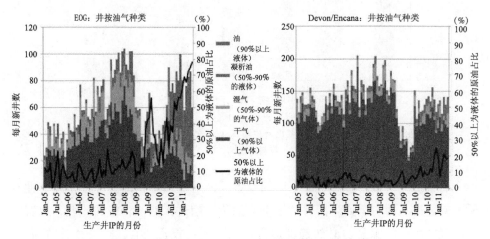

图2-1-28　EOG公司与戴文公司的油气井资产结构

资料来源：IHS2012

2. 中观上——直接影响钻机钻井与油气井的活跃数量

在中观上，油气价格直接影响钻机钻井的活跃性，直接影响钻机在油气井之间的转化。

在原油生产中，出于趋利避害的考虑，能源公司对油气价格的反应十分灵敏，直接体现在对钻井的申请许可数目和投资规模上，钻机数、钻井数以及产量相应地随着油气价格的波动而变化。通常，原油价格是操纵钻机的驱动因素，原油价格的起伏变化，与稍微滞后一段时间之后（一般就2~5个月）活跃的钻机数的增减变化基本是一致的。

从整体趋势来看，如图2-1-29所示，从2000年以来，原油价格的波动可分为四个阶段：一是2000年以来的平稳增长；二是2007—2009年的全球金融崩塌造成的急升骤跌阶段；三是2009—2014年的上扬盘旋阶段；四是2014年之后暴跌微弹阶段。这四个阶段的价格变化灵敏地刺激着原油生产商相应地新增或关停活跃钻机数。

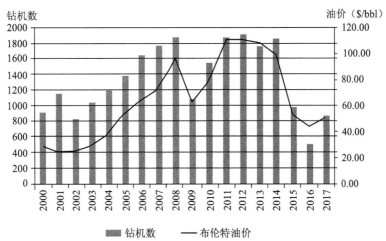

图 2-1-29　美国钻机数与原油价格的关系

资料来源：据 EIA（2018）

如图 2-1-30 所示，2010—2012 年随着天然气价格的波动下落，Barnett 页岩区带上钻机活动与气价变化趋势保持一致大幅下降。如图 2-1-31 所示，2014 年油价暴跌之后美国活跃石油钻机数量下降了 80%。Bakken 页岩和 Eagle Ford 页岩 2015 年的钻机数应声下落，在 2014 年的钻机活跃数都在 200 口以上，而到 2016 年锐减到 30 口左右，2017 年减产行动之后有所回转。这充分说明，随着油气价格下跌，能源公司表现得十分谨慎，钻机活动立即减少。在水力压

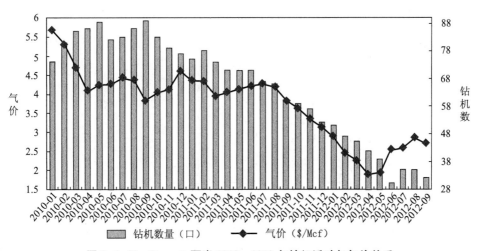

图 2-1-30　Barnett 页岩 2010—2012 年钻机活动与气价关系

资料来源：据 NASQ. HartEnergy. com 资料整理

裂施工部署周期短这一特性的帮助下，致密油对于市场价格信号的响应远快于常规石油，从而在一定程度上抑制了价格波动。在 2014 年 6 月油价见顶下跌 4 到 6 个月后，钻机数量便开始下降。而在 2017 年初油价开始反弹后，仅用了三四个月时间钻机数量便快速度回升。在 2015 的上半年，也就是油价开始下跌不到一年，致密油的产量仅仅增加了 10 万桶/日，远不及 2014 年同期 50 万桶/日的年增速和 80 万桶/日的年增速，这期间美国致密油生产的低活跃度导致了石油产出的增长缓慢。同样，随着 2016 年春季油价触底，致密油钻机活跃度上升，美国致密油的生产从 2016 年上半年开始则一直稳步增长。

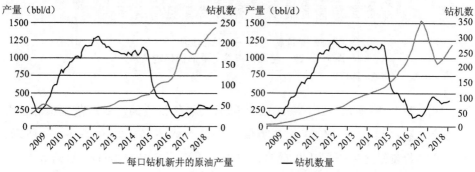

图 2-1-31　Bakken 和 Eagle Ford 页岩 2014 年油价暴跌之后钻机数锐减

资料来源：EIA 2018，https：//www. eia. gov/petroleum/drilling/pdf/dpr-full. pdf

　　能源公司对油气价格的敏感性还表现在油气井之间的转向，随着原油与天然气的价格差异，在油气之间转移投资和活动。如图 2-1-32 所示，伴随着

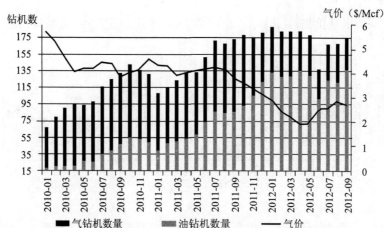

图 2-1-32　2010 年 1 月至 2012 年 9 月 Eagle Ford 页岩钻机随天然气价格下跌由气转向油

资料来源：据 EIA（2013）

2008 年油价上扬，特别是天然气价的下跌，Eagle Ford 页岩钻机逐步将投资转向油井，原油生产井数总体上直线攀升，从 2010 年 1 月的不到 20 口增加到 2012 年 9 月的 135 口，而天然气井数则几乎变化不大。因此，如图 2-1-33 所示，气价的下跌，导致天然气钻机活动数减少的同时，原油钻井的活动数不断上升，2012 年初的整个美国从事干气钻探的钻机所占比例由 2009 年上半年的 80% 骤降至约 30%，而从事与石油生产有关的钻探活动的钻机数所占比例则由 20% 增加到了 70%。

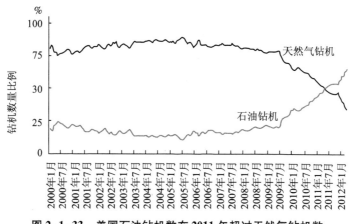

图 2-1-33　美国石油钻机数在 2011 年超过天然气钻机数

资料来源：据 EIA（2013）资料整理

3. 宏观上——间接调整油气资源量的高低

宏观上油气价格也间接调整着油气资源技术可采资源量和探明储量的估算和评价。

美国页岩气未探明的技术可采资源量曾由 2011 年的 827Tcf（23.4 万亿方）下调至 482Tcf（13.6 万亿方），下调幅度达 42%，下调的主要原因是美国最大的 Marcellus 产区所在的 Appalachian 盆地下降了 58%，从 2010 年预测的 441Tcf 降到了 187Tcf。该下调是在 EIA 通过 Marcellus 页岩气开采活动增加而掌握了更详细的数据后做出的，与美国地质勘探局的最新预测数据相一致。虽然水平井和重复压裂的技术提升了产量，但页岩气开发区域向储量、产量较小且开采难度较高的贫气区扩张，以及气井产出的高衰减率对产能带来的负效用，同时天然气价格的下跌，一齐抵消了技术进步的正面影响。页岩气技术可采资源量的下调，说明资源量本来就是一个与油气价格、与市场、与经济不无关系的资源量（图 2-1-34）。

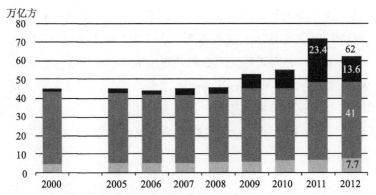

图 2-1-34　美国天然气技术可采资源量下调

资料来源：据 EIA 能源展望 2012 等数据整理

第二节　非常规油气产量

产量从两个方面影响着非常规油气资源的经济性：一方面，产量意味着油气的出产量，产量越高收入越大；另一方面，基于非常规油气资源开采生产特点和递减规律，采取的增产措施必然带来成本的提升，也就是说，产量提高收入的同时，成本也可能随之增加。因此，产量的提升从页岩油气井成本效益和出油气流动能力两个因素上同时影响着开采的经济性。

一、非常规油气资源开采生产特点

与常规油气资源不同，非常规油气资源的低渗低孔等地质特征导致的低产特点，决定了对其的生产开发具有独特性：单井初产量高，但递减很快，后期递减速度较慢，形成长尾，稳产期很长，但采收率极低。

以致密油为例，根据美国多个页岩油田的数据，与常规传统原油开采相比，非常规油气资源的生产有着很大的区别（图 2-2-1），尤其是递减率

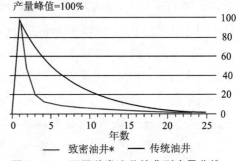

图 2-2-1　不同种类油井的典型产量曲线

与采收率，非常规致密油单井前 10 年内可采出最终可采储量的 80%，生产中后期压力和产量已经大幅下降，递减趋缓，剩余的年限产能相对稳定而总产量小。

以页岩气为例，如图 2-2-2 所示，切萨皮克公司的某口生产井 30 天平均初产率为 7.17MMcfe/d，第一年递减率为 84%；怀特公司的某口生产井 30 天平均初产率为 1008boe/d，第一年递减率为 89%。页岩气这种迅速递减一般发生在最初的 5~6 年，随后以 2%~3% 缓慢递减速度进入一个较长且稳定的低产时期，一般地，非常规油气资源的开采寿命可达 30~50 年，甚至更长。被誉为"页岩气之父"的乔治·米歇尔（George P. Mitchell）1981 年发现 Newark East 气田的第一口井至今仍在生产，生产历史已超 36 年。

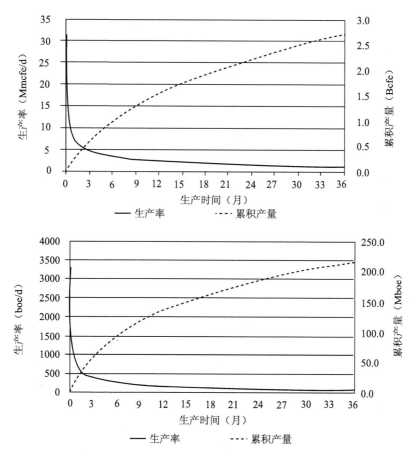

图 2-2-2 切萨皮克公司和怀特公司分别在 Marcellus 和北达科他州 Bakken 生产井产率

数据来源：Hart Energy 2011—2014

二、非常规油气资源产量递减规律

以页岩气为例。页岩气藏作为一种非常规气藏，其储层孔隙是纳米尺度、渗透率为纳达西级，因此，页岩气的商业性开发必须依赖于对页岩储层的有效改造，这导致页岩气产能评价技术与常规气藏有所差别。

确定页岩气产量递减典型曲线大体上可以分为 3 种方法：第一种是基于基质和裂缝耦合的气体渗流机理的简化解析方法；第二种是考虑储层和流体复杂因素及渗流、解析等机理的数值模拟方法；第三种是利用已有生产数据进行回归得到典型曲线。典型曲线拟合回归是生产实践中应用最为广泛的方法。白玉湖（2013）以某个页岩气井生产数据为依据，采用差分进化法、麦夸特法、准牛顿法、简面体爬山法、遗传算法、模拟退火法、共轭梯度法等不同的拟合方法对该生产曲线进行回归，综合考虑计算时间、计算精度，差分进化法是这几种方法中最好的。

典型页岩气曲线模型有三种，即指数递减、双曲递减和调和递减。双曲递减曲线的公式为：

$$q = q_i(1 + D_i nt)^{-1/n}(0 < n < 1)$$

双曲递减曲线的最终可采储量（EUR）为：

$$N_P = \frac{1}{1 - b}\frac{q_i}{D}\left[1 - (1 + nD_t)\right]^{n - \frac{1}{n}}$$

指数递减曲线为：

$$q = q_i e^{-D_i t}(n = 0)$$

指数递减曲线的最终可采储量（EUR）为：

$$N_P = \frac{q_i}{D}(1 - e^{-D_t})$$

调和递减曲线为：

$$q = q_i(1 + D_i nt)^{-1}(n = 1)$$

调和递减曲线的最终可采储量（EUR）为：

$$N_P = \frac{q_i}{D}In(1 + D_t)$$

式中　q——产量，m^3/d；

　　　D_i——初始递减率，d^{-1}；

n——递减指数，无量纲；

q_i—— 初始产量，m^3/d；

t—— 生产时间，d。

此外，还有修改的双曲递减模型、幂律指数模型、混合典型曲线模型等。

目前，页岩气产量递减典型曲线常借鉴双曲型递减曲线，如图 2-2-3 所示，对产气量生产数据进行拟合，确定递减率、递减指数、初始产量。

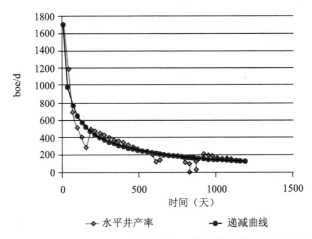

图 2-2-3 **Bakken** 页岩区带水平井双曲递减曲线产率

在双曲递减曲线的 3 个参数对 EUR 的敏感性分析中发现，递减指数对 EUR 影响最大，是最为敏感的参数。

初始产量的确定对整个曲线的形态以及 EUR 也具有较大的影响，一般而言确定初始产量大体分为两种方法：第一种是把初始产量作为未知，利用拟合方法自动拟合确定；第二种是取第一个月生产数据的平均值作为初始产量，根据白玉湖（2013）的分析，从精度而言，以天为时间单位自动拟合确定初始产量方法整体精度较高，有较高的初始产量。

气井生产历史长短对产量递减典型曲线也有着一定的影响。白玉湖（2013）的研究发现，在针对同一口页岩气井进行产量递减典型曲线分析时发现，生产历史长短会影响典型曲线形态，从而影响到最终可采储量。而基于超过一年生产历史数据得到的 EUR 精度明显偏高（图 2-2-4）。

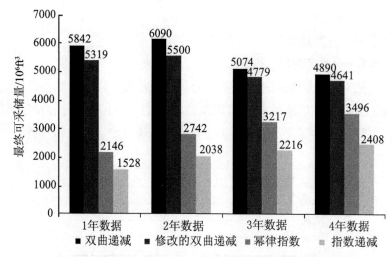

图 2-2-4 基于不同生产历史时间不同模型预测的最终可采储量对比

数据来源：白玉湖（2013）

三、非常规油气资源增产改造措施

除了递减率、递减指数、初始产量之外，对于非常规油气开采，产量提升的影响因素还包括非常规油气资源储层增产改造的技术，因此非常规油气开采必须采取压裂增产、加密钻井、井间接替以及在开发采收率更高的区域来提高单井产量和实现生产区油气产量的稳定或增长。

与常规油气勘探钻井不同，非常规开发的钻井，一般需要设计水平井段，增加油气藏与井筒的沟通面积，以增加页岩油气储层的泄气面积。以页岩气开发为例，页岩气藏投入开发后，初期产量来自于页岩的裂缝和基质孔隙，随着地层压力降低，页岩气中的吸附气逐渐解析，进入储集层基质中成为游离气，因此需要以压裂为主的储层改造技术。在压裂阶段，利用地面高压泵组，以超过地层吸液能力的大排量将压裂液泵入井内，而在井底或封隔器封堵的井间产生高压。当该压力超过井壁附近地应力并达到岩石抗张强度时，就会使地层产生裂缝。继续注入压裂液使裂缝逐渐延伸，随后注入带有支撑剂的混砂液，使水力裂缝继续延伸并在缝中充填支撑剂。停泵后，支撑剂支撑壁面，在地层中形成填砂裂缝，从而实现气井增产和注水井增注。现阶段压裂使用了多种复杂技术，包括计算机模拟、微地震裂缝成像、测斜仪分析等，成本较高。90%以上的井需要经过酸化压裂等储层改造才能生成大量裂缝提高页岩气的渗流能力，以获得比较理想的产量。

压裂级数对产量递减典型曲线也有较大影响。对于同一个平台上的井而言，压裂级数一般相差不大，因为一个平台上的井比较集中，相距较近，一般情况下地质条件相差不大，因此其水平段长度、压裂级数等参数较为相近。但在不同区块内，由于地质条件不同，水平段长度及压裂级数会有所变化。随着技术的进步，水平段长度和压裂级数也会在逐渐增加。目前现场作业的压裂级数可多达 30~40 级。因此，在采用典型井数据进行典型曲线分析时，要充分考虑到压裂级数的影响。在一个平台中各井压裂级数相差不大时，可以采用单井生产数据作为典型曲线分析基础，也可以采用单级压裂生产数据作为基础，二者几乎一致。但是，当一个平台内各井压裂级数相差较大时，则应采用单级压裂生产数据作为产量递减典型曲线分析数据，所得结果更能反映典型井的生产特征。

顶级的非常规油气生产商将钻井、压裂技术发展到极致，同台钻井、50 级压裂、15 英尺跨度的丛式钻井、每英尺超过 2000 磅的支撑剂等技术的应用，使生产商获得更多的单井油气产量。

为保证页岩油气的生产，开发过程中需要钻探很多口井以形成规模化生产与供应来平衡衰竭的单井产量，因此从节约用地、用水、环保、降低成本角度，页岩油气规模开发通常采用"平台式"水平井组开发，以平台为单位布井、投产，进行滚动建产，实施产能接替。也就是说，维持产量需要连续的钻井投资，在开发中依靠井间接替加密井数来提高可采程度和维持产量稳定，如图 2-2-5 所示 Barnett 页岩以井间接替维持整个作业区的稳产。

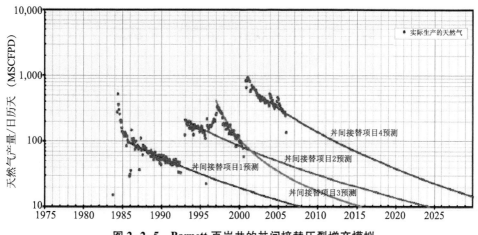

图 2-2-5　Barnett 页岩井的井间接替压裂增产模拟

此外，气油比 GOR（Gas Oil Ratio）对非常规油气开采的初产率 IP 和最终采收量 EUR 也有影响。以致密油为例，页岩中的原油一般仍以液体状态存在，但反凝析或富含气体的凝析油则处于气态，如 Eagle Ford 页岩趋液区内的不同井中可以同时采出原油、凝析油和凝析气。在原油/凝析油的致密油井中，气油比 GOR 与 IP 和 EUR 关系紧密，近似线性关系。经证实致密油层中气油比 GOR 越高的井初始产量和 EUR 也越大，同时凝析油窗的井比石油窗内的井有较低的初始递减率和更高的 EUR，这种相关性在 Bakken 和 Barnett 的致密油井中也比较明显，如图 2-2-6 所示。因此，富含气体的油井产量似乎更高，提高致密油产量的另一措施就是选择相对高产的富含气体区域。

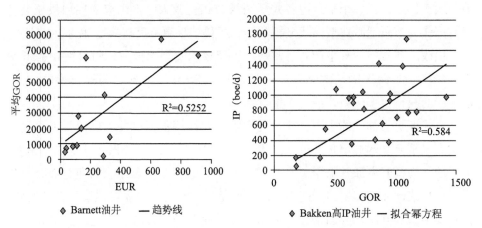

图 2-2-6　Barnett 的 EUR 与 GOR 的关系与 Bakken 的 IP 与 GOR 的关系

数据来源：Hart Energy 2014

第三节　非常规油气勘探开发成本

非常规油气资源开发属于资金密集型产业，由于其开发的难度和复杂程度远大于常规油气开发，从整个油气生命周期看，资金投入远高于常规油气资源的开发。

依据非常规油气资源项目的特点，从勘探到开发的全周期的完全成本（图 2-3-1），既包括勘探阶段的发现成本，也包括生产阶段的开发成本。而开发成本又包括矿权使用成本、地面建设投资、钻完井投资、运营成本以及税负等其他费用。

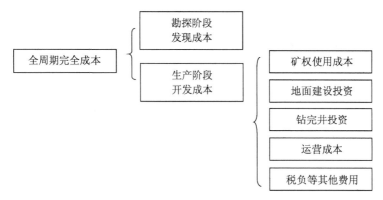

图 2-3-1　非常规油气资源成本构成

一、矿权土地使用费

在美国，合法开采油气的首要条件是，探矿和采矿的企业首先需要和矿产所在土地的持有人（地方州政府或者私人）协商签署矿产开采的油气租约合同。

油气租约是美国油气勘探开发中土地所有者和承租方之间的一个核心法律文件。文件条款包括使用的土地面积，采掘的深度和宽度，收入的分成方式，自然资源（特别是地下水）的保护方式，开采完毕的废井处理，等等。租约合同中的许可费（royalty）的比例一般为税前产量的 12.5%，现在这一标准已经上升到 20%~25%。

美国土地的私有制，导致美国各州常用的土地租约形式不尽相同。油气租约的期限条款会影响到油气生产商的生产决定及油气产量。油气租约通常分为两个阶段：Primary Term（第一租期）和 Secondary Term（第二租期）。

所签的租赁合同第一租期通常 3 年左右（页岩油气开发的特点造成的），在这段时间内，承租方需要开展钻井活动或者获得油气产量才能保住租约（Hold by Production），否则租赁合同将终止。2009—2013 年曾经发生 Haynesville 页岩盆地上被迫钻井（forced drilling）的现象。由于 Haynesville 页岩租赁合同大量集中在 2008—2009 年，当时的天然气价在 2009 年底猛降至盈亏平衡点的 4 美元/MMbtu 之下，本应关停钻井的生产商面临着处于要么开展钻井活动有亏损风险、要么停止钻井活动失去租约合同的两难境遇，生产商们大多被迫进行钻井投资以维系租约，致使同期天然气产量不仅没有减少反而因钻井持续增长又增加了 3Bcf/d，当生产商保住了开采权之后钻井活动开始放缓，产量最终回归低气价下应有的水平。在第二租期，根据合同规定，只要油气"生产"持续进行，就一直可以保有第二租期。如果生产连续中断 90 天（具体天数视双方谈判结果），那么第二租期将会终止。基于"生产"一词的重要法律后果，美国的法院一般要求"生产"应该满足"足以支付的产量"（in paying quantities）的要求，意即在支付完所有的费用和土地租金之后，还有剩余产量。由于"in paying quantity"可能产生争议，出租人为了不让租地人在产量极小的时候还保有自己的土地，往往会在租约中要求一个 Minimum Royalty（最低土地租金）。比如，租约规定承租方在第一租期结束后，需要支付 35 美元/英亩的最低土地租金。如果承租方在第二租期缴纳的租约许可费 Royalty 低于最低租金，那么要及时补足差额，否则租约失效。

美国油气生产商获取土地（land acquisition）的使用权一般有四种不同的方式，获取方式的不同极大影响开发成本。①早期闯入者（Aggressive entrant）。油气生产商通常是在区块还没有开始开发，甚至还没有开始试验性项目、存在着极高不确定性的时候进入，以低廉成本（比如 200~400 美元/英亩）获取广大的（比如 100000 英亩）面积，但是这种投机很有可能颗粒未收不见成效。②历史遗留者（Legacy owner）。油气生产商已经在该区块参与了前期油气资源的开采而自然而然地获取了该区块，这种方式尽管节省了大量成本，却不一定能拥有该区块的甜点位置或更好区域。③快速跟进者 Fast follower，那些无法直接签订租约的油气生产商通过成立合资企业的方式进入，这种方式一般发生在风险可见的可行性分析之后，只是甜点未现，而进入成本却是早期进入者的 10~20 倍以上，会使得每口井的成本提升 100 万~200 万美元。④最后进入者。受到甜点位置利润刺激的油气生产商，以 3~4 倍于快速跟进者的成本获取甜心的生产井和潜力区块。需要明确的是，无论哪种形式的土地使用费一旦付出，油气生产商都会将其作为"沉没成本"，在进行"向前看"的投资决策分析时，是不会把沉没成本考虑在内的。

在中国，国家实行探（采）矿权有偿取得的制度和矿产资源补偿费征收制度。国家将矿产资源探（采）矿权，出让给探（采）矿权人，按法律法规规定收取准予使用权利的费用。申请人直接通过申请取得和通过国家招标、拍卖等方式取得的探矿（采）权都必须付出经济上的代价。探矿权使用费制度是按年度、按面积收取费用，以勘查年度计算，按区块面积逐年缴纳，第一个勘查年度至第三个勘查年度，每平方千米每年缴纳 100 元，从第四个勘查年度起每平方千米每年增加 100 元，最高不超过每平方千米每年 500 元；采矿权使用费按矿区范围面积逐年缴纳，每平方千米每年 1000 元。

为了保障和促进矿产资源的勘查、保护和合理开发，维护国家对矿产资源的财产权益，1994 年 2 月 27 日国务院发布《矿产资源补偿费征收管理规定》（1997 年 7 月 3 日国务院令第 222 号修改），明确在中华人民共和国领域和其他管辖海域开采矿产资源，应当依照规定缴纳矿产资源补偿费。矿产资源补偿费的应征主体为采矿权人，计征对象为不同矿经过开采或采选后脱离自然赋存状态的矿产品（原油、原煤、原矿或精矿），费基则是矿产品销售收入，征收矿产资源补偿费金额=矿产品销售收入×补偿费费率×开采回采率系数。

2013 年 10 月 22 日国家能源局制定并发布的《页岩气产业政策》第 33 条直接明确规定"对页岩气开采企业减免矿产资源补偿费、矿权使用费"。

二、地面建设费用

地面建设投资主要包括非常规油气资源勘探开发区块内的地面工程设计以及处理集输储存、供水供电、交通通信设备安装工程及其管线建设等投资。在建设矿井之前，需要选择合适的矿井位置，并铺设相应的基础设施。这一具体步骤包括：前期调查、设计井台的方位与布局、水资源规划（水储存方法、通过车辆或管道供水）、建设井台的运输通道和外部的道路、布置拖车、建设水池和防腐处理。

地面建设费用是开发成本的一部分。通常，开发成本包括继续占地（land acquisition）成本、地面建设成本、设施设备（facility）成本、钻井（drilling）成本和完井（completion）成本。

三、钻完井投资

水平井多级压裂是非常规油气资源成功开发的主要因素之一，也是非常规资源开发有别于常规气藏的重要方面。因此非常规油气的钻完井投资包括钻机和套管固井的钻井投入，以及压裂泵、支撑剂、钻井液等的完井投入。根据 EIA 和 IHS 公司（2016）的研究发现，美国典型陆上非常规油气生产商的单井投资从 490 万美元/井到 830 万美元/井，其中完井成本平均在 290 万美元/井到 560 万美元/井之间，约占整个单井投资的 60%~71%；钻井成本在 180 万美元/

井到 260 万美元/井之间，约占整个单井投资的 27%～38%；设施费用占比为 2%～8%。在非常规区块大范围采用水平井之前，钻井成本是整个成本的 60%，甚至高达 80%，由于非常规油气采用水平钻探，水平井越来越长，完井工艺越来越复杂，完井成本急剧上升，成为最大比例的主要成本。如图 2-3-2 所示，完井投资最大占比为 63%，钻井投资 31%，设施费用 6%。单井投资中 3/4 以上来自于最主要的五个部分的成本：24% 的压裂泵等设备投入、15% 的钻机和钻井液等钻机相关的投入、14% 的支撑剂投入、12% 的钻井液（可回流）的投入和 11% 的套管和固井投入。其他投入包括地表设备、完井工具、保险咨询、人工举升设施等。

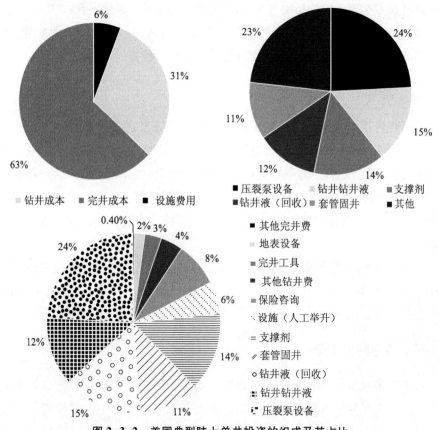

图 2-3-2　美国典型陆上单井投资的组成及其占比

资料来源：EIA IHS Trends in U. S. Oil and Natural Gas Upstream Costs 2016

如表 2-3-1 所示：①压裂泵等设备投入，成本变化差异大，主要取决于所需的马力和压裂级数。一般在 100 万～200 万美元，占单井投入的 14%～41%。

②钻机相关的投入，取决于钻探效率、井深进尺、钻机天数、泥浆和燃料使用率，一般在 90 万~130 万美元，占单井投入的 12%~19%。③支撑剂等投入，取决于支撑剂的构成（天然砂石还是涂料合成）、用量、运输等，总体来说，所有的区带支撑剂的用量都在增加。一般在 80~180 万美元，占单井投入的 6%~25%。④钻井液等投入，取决于所需要的水、化学物质和压裂液（采油用胶体或采气用滑溜水），一般在 30 万~120 万美元，占单井投入的 5%~19%。⑤套管固井投入（图 2-3-3），取决于服务市场，与钢铁价格、井筒大小、地层及其压力等，一般在 60 万~120 万美元，占单井投入的9%~15%。

表 2-3-1　单井主要投入的占比及范围

单井投入	成本范围（万美元）	占比（%）
压裂泵等设备	100~200	14~41
钻机	90~130	12~19
支撑剂	80~180	6~25
钻井液	30~120	5~19
套管固井	60~120	9~15
合计	360~750	—

资料来源：EIA IHS Trends in U. S. Oil and Natural Gas Upstream Costs 2016

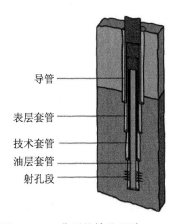

导管

表层套管

技术套管

油层套管

射孔段

图 2-3-3　典型的钻井设计

资料来源：斯伦贝谢公司

油气生产商可以选择在同一平台或同一位置的连续多井钻探，因为更多的钻井共用这些设施而享有规模经济效益，当然也可以选择保有矿权面积而在同一平台只钻探一口井。因此，由于地质、井深、水处理、水力压裂强度和设计目的的不同，不同地区的成本变化差异增大，且单井之间成本差异很大。以 Bakken 页岩为例，不同成本因素下的变化范围及平均值如图 2-3-4 所示。成本因素包括：套管相关的套管柱、水平井长度、实际垂深；压裂液相关的化学物质、凝胶和压裂液量；支撑剂相关的支撑剂成本和剂量；钻机租赁相关的进尺速率、水平井长度、实际垂深；压裂设备相关的压裂段（级）数、突破压力和注入率。

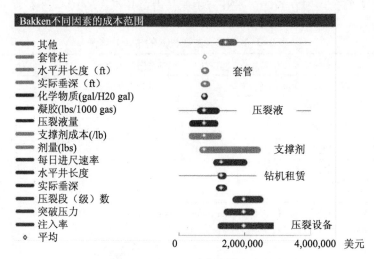

图 2-3-4　Bakken 页岩的钻完井成本

资料来源：EIA IHS Trends in U. S. Oil and Natural Gas Upstream Costs 2016

四、生产运营成本

生产运营成本，又称为操作成本、供应成本等。北美的生产运营成本主要包括三大费用：租期作业操作成本 LOE（Lease Operating Expense）、集气处理和运输成本 GPT（Gathering, Processing and Transport）和水处理成本。还有一些其他的费用，如公司综合管理成本 G&A（General and Administrative Costs）（比如管理费用、销售费用、财务费用等）。

租期作业操作成本 LOE：发生在每口生产井的整个生命期，因不同区带而不同，即使同一区带也有所不同。比如含油的区带可能有一些特定的如人工举升的活动而构成了操作成本的主要成分，而含气的区带则没有。显然，深井比浅井的作业成本更高。

集气处理和运输成本是指把单位体积的油气输送至销售点所发生的费用，常常取决于与第三方中游油气服务商的合同，当然拥有区带面积越大的生产商在合同中更具有主动权。

大多数从水力压裂中回流的水处理费用都在单井投资预算中。只有 30~45 天之后对残余水和地层水的处理计为操作运营成本。水处理费取决于水油、水气的比例及其处理方式，还可能产生在水处理井中再注入水的费用、再循环费用等等。

生产运营成本的计量单位为每桶、每吨或每立方米或立方英尺。以 2011—2014 年的 Barnett 和 Marcellus 页岩为例，Marcellus 操作成本主要在 1 美元/千立方英尺，而 Barnett 页岩更高（表 2-3-2）。钻井的类型（油/气）、位置、产量以及寿命期决定了整个运营成本。

表 2-3-2　Barnett 和 Marcellus 页岩气操作成本对比表

页岩	区域	操作成本（$/Mcfe）
Barnett 页岩	核心区	1.50
	Tier1	2.00
	Tier2	2.60
Marcellus 页岩	西南核心区	1.05
	东北核心区	1.2

资料来源：Hart Energy/Wood Mackenzie Unconventional Gas Service/ Global Data

如表 2-3-3 所示，美国典型陆上非常规油气生产商的生产运营成本的范围是：租期操作成本 LOE，也包含水处理成本在内为 2.00~14.50 $/bbl，而水处理成本为水 1~8 $/bbl。采集处理运输成本 GPT 分为干气、湿气（包括 NGL）和原油与凝析油。干气采集运输费为 0.35 $/Mcf，湿气（包括 NGL）的采集处理费为 0.65~1.30 $/Mcf、运输费 2.2~9.78 $/bbl 和蒸馏费 2.00~4.00 $/bbl，原油与凝析油的采集费用为 0.25~1.50 $/bbl，短距离的卡车运输费 2.00~3.50 $/bbl，长距离的管道或轨道运输费 2.20~13.00 $/bbl。管理成本 G&A1.00~4.00 $/bbl。

表 2-3-3　典型陆上非常规油气生产商的生产运营成本

成本项目	成本范围
操作成本 LOE	2.00~14.50 \$/bbl
水处理	1~8 \$/bbl
采集处理运输成本 GPT	干气 0.35 \$/Mcf
	湿气（包括 NGL）： 采集处理费 0.65~1.30 \$/Mcf 运输费 2.2~9.78 \$/bbl 蒸馏费 2.00~4.00 \$/bbl
	原油与凝析油： 采集费用为 0.25~1.50 \$/bbl 短距离的卡车运输 2.00~3.50 \$/bbl 长距离的管道或轨道运输 2.20~13.00 \$/bbl
管理成本 G&A	1.00~4.00 \$/bbl

资料来源：EIA IHS Trends in U. S. Oil and Natural Gas Upstream Costs 2016

五、其他税负支出

其他支出包括流动资金（指为维持非常规油气正常生产经营活动，在项目进行过程中基础建设、原材料购买、支付工资等预备的必不可少的周转资金）、建设期利息，根据相关油气项目开采的税金要求。

美国企业所得税为 35%~50%，但通常有优惠条款。此外，还征收采掘税（Severance Tax），比如天然气是对平均每月产量超过 250Mcfd 进行征收，税率与气价有关，2010 年 Haynesville 页岩在 Louisiana 州的气价是 \$4.16/Mcf，税率为 \$0.164/Mcf，且水平井可 2 年或完井之后才征收。另外，还有按设备征收 \$75~150/ \$1000 的资产税（Property tax，通常可忽略）。

中国页岩气开发需缴纳的税金与常规油气开发并无差异，主要有以下几种：所得税、增值税、城市建设维护税、教育费附加和资源税。页岩气作为国家重点扶持和鼓励发展特定项目，按 15% 的统一税率征收所得税；增值税的计算并不影响页岩气开发经济效果，但是应缴增值税额要作为其他税费的计算依据，页岩气增值税与开发石油、天然气同样适用 13% 的税率；城市建设维护税和教育费附加均以增值税为计税依据，分别为增值税的 7% 和 3%。

税收成本（TAX）和生产运营成本是已建油气井的生产运营期间的费用。

六、发现成本

勘探发现成本（Finding & Development Cost），通常是指确定非常规油气资源量等相关地质参数及地质条件所发生的费用，是指前期在勘探阶段为寻找发现储量而开展的地震、预探井、评价井、地质综合研究等的投入。包括占地（land acquisition）成本、地理地质勘查（geological & geophysical）成本、实验井/探井（exploration well）成本。在非常规油气开发前期 wildcat drilling（野猫钻探）时期，由于对地质状况不熟悉，花费较多；但是随着页岩油气田的确立，开发者集中开发核心区块，因此发现成本在投资成本中所占的比重越来越小。发现成本通常只有在进行全周期完全成本核算时才被计入。

2011—2014 年美国不同页岩公司的发现成本数据显示（表 2-3-4），Barnett 页岩单位储量的发现成本在 0.7~1.5 美元/千立方英尺之间；Haynesville 页岩发现成本在 1.2~2.4 美元/千立方英尺之间；Woodford 页岩发现成本在 1.0~2.05 美元/千立方英尺之间。

表 2-3-4　能源公司在不同页岩区带的发现成本　　　　　单位：$ /Mcf

公司名称	Barnett	Haynesville	Woodford
Williams	1.3		
Chesapeake Energy	1.3	1.5	
EOG Resources	1.5		
ExxonMobil	1.1		
Range resource（Legend Natural Gas）	1.3		
EnerVest/EVEP（Encana）	1.3		
Carrizo Oil and Gas	1.2		
XTO Energy	1.1	1.6	1.6
EQT Corporation	0.7		
Devon Energy			1.8
K2 Energy			1.0~2.0
Newfield Exploration			2
GMX Resources		1.5	
Cubic Energy		1.2	
Penn Virginia		1.9	
Goodrich Petroleum Corporation		1.3~2.4	
Encana	1.3		

资料来源：Hart Energy，Global Data

如图 2-3-5 所示，一般来说，非常规天然气与常规天然气相比，单位储量的勘探发现成本更低，一般不高于 2 美元/千立方英尺，如非常规油气的 Barnett 和 Marcellus 页岩。常规油气的东墨西哥、西墨西哥以及 Voring 等，单位储量的发现成本在 2~5 美元/千立方英尺。

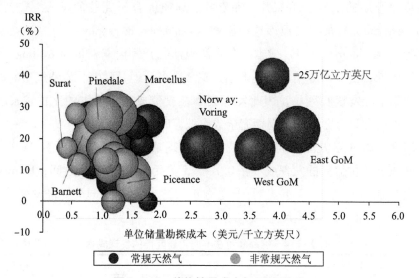

图 2-3-5　单位储量成本与 IRR 关系

资料来源：IHS（2014）

七、举例

这是一家典型的美国某公司的投资成本分析。如图 2-3-6 和表 2-3-5 所示，在该公司开发成本从 2006 年到 2010 年的不断下降中，一方面显示，在整个包括井场设施、基本建设、钻井完井在内的所有开发成本中，钻完井的投资占整个开发成本的大多数，尤其是水平井的投资中钻完井甚至占到了 91%；另一方面显示钻井与完井之比，直井的完井成本不到 40%；而水平井中完井比例却高达 60%。

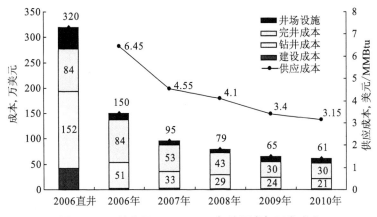

图 2-3-6　某公司 2006—2010 年的页岩气开发成本

资料来源：据 HIS（2014）

表 2-3-5　某公司 2006—2010 年的页岩气生产井成本构成

	2006 直井	2006 年	2007 年	2008 年	2009 年	2010 年
钻完井占比（%）	74	90	91	91	83	84
钻完井之比	64∶36	38∶62	38∶62	41∶59	44∶56	41∶59

资料来源：据 HIS（2014）

　　这是一家非常规油气生产商的钻完井投资构成，如表 2-3-6 所示，该公司的钻井投资包括安装费，钻井工程承包费，钻井液、化学品、交通与燃料费，服务与租赁设备费，钻头及其他消耗性工具费，人工管理费，套管及辅件费，封堵与弃井费，不可预测事件费等。完井投资包括：安装费，钻机与工时费，钻井液、化学品、交通与燃料费，服务与租赁设备费，地层增产措施费，套管及辅件费，消耗性工具及其他费，不可预测事件费等。进一步分析：地层压裂增产措施的投入最大，占完井成本的 70%，占总单井成本的 43.5%；其次为钻机费用，占钻井成本的 29%，占总单井成本的 11%；服务与设备租赁费，占钻井成本的 23%，占总单井成本的 8.5%；套管及辅件成本，占完井成本的 11%，占总单井成本的 7%。

　　这是某口页岩气生产井的全周期成本构成。除了开发成本之外，油气资源勘探开发的全周期成本主要还包括生产运营成本、勘探发现成本、矿权土地使用成本和政府税负。以表 2-3-7 为例，Marcellus 区块东北核心区某单井的全周期成本主要包括运营成本 OPEX（租期作业费 LOE、企业综合行政管理费 G&A、集气/燃料动力/脱水费、税负等）、勘探发现成本 F&D、开发投入 CAPEX（包括钻完井、机械设施、地面建设、干井及其他等）、矿权许可成本 Royalty。其中 Royalty 为税前产量的 12.5%，联邦政府和地方州政府的销售和使用产品税合并计算为销售收入减去权利金后的 5%。

表 2-3-6　某公司的钻完井投资预算表　　　　　单位：万美元

钻井合计	228.5	完井合计	395.8
安装	21.5	安装	3.5
钻井工程承包（35 个钻机工作日，2 万美元/日）	70	钻机与工时	11.5
钻井液、化学品、交通与燃料	27	钻井液、化学品、交通与燃料	6.6
服务与租赁设备	54	服务与租赁设备	20.8
钻头及其他消耗性工具	6	地层增产措施	276
人工、工程及管理费	7	消耗性工具及其他	1.9
套管及辅件	19	套管及辅件	43
不可预测事件	24	不可预测事件	32.5
封堵与弃井	10		
钻完井合计			624.3

表 2-3-7　Marcellus 区块东北核心区某单井成本测算

1. Marcellus Shale NE Core HZ Well	88	Tcfe	5. Realized Price		$/Mcf
EUR/Well (gross)	5.00	Bcf	Gas Price (NYMEX)		$4.00
NRI (12.5% royalty)	87.5%		Plus: Basis Diff		$0.20
EUR/Well (net)	4.38	Bcf	Plus Btu Adj		$0.20
			Net Price		$4.40
2. OPEX ($/Mcf)					
LOE (lease op expenses)	$0.70				
Corporate G & A	$0.40				
Gathering/Dehydration/Fuel/Other	$0.50		6. OPEX		$1.85
Production Taxes (5% PA)	$0.25				
Total	$1.85				
			7. Disc F&D @ 15% ROR (BT)		$2.50
3. F&D Costs ($/Mcf; undiscounted)	$1.07		Discount Factor		0.43
4. CAPEX			8. Break-Even Prices		
Drilling & Completion	$4.00	MM	Henry Hub		$3.95
Dry hole, mech failures	$0.20	MM			
Other (seismic, etc.)	$0.50	MM			
Total	$4.70	MM			

资料来源：据 HIS（2014）

这是页岩区带平均的完全成本。如表 2-3-8 所示，2010 年美国页岩气全周期的完全成本为 4.0~8.5 $/MMbtu。

表 2-3-8　2010 年美国各页岩区带的完全成本

页岩气田	全周期成本（美元）	产量占比（%）
Haynesville	5.35	30
Barnett Core/Tier 1	4.1	30
Barnett Tier 1 Step out	4.55	2.5
Barnett Tier 2	5	0
Fayetteville Core	4.5	15.5
Fayetteville non-Core	6	0
Marcellus	4.65	12.5
Woodford	4.5	3.5
Woodford Anadarko	5.5	1
Utica	5.6	2
Antrim	5.5	1
Raton Basin Pierre	6.25	1
Pearsall/Eagle ford	4	1
Huron-Chattanooga	5.5	0
Barnett Tier 3	7.9	0
Deep Baxter	8.4	0
New Albany	8.5	0
Horn River	5	0
Montney 8 stage frac.	5.7	0
Montney 4 stage frac.	6	0

资料来源：OGI Yearbook 2011

第四节　非常规油气勘探开发技术

能源工业的发展历史中，不可忽视的一股力量就是能源技术。正是在能源技术的不断创新与演化中，世界能源的发展蒸蒸日上。

一、非常规油气资源技术发展

1. 全球能源技术的展望

随着技术的突破与进步，曾经对 2050 年前石油耗尽的担心早已荡然消失（图 2-4-1）。根据《BP 技术展望（2016）》（图 2-4-2），尽管过去 30 多年能源消耗已增加 1 倍，仅利用目前的先进技术来探寻石油和天然气资源，其"探明储量"将从 2.9 万亿桶油当量大幅增至 4.8 万亿桶油当量——几乎为 2050 年

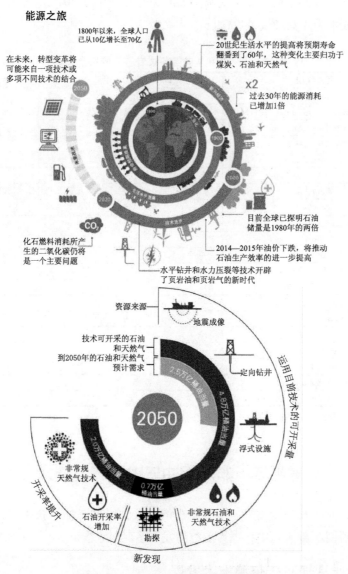

图 2-4-1 伴随技术进步的能源发展

资料来源：据《BP 技术展望（2016）》

全球预测累积需求（2.5 万亿桶油当量）的两倍。油气资源的充分供应有赖于技术的不断进步，比如地震成像、定向钻井、浮式设施等提高了采收率、增加了可采量，尤其是在过去的十年中，非常规石油和天然气技术，开辟了致密油页岩气的新时代，目前的非常规油气勘探技术手段导致的致密页岩的潜在可采储量增加了 1 倍以上（从 20 万亿上升到 45 万亿桶），估计到 2050 年，技术进步将能提供充足、廉价的能源，可获得的理论能源每年将会达到 4550 亿吨油当量，这相当于预期需求量的 20 倍多。

图 2-4-2　现行技术下 2050 年可采资源量为 4.8 万亿桶油当量和 4550 亿吨油当量/年

资料来源：据《BP 技术展望（2016）》

技术进步在带来全球技术可采资源量增加 35% 的同时，通过数字化技术、钻井技术、采收率技术、设施改进技术、成像技术等应用与创新，还能降低开采这些资源的成本，到 2050 年，预计可降低 25% 的成本，如图 2-4-3 所示。

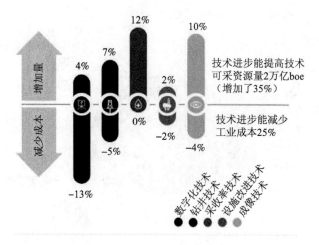

图 2-4-3　技术进步降低成本

资源来源：据《BP 技术展望（2016）》

非欧佩克国家通常处于技术领先地位，这是因为非欧佩克国家原油生产集中在勘探成本和生产成本相对较高地区和目前开发还不成熟的领域，如深水、油砂等，原油生产处于成本劣势，非欧佩克国家为了自身利益不得不不断创新技术获取资源。

2. 非常规页岩技术的发展阶段

美国页岩开发所获得的巨大成功，除了依赖于市场需求的增长、国家政策的扶持以及资源禀赋的良好之外，还有最为关键的一大因素——勘探与开发技术的突破创新和推广应用。40 年来，美国无数公司的页岩成功开发的实践证明，技术进步是推动能源类公司开发非常规油气资源的引擎。

以页岩气为例，来追踪每一阶段页岩技术的进步轨迹。

页岩气发现很早，1859 年美国第一口天然气生产井就是页岩气井，但它长期被看作是一种裂缝型气藏，在 100 多年的时间里发展一直很缓慢，直到进入 21 世纪。如图 2-4-4 和 2-4-5 所示，1981 年米歇尔（Mitchell）公司在 Texas 中北部 Barnett 页岩中钻探的 C. W. Slay No. 1 井首次在 Barnett 页岩区块取得突破性进展，发现了 Newark East 气田。1981—1997 年美国页岩气开发因受到技术的

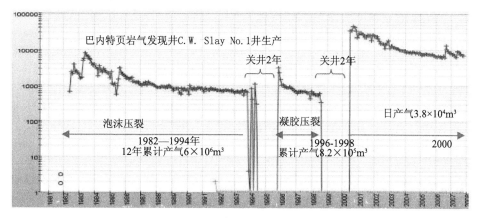

图 2-4-4　Barnett 页岩 C. W. Slay No. 1 生产历史（1982—2008 年）

资料来源：IHS（2014）

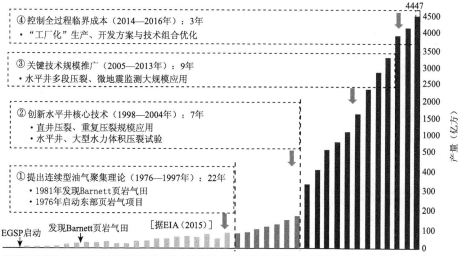

图 2-4-5 美国页岩气发展历程与理论技术进步关系

制约，发展非常缓慢，当时先后经历了泡沫压裂技术和凝胶压裂技术的变迁而进行页岩气生产。历经 1981—1997 年的 10 多年，Barnett 区块的生产井仅有 99 口。这 15 年间，1982—1994 年采取泡沫压裂技术的累计产气量达 $6 \times 10^6 \text{m}^3$；1996—1997 年改用凝胶压裂，累计产气量达到 $8.2 \times 10^5 \text{m}^3$。1997—2004 年，随着直井压裂重复压裂的规模运用，水平井和水力压裂的试验成功，页岩气开采发生了翻天覆地的变化：水平井代替垂直井、水力压裂取代凝胶压裂成为最主要的增产技术，日产气能达到 $3.8 \times 10^4 \text{m}^3$，页岩气单井产量更是不断提升，页

岩气开发迎来了新的发展时代。美国页岩气 1997 年的产量达 $80×10^8m^3$，2004
年产量突破 $160×10^8m^3$。随后水平井多段压裂、滑水压裂以及微裂缝地震综合
监测技术的不断突破和运用，美国 2009 年页岩气产量突破 $1000×10^8m^3$，产量
的井喷式增长始终伴随着技术突破创新，2014 年后井内钻井动力机的改进以及
遥感技术等配套的设备、材料和技术的发明，特别是平台式多井"工厂化"开
采模式的应用与推广，页岩技术走向成熟。美国页岩气 2015 年产量达到 4000×
10^8m^3，2017 年产量达 $4757×10^8m^3$。

　　根据对页岩气产业发展阶段和技术革新的分析，图 2-4-6 所示 Barnett 区带
页岩气在产井数在不同阶段的增长趋势，充分说明页岩技术进步可划分为以下
4 个阶段：

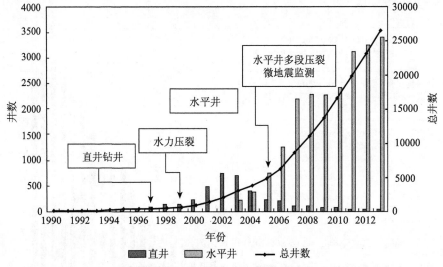

图 2-4-6　Barnett 区带页岩气在产井的数量变化情况（1990—2013 年）

资料来源：Gene Powell（2014）

　　（1）第一阶段（1981—1997 年）：页岩气开采初期，在此阶段下，受制于
当时的页岩气开发技术，美国能源类公司的页岩气开采处于初步发展阶段，绝
大多数的美国能源类公司的页岩气开采属于试验阶段，产能较低，规模较小。
主要采用直井钻井方式，配合泡沫和凝胶压裂技术进行页岩气生产。

　　（2）第二阶段（1997—2003 年）：水力压裂、重复压裂技术代替凝胶压裂
技术，成为美国最主要的页岩气增产措施，美国的页岩气公司进入成长阶段。
美国的中小公司纷纷受页岩气开采的经济利益的吸引，加入页岩气开发团队。

（3）第三阶段（2003—2005 年）：水平钻井的使用替代了直井钻井方式，美国各大中小型能源公司不断增多的同时，纷纷争取矿业开采权，增加投资规模，提高单井产量，美国页岩气产业发展迎来了飞速发展时期。

（4）第四阶段（2005 年以后）：水平井分段压裂和同步压裂、交叉压裂技术、裂缝综合监测技术的运用使美国页岩气产业竞争实力不断增强，美国页岩气产业发展进入了相对成熟的高产阶段。

二、非常规油气资源开发的主要关键技术

非常规油气开发的突破是与勘探开采理论技术不断创新密不可分的。在纳米级孔喉系统储层"连续型"油气聚集地质理论的基础之上，开采技术和作业技术不断创新和突破——水平井钻井技术、大规模压裂技术和压裂微地震实时监测诊断三大关键技术，是页岩油气近年来快速发展的技术背景。尤其是水平井规模压裂"人造渗透率"的核心技术以及平台式多井"工厂化"开采模式等大大提高了页岩油气初始开采速率和最终采收率，终于迎来了页岩商业革命，美国进入大规模商业化开采页岩气和致密油的历史新阶段。

1. 水平钻井技术

在 2002 年之前，美国页岩气钻井开发的主要方式是垂直井钻井方法，而随着戴文能源公司在 Barnett 页岩区块采取水平井钻井技术试验获得成功后，业界受经济利益的推动，开始推广水平井钻井技术。与直井钻井技术相比，水平井钻井技术具有四大优势：第一，水平井的成本虽是直井的 2 倍左右，但初始开采速率和最终采收率却能达到直井的 3~4 倍。以 Barnett 页岩区块为例，2006 年的相关统计显示，当年直井平均产量仅有 $943.9 \times 10^4 \mathrm{m}^3/\mathrm{d}$，而最成功的水平井产量达到 $2831.7 \times 10^4 \mathrm{m}^3/\mathrm{d}$，是直井的近 3 倍。第二，水平井能够明显改善页岩储层的流体流动状况。第三，水平井的开采能在直井收效不高的地区实现较好的开采效果。第四，水平井钻井技术可以减少地面上的相关设备设施，使开采的延伸范围变大，足以避免地面出现的一些不利因素的干扰。2002 年以后，从 Barnett 页岩区块开始，水平井的数量不断增加，从 2004 年不到 400 口发展到 2007 年超过直井数量，2010 年已达 10000 口占比 70%，水平井已成为页岩气开发最主要的钻井方式。如图 2-4-7 所示，相比 1997 年，2010 年 Barnett 页岩水平井剧增。

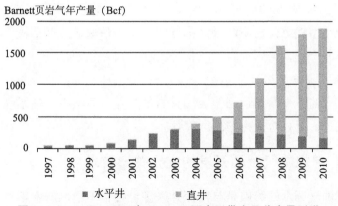

图 2-4-7　1997—2010 年 Barnett 页岩区带水平井产量剧增

资料来源：EIA（2012），https：//www. eia. gov/todayinenergy/detail. php id=2170

2. 储层改造压裂增产技术

储层改造压裂增产（ Stimulated Reservoir Volume，SRV）技术，通过水力压裂对储层实施改造，使天然裂缝不断扩张和脆性岩石产生剪切滑移，实现对天然裂缝和岩石层理的沟通，同时在主裂缝的侧向上强制形成次生裂缝，裂缝在扩展过程中相互作用，产生更复杂的缝网，最后形成天然裂缝与人工裂缝相互交错的裂缝网络，从而将有效储层打碎，实现长、宽、高三维方向的全面改造，增大渗流面积及导流能力，增加改造体积，提高初始产量和最终采收率。也就是通过改造，在地下形成以水平井长度为体积单元、人工压裂缝网为流动通道的"人造油气藏"。

水平井压裂技术（图 2-4-8）包括水平井分段压裂技术、水平井重复压裂技术、水平井多井同步压裂技术、水平井分段通道压裂技术、水平井分段压裂"两步跳"压裂技术等。

水平井分段压裂技术是指为提高页岩气的最终采收率，而采取的在水平井段中实行分段压裂，从而形成完整的裂缝网络的技术。最原始的水平井分段压裂技术采取的一般是单段或 2 段的分段压裂，发展到现在使用 40 段以上压裂技术，

图 2-4-8　水平和垂直压裂示意图

资料来源：June Warren-Nickle 能源公司

其压裂段数越多，产气效果越好。以 Woodford 页岩区块为例，Tipton-1H-23 井在使用了 7 段压裂技术后，页岩气产量比之前使用 5 段压裂技术时增加了 30% 以上。水平井分段压裂技术又包括：①水平井多级可钻式桥塞封隔分段压裂技术，该技术主要特点为多段分簇射孔、套管压裂，可形成可钻式桥塞；②水平井多级滑套封隔器分段压裂技术，该技术主要适用于套管完井的水平井压裂，借助井口投球装置控制滑套，形成机械式封隔器进行分段封堵；③水平井膨胀式封隔器分段压裂技术，该技术针对于裸眼水平井，开发出膨胀式封隔器，以实现裸眼井分段密封的需求，该封隔器工作原理是遇油（水）时橡胶快速膨胀，以在井壁准确位置上膨胀形成密封；④续油管跨式封隔器分段压裂技术，该压裂技术中射孔即可以采取电线传输、水力喷射或者连续油管传输进行，跨式封隔器施工过程中压裂流体通过连续油管注入，在每个单独射孔簇中实现压裂作业；⑤水平井水力喷射分段压裂技术，该技术是集封隔、射孔及压裂，运用水力喷射工具进行分段压裂的水平井压裂技术，采用喷射液的水力自密封原理对各层段进行隔离分段；⑥水平井水力喷射+井下混合分段压裂技术，该技术首先进行水力射孔，接着由连续油管低速注入"液态支撑剂"，环空高速注入无支撑剂流体，形成多支裂缝及支撑剂墩导流，通过不断调整环空速度，形成高浓度支撑剂充填层，重复操作不断改造完各射孔簇。

水平井重复压裂技术，是指为增加裂缝网络，改进单井产量与生产动态特征，而在不同方向上诱导产生新裂缝的技术。据统计，重复压裂技术能使最终采收率增加 8%~10%，可采储量能提高近 60%，同时重复压裂技术成本较低，因此重复压裂得到大范围推广使用。

水平井多井同步压裂技术，即邻井间同步压裂技术，是指同时对大致平行的 2 口或 2 口以上的井进行压裂压力液和支撑剂的运送，以使得传输过程中可以利用最短距离，将液体从一口井向另一口井高压输送，最终实现增加裂缝网络的表面积和密度，提升页岩气产量的目的。同步压裂的目的是在页岩气层中创造出更复杂的三维裂缝网络系统，增加裂缝系统表面积，产生更大地层压力。同步压裂技术这种方法 2006 年在 Barnett 页岩区中最先使用，现在能实现对四口井以上的同步压裂。这种同步压裂技术之所以能受到欢迎，是因为页岩气井能在短期内实现快速增产。

水平井分段通道压裂技术。该技术主要原理是在水力压裂过程中高速交替注入不含支撑剂的冻胶液与含多级支撑剂的冻胶液，进而达到支撑剂的非均匀铺置，其次，冻胶液中加入可降解的纤维材料，以降低支撑剂在射孔处及地层裂缝中的耗散。该技术目前还可以通过岩石物理模型进行特定泵注程序及不同油藏性质下的通道压裂设计。

水平井分段德洲"两步跳"压裂技术。该技术主要原理是在多段压裂时，通过改变岩石应力场，实现裂缝主分支缝与诱导缝相互连通，该技术"两步跳"的主要步骤为：从水平井水平段最远端开始施工，首先进行压裂，接着向井眼移动，重复压裂，这样可以使两段裂缝形成一定干扰；随后移动变化方向进行第三次压裂，该次压裂段处于前两次压裂段中间，这样就可以充分利用岩石应力场形成应力松弛缝。

页岩气主要靠滑溜水压裂生产，致密油可能主要靠气体压裂生产。页岩气目前使用最广泛的压裂增产技术就是水力压裂。水力压裂技术就是以清水为压裂液，使页岩气储层形成一套密集的裂缝网络，以提高储层的渗透率，这样，地层中的天然气就能更容易地流入井筒。与美国早期使用的凝胶压裂技术相比，水力压裂可以节约成本超 50%，实现经济性开采。由于水平井水力压裂技术在美国已广泛使用，无数先前无产气或低产气的页岩气井，重新获得了页岩气的高产量，极大地扩张了页岩气的开采范围，该技术成为美国页岩气产业迅速发展的关键。

由于技术进步和压裂设备的不断更新，水平井压裂技术也从分段压裂、多级分段压裂发展到大规模分段多簇的体积压裂。

页岩气压裂增产技术的发展如图 2-4-9 所示。

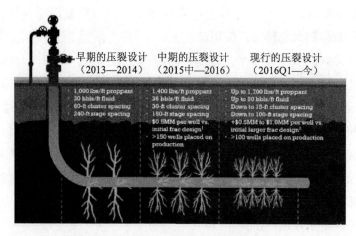

图 2-4-9　压裂技术示意图

资料来源：据光大证券（2017）

3. 压裂缝综合监测技术

为了在页岩气井进行压裂增产技术操作以后能采取有效的方法确定压裂作业的效果，从而综合各类的采井信息及时对页岩气井的压裂增产作业进行改善，有专家提出可以采用裂缝综合诊断技术，结合地面和井下测斜仪，以及微地震监测技术，通过直接测量因裂缝间距超过裂缝长度而形成的裂缝网络，从而对压裂作业效果进行评价，不断优化页岩气藏的管理、提高页岩气的最终采收率。

这种技术有四大优势：第一，测量准确，能有效确定裂缝的长、高、角度和方位；第二，应用方便，测量快速；第三，能够实施确认微地震的位置；第四，能有效过滤噪声。

Pioneer Natural Resources（先锋自然资源公司）、Carrizo Oil & Gas（卡里佐石油天然气公司）、EOG 资源公司等都纷纷利用压裂缝综合监测技术对开发中产生的裂缝的尺寸和位置进行实时测量，并不断调整，最终不仅保证了钻井的成功率，更提高了页岩井的经济性。

4. 平台式多井"工厂化"

借助成本较高的水平井和大型压裂改造技术等关键技术，建成足够可采储量规模的单井"人工气藏"，是实现页岩气经济有效开发的第一步，接下来非常规油气资源经济有效开发的关键是不断探索低成本施工生产与高效作业模式，从而让油气开发商能高效率、低成本地获得最大限度的非常规油气资源。

平台式多井"工厂化"作业技术已经成为中外非常规致密油气低成本开发的有效模式。目前国内外普遍使用的平台式多井工厂化作业模式是指，应用系统工程的思想和方法，集中配置人力、物力、投资、组织等要素，运用信息技术和管理手段，在地质条件相似地区，或地下地质情况基本清楚的条件下，按照大平台布井方式，集中部署一批相似井，进行多井平台式"工厂化"生产。平台式多井"工厂化"是油气开发施工的现场生产作业模式，实现了非常规油气低成本高效开发的"技术可采"与"经济可采"的有机统一。

非常规油气的开发，要从以下四个方面实现多井平台式"工厂化"生产。

第一，科学集中批量布井。在确定作业区内非常规油气基本特征的基础上，对地质条件相似、地表条件许可的地区，仿照"工厂化"方式均匀部署钻井平台，进行钻井平台标准化设计，实施大批量、标准化布井。一方面，减少压裂作业时间和压裂设备动迁次数，可以最大限度共用地面设施、降低生产与集输费用;另一方面,通过集中布井压裂改造,促使平台各井压裂水力裂缝在扩展过程中相互作用,产生更复杂的缝网,增加改造体积,可以最大限度扩大泄油气范围、提高储量动用程度与采收率。

第二,标准井场建设。强调技术的标准化、模块化,装备的小型化、大功率化,这是在有限平台空间上同时进行钻井、完井、返排、生产作业的前提,也是确保作业安全的基本要求,以降低建设投资。

第三,交叉施工、流水作业。强调流水作业,一旦一口井钻好,钻机就会滑向同一钻井平台另一个井眼继续钻进,而前一口井正进行完井作业。这样,在同一个平台上可以同时进行钻井、完井、返排、生产作业。整个平台从开钻到最初生产的时间缩短,运营资金得以减少。在"工厂化"压裂施工过程中,地面连续供液、连续混配、连续输砂,大排量泵注压裂车组设备摆放需要适应"工厂化"压裂作业的施工要求,以此来实现"工厂化"压裂作业的流水线生产作业。

第四,用料用水的重复利用。强调压裂液钻井液等重复利用,要求最大限度实现作业过程耗材、液体的循环重复利用,是减少耗材用量、控制污染排放、降低作业成本的重要一环。

多井平台的钻井设计考虑到渗流范围最大化、地表影响最小化和地面操作高效化。如图2-4-10所示,4个平台,每个平台上有6口不同方向且距离很近的水平井。如图2-4-11所示,中国长城钻探苏53区块大平台包括了10口水平井、2口定向井、1口直井。地下空间叠加使得平台上地表的井位邻近,同时各项设施也铺建在平台周围。

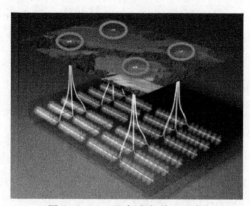

图2-4-10 平台式多井工厂化

资料来源:据EIA(2014)

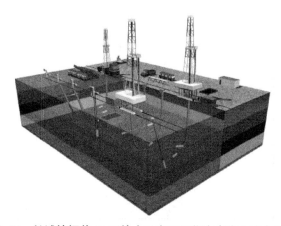

图 2-4-11　长城钻探苏 53 区块大平台工厂化生产作业流水线示意图

资料来源：http：//center. cnpc. com. cn/zgsyb/system/2014/01/07/001466147. shtml

实践表明，在同等压裂规模下，多井平台式"工厂化"的作业模式最大程度地提高了规模效益、缩减时间、节约成本和提高效率。其优势主要体现在以下方面：①地表用地最大限度地减少。减少土地占用（井场、道路）的同时，便于大量大型施工设备摆放。②设备无须搬迁。减少设备搬迁前后的拆装和移动以节省大量施工等待时间，可完成全天候施工，减少设备运移的消耗（燃料、道路维护）。③循环共享提高利用率。钻井液等材料重复循环利用、集输等设备（施）的共用、地面管线的共享等提高设备和材料的利用率。④集中管理。便于产出液集中处理和再利用；便于生产管理和资料采集，便于油气采出之后的统一运输。⑤增加储层改造增产体积。在多口井控制范围内整体产生更为复杂的裂缝网络体系，增加油气聚集单元改造体积，大幅提高初始产量和最终采收率。比如，由于采用平台多井工厂化作业技术，Eagle Ford 页岩的生产商钻水平井的平均天数从 23 天降到 19 天；Bakken 的 North Dakota 地层区域的钻机数目递减的同时产量却一直持续走高，一般而言，平均产量比单独压裂可类比井提高 21%～55%，成本降低 50% 以上。

三、技术进步对页岩革命的贡献

1. 技术进步对页岩生产的整体影响

殷诚（2015）采用灰色 G-C-D 模型测算方法对页岩革命的技术进步贡献率进行定量测算。美国页岩气的开采受到国家相关政策、矿产资源条件、天然气价格等因素的影响，可利用灰色 GM（1，1）模型进行相关数据的处理，将技术因素和非技术因素区分开，以排除这些非技术进步的不确定因素所带来的波动性影响。由于页岩气技术进步经历了较为漫长的过程，为了体现页岩气开采的投入资金大、持续时间长的特点，通过采集 Continental Resources（大陆资源公司）、EOG Resources（依欧格资源公司）、Range Resources（兰格公司）、Devon Energy（戴文能源公司）、BHP Billiton（必和必拓公司）、Ecana（加拿大能源公司）、Pioneer Natural Resources（先锋自然资源公司）、Carrizo Oil & Gas（卡里佐石油天然气公司）、DeeThree Exploration DeeThree（勘探公司）、Antero Resources Antero（资源公司）10 家生产商的官网 1997—2014 年的动态数据，对页岩气技术进步的贡献进行定量研究。以划分的技术进步阶段为基础测算页岩气技术进步的贡献（表 2-4-1）。

表 2-4-1　页岩气技术进步贡献率

阶段划分	技术进步速度	贡献率
1997—2003 年	7%	41.27%
2003—2005 年	3.9%	29.78%
2005—2014 年	18.2%	72.47%

资料来源：殷诚（2015）

即使在 2014 年的油价暴跌，美国页岩公司仍保持着一定的生产韧性，其中的一个重要原因就是技术进步大大降低了原油开发的成本。页岩公司可以在减少钻机的情况下保持产量增长，从而降低单井成本。在过去，新增 1 个钻机意味着钻井数增加 1 口，但现在新增 1 个钻机至少能增加 5 口钻井，钻井周期也大幅下降。挪威雷斯塔能源公司的一项研究显示，技术进步大大降低了美国致密油的生产成本：在过去 3 年里，主要页岩层产区的生产成本已经从每桶 80 美元左右降至每桶 35 美元，如此巨大的降幅也大大增强了石油公司的信心。

因此，受 EIA 委托，HIS 公司（IHS Global Inc.）针对 5 个陆上区域（包括 Bakken, Eagle Ford, Marcellus plays, Permian 盆地的 Midland 和 Delaware）以及墨西哥海湾（GOM）（图 2-4-12）进行了从 2006 年至 2015 年的 10 年的非常规油气上游生产的投资成本变化的研究，投资费用包括土地使用费，钻井、完井及设施的投入，运行成本包括租期操作成本、集输成本等。2016 年 3 月 HIS 和 EIA 发布的研究报告《Trends in US Oil and Natural Gas Upstream Costs》发现，在整个油气行业开展最佳实践和完善钻井设计的不断发展中，技术进步带来了成本下降、时间缩短和性能提升。

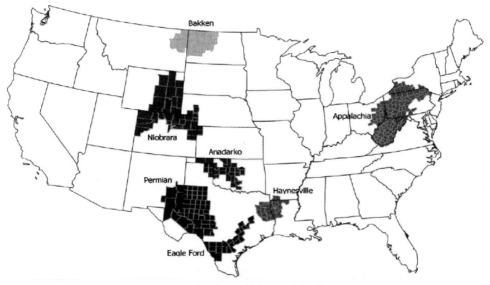

图 2-4-12　北美主要 7 个页岩

钻完井投资是整个开采期间油气生产商的最重要的投入。

随着大规模的不断开采，钻完井的复杂程度也越来越大，现在的钻完井成本大于 10 年前的成本并不能否定技术进步在其中的作用，因此有必要按照现行复杂的钻完井设计方案来还原过去年份的钻完井成本。如图 2-4-13 所示，以 2014 年的钻完井方案追溯到 2006 年来看，5 个页岩的钻完井投资变化一致。这充分说明，2006—2012 年，油气生产商们加大了钻井活动，伴随着钻井的进尺加深、完井的强度增大，单井成本也在迅速上升，但是 2012 年之后，随着钻完井效率的提升、钻井服务和钻井设备工具的改进，生产井的钻完井成本整体已经开始下降。即使是 2015 年油价暴跌之后钻井活动下降的同时随着钻井、完井技术的改进和油服成本的下降，2015 年单井投资成本下降 7%~22%。

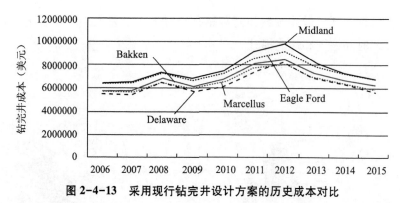

图 2-4-13　采用现行钻完井设计方案的历史成本对比

资料来源：EIA IHS Trends in U. S. Oil and Natural Gas Upstream Costs 2016

技术进步对非常规油气资源钻完井的经济性的贡献具体表现在：最大限度钻揭储集层开发利用地下资源、最大限度提高储集层压裂改造的范围与规模、最大限度地避免资源（土地资源、设备资源、材料资源、人力资源等）的浪费、最大限度地压缩时间（施工时间、生产操作时间、运移时间等），实现在增产增效、压缩时间的同时，削减钻完井成本。

2. 技术进步对钻井成本的影响

钻井技术的进步包括：更长的水平进尺、更准的地质导向、更快的钻探速率、更廉材料的套管和固井、更大范围的同台多钻、更高效的地面作业等。钻井的主要作业指标包括钻探的实际垂深进尺（英尺）、水平井长度（英尺）、钻井进尺率（英尺/天）和套管和固井的实际垂深进尺（英尺）、水平长度（英尺）、套管柱的数量（表2-4-2）。

表 2-4-2　钻完井的主要作业指标和成本指标

钻完井活动		操作作业指标	主要成本指标
钻井	钻探	实际垂深进尺（英尺）	进尺成本（美元/英尺）
		水平井长度（英尺）	
		钻井进尺率（英尺/天）	
	套管和固井	实际垂深进尺（英尺）	
		水平长度（英尺）	
		套管柱的数量	

续表

钻完井活动		操作作业指标	主要成本指标
完井	压裂泵	注入率（桶/分钟）	
		地层突破压力（psi）	压力突破成本（美元/psi）
		压裂级数	每级压裂成本（美元/段或级）
	支撑剂	支撑剂的剂量（lbs.）	支撑剂成本（美元/磅）
		天然支撑剂与合成支撑剂的混合比例	
	压裂液	压裂液量（加仑）	
		每加仑水中凝胶量	
		每加仑水中化学物质	

　　影响钻井成本的最主要因素是井深进尺，包括水平进尺和垂直进尺（如图2-4-14），总体来说，井深进尺多少与钻井成本高低变化完全一致。其中Bakken 页岩实际垂深 10000 英尺，水平进尺最长也约 10000 英尺，总进尺深达20000 英尺，因此 Bakken 页岩由于埋深深进尺长，平均每口钻井成本是最大的，约为 240 万美元。Eagle Ford 页岩的实际垂深变化较大，从到趋油区域的 6000英尺到趋气区域的 11000 英尺，水平进尺一般在 6000 英尺，因此钻井成本在210 万~250 万美元之间。Marcellus 页岩处于 5000~8000 英尺的浅层低压区域，但水平进尺变化大在 2500~7000 英尺，钻井成本在 190 万~210 万美元。

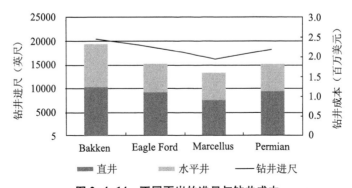

图 2-4-14　不同页岩的进尺与钻井成本

资料来源：EIA IHS Trends in U. S. Oil and Natural Gas Upstream Costs 2016

近年来，水平井替代竖井扩展了可采地层面积的同时，不可避免地增加了水平井的钻井成本上升（如图2-4-15），但是，就在水平井长度从2500英尺增加到近7000英尺的同时，钻井速率（英尺/天）也提升了近3倍。与此同时，如图2-4-16所示，随着钻井活动的大幅增加，钻井成本持续上升，到2012年后钻井进尺成本却在下降并逐步平缓，2015年开始5个页岩的平均每英尺的钻井进尺成本在100~150美元。期间无论是钻井速率的提升还是单位进尺成本的下降，不可否认都是由于技术进步所导致的变化。

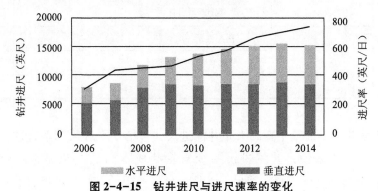

图2-4-15　钻井进尺与进尺速率的变化

资料来源：EIA IHS Trends in U. S. Oil and Natural Gas Upstream Costs 2016

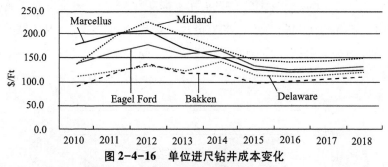

图2-4-16　单位进尺钻井成本变化

资料来源：EIA IHS Trends in U. S. Oil and Natural Gas Upstream Costs

综上，技术进步对钻井成本的影响，通过钻机速率提升和单位进尺成本下降等实现。

3. 技术进步对完井成本的影响

完井技术的进步包括：支撑剂体积的扩展及支撑剂用量的减少、压裂级数和位置的优选，压裂操作的提速、混合钻井液（交联胶体和滑溜水）的选用、钻井空间和层级的优化。完井作业的主要指标有压裂泵的注入率（桶/分钟）、地层突破压力（psi）、压裂级数和剂量（lbs.）、天然支撑剂与合成支撑剂的混合比例以及压裂液的压裂液量（加仑）、每加仑水中凝胶量、每加仑水中化学物质。

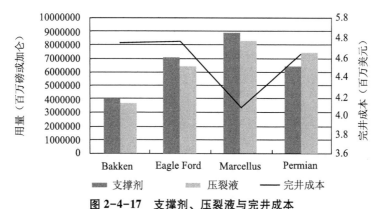

图 2-4-17　支撑剂、压裂液与完井成本

资料来源：EIA IHS Trends in U. S. Oil and Natural Gas Upstream Costs

因此，完井成本受各种因素作用，如支撑剂、压裂液、压力、压裂级别等。如图 2-4-17 所示，支撑剂和压裂液的用量与完井成本的关系并非那么密切。即便如此，支撑剂费用也是完井重要成本之一。尽管 Bakken 是第一个转向水平井水平进尺长度 10000 英尺以上且压裂 30~40 级的页岩，平均每英尺的支撑剂和压裂液的使用量却远远低于其他页岩，这是因为 Bakken 页岩的不少油气生产商持续对完井方案进行改进——使用更低廉的树脂合成支撑剂和更少量的水。

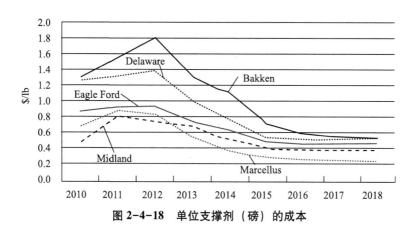

图 2-4-18　单位支撑剂（磅）的成本

资料来源：EIA IHS Trends in U. S. Oil and Natural Gas Upstream Costs

　　如图 2-4-18 所示，Bakken 页岩的支撑剂是树脂合成造价不低，以及 Bakken 页岩中-高地层压力梯度，共同导致完井成本保持在 440 万~480 万美元。与 Bakken 页岩类似，Eagle Ford 页岩支撑剂也是合成的且地层压力高，导致完井成本在趋油区域 430 万美元而趋气区域在 510 万美元。而 Marcellus 页岩由于低廉的天然支撑剂的使用普及，但相对于其他页岩，支撑剂使用量较大且变化较大，导致完井成本在 290 万~560 万美元。

　　因此，北美主要页岩的钻井成本和完井成本是不同的，如表 2-4-3 所示。

表 2-4-3　主要页岩生产井的钻完井成本

典型页岩	平均钻井成本	平均完井成本
Bakken	240 万美元	440 万~480 万美元
Eagle Ford	210 万~250 万美元之间	430 万美元（趋油），510 万美元（趋气）
Marcellus	190 万~210 万美元	290 万~560 万美元

资料来源：EIA IHS Trends in U.S. Oil and Natural Gas Upstream Costs 2016

　　随着压裂级数的不断增加，每级压裂段长的不断缩短（平均每级压裂的段长从 400 英尺缩短到了 250 英尺），必然使用更大量的支撑剂、钻井液等，尽管这些增产改造措施会增加成本，带来完井成本同步上升，但总体而言，会降低生产率成本。如图 2-4-19 所示，技术的进步带来了单位进尺的完井成本在不断下降。

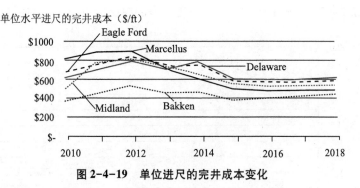

图 2-4-19　单位进尺的完井成本变化

资料来源：EIA IHS Trends in U.S. Oil and Natural Gas Upstream Costs

　　水处理的循环使用技术是影响完井成本的另一因素。毋庸置疑，水资源的稀缺，使得生产商们不得不改进对每口井的水资源利用方案，特别是干旱地区，比如 Permian Basin 和 Eagle Ford。同样也对那些环境保护敏感的地区非常重要，许多能源公司使用循环水来进行钻井和压裂操作而不再用卡车每次运进拉出。采用循环水方案也能节约成本，比如 Apache 公司在 Permian Basin 过去用于水处理的费用为 2.00 美元/桶，但现在循环用水的成本却是 0.17 美元/桶。

综上，技术进步对完井成本的影响，主要是通过支撑剂钻井液的用量减少和材料低廉、单位进尺的完井成本下降、水资源的循环处理等共同实现的。

第三章　非常规油气资源经济评价方法

第一节　油气资源中的相关经济术语

一、经济可采资源量

经济可采资源量是油气资源量评估的一种类别。

油气资源量，是指在未来某个时间可能被开采的油气数量的预估值。由于油气资源量是未来被最终开采的数量，因此目前是不可能提前准确预知的，而且油气资源量会随着技术进步、市场演化和开采生产而保持变化。石油行业、研究学者、政府机构等花费大量时间精力于定义和量化油气资源量。基于各种目的，油气资源量通常分为以下四种类别：

　·剩余地质储量（油气地质储量减去截至某个日期的累积产量）

　·技术可采资源量

　·经济可采资源量

　·探明储量

无论哪种类别的油气资源量的评估，都同样是依据以下事实和假设进行的，包括岩石地球物理特征、圈闭中流体特征、开采技术能力、油气价格、生产成本等。不同类别的油气资源量区别在于，评估时依据的事实和假设的程度不同，如图3-1-1所示，随着不确定性的程度，油气资源量分为石油天然气地质储量、技术可采资源量、经济可采资源量和探明储量，显然，地质储量是最不确定的，依据更少的事实和更多的推测；而探明储量则是最为确定的，依据更多的事实和更少的推测。

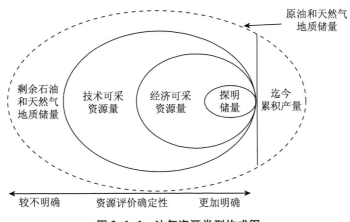

图 3-1-1　油气资源类型构成图

注：图示资源类别代表其实际大小。上述图示仅适用于石油和天然气资源。

资料来源：美国能源信息署（U. S. EIA），https：//www. eia. gov/todayinenergy/detail. php id＝17151

剩余地质储量，是四种类别资源量中最大数量的且最不确定的。具体是指，在油气资源开采之前蕴藏在地层中的最初数量，随着资源的开采而剩余在地层中的资源量。

技术可采资源量是第二大数量的资源量。具体是指，依据现有技术手段、生产实践和地质知识等能被开采出来的资源量。由于岩石的地球物理特性（比如流体阻力）和烃类的物理特性（比如黏性）都会导致地质储量资源不可能被百分百地采出。但随着技术进步、实践改进和知识掌握，技术可采资源量也会增多。

经济可采资源量是技术可采资源量中可以被经济开采的那部分资源量。具体来说，经济可采资源量取决于油气价格和投资成本。油气价格攀升，会带来更多的经济可采资源量；而投资成本增加，会导致经济可采资源量萎缩。

美国政府机构，包括 EIA，总是采用技术可采资源的概念而不是经济可采资源量。这是因为经济可采资源量之间没有可比性，经济可采资源量一定与特定的油气价格和投资成本有关，而价格和成本即使在短期内也在随时发生变化，因此不同机构对经济可采资源量进行估算时可能采用了不同的价格和成本，因此这种估算没有可比性。

探明储量是最确定的且最小数量的资源量。具体是指，在现行的经济和技术条件下，以被证实的地质和工程参数为依据，可以在未来从储层中开采出来的有确定性的资源量。探明储量会随着新钻生产井而增加，随着生产井被开采而减少。类似于经济可采资源量，探明储量也会随着价格和成本而萎缩或扩大。美国证券交易委员会规定，上市油气公司必须在公司资产中披露所拥有的探明储量资产。每年 EIA 会更新美国油气探明储量和未被探明的技术可采资源量。未被探明的技术可采资源量是技术可采资源量扣除探明储量后的资源量。

随着时间推移，技术的进步、知识的掌握、价格的波动、成本的变化等，不同类别的资源量都会重新划分，一种资源量会被划到另一种之内。

总之，经济可采资源量是一个与价格、成本相关的概念。

二、油气资源经济性

经济是一个复杂的概念，也是中国改革开放以来使用最为频繁的名词之一。究竟什么是经济，其含义是什么，从经济角度研究油气资源是采用经济的哪层含义等等，这些问题是研究的基础。经济概念的常用含义有如下几个方面：

其一，从经济学上讲，经济是指社会物质资料的生产以及与之相适应的交换、分配和消费等活动，也就是社会物质生产和再生产的活动，如经济增长、经济发展、经济扩张、经济危机等。

其二，社会生产关系的总和，是政治和思想意识等上层建筑赖以树立起来的基础，如经济制度、经济基础、经济成分等。

其三，一个国家国民经济的总称，或指国民经济的各个部门，如工业经济、农业经济等。

其四，指一个国家、地区、部门、企业、个人等所拥有的财富或财富的积累程度，如经济实力、经济财富等。

其五，指用较少的人力、物力、财力、时间获得较大的成果，反映社会劳动的合理性，即节约，如经济效果、经济效益等。

除此之外，经济还有经世济民、治理国家的含义。

显然，油气资源经济评价所涉及的经济概念，一是经济效果、经济效益，二是经济财富、经济价值。

根据以上的经济内涵，油气资源的经济性具有两层含义：一是油气资源储量的经济价值，二是油气资源勘探开发的经济效果。油气资源作为能源和化工原料，是资源性资产，是重要的物质财富，具有巨大经济价值。但是，由于油气资源的经济价值是潜在的，需要通过工程手段将之探明并开发出来才能成为实实在在的财富，才能实现其经济价值。因此，通过勘探开发能够获得积极经济效果的油气资源才为具有经济价值的经济资源。

三、油气资源经济评价

油气资源是石油工业的基础，油气资源经济价值必须通过勘探开发来体现，对油气资源进行经济评价实际上就是对油气资源勘探开发项目的经济评价，所以，从这个意义上说，油气资源的经济价值的评估与针对特定油气资源勘探开发经济效果的评估是相通的。

油气资源勘探开发项目的经济评价，是在市场预测、资源评价、工程评价的基础上，对油气资源项目勘探开发投入的费用和产出的效益进行预测、计算、分析，论证项目的财务可行性和经济合理性，为项目的投资决策提供科学依据。

油气资源经济评价的基本原则包括：

（1）阶段性经济效益与全过程经济效益分析相结合

油气勘探开发的全过程具有阶段性的明显特点，经济评价应贯穿于整个勘探开发工作的全过程，从勘探投入之前，对开采生产过程的各个阶段都应做出相应的经济评价和跟踪评价。

（2）确定性分析与风险分析相结合

经济评价的本质是对勘探中的诸多因素，通过投资和效益的计算，给出明确而综合的数量概念，从而进行经济效益分析。但是，由于受油气资源的特点和程序的限制，对地下资源的认识有一个过程，难以准确地给予定量，只能给出可行性及其概率，因此在勘探项目经济评价过程中确定性分析与风险分析应结合起来。

（3）动态分析与静态分析相结合

油气资源的勘探开发过程是一个动中有静、静中有动的过程，是阶段性和全过程相结合的过程，是未知、已知，已知、未知不断转化的过程。动静态指标的研究，有助于投资者和决策者树立资金周转观念，合理利用建设资金。

（4）多目标综合评价

由于勘探开发工作是一项多科学、多工种联合作战的系统工程，工序多、周期长，因此，经济效益是综合勘探的结果，是勘探决策层、管理层、执行层三大层次及物化探、钻探、地质综合研究后共同作用的结果，用任何一个单项都难以对勘探经济效益做出全面评价，所以，必须实行全方位、全过程、多元评价指标综合评价的原则。

比如，在勘探阶段，由于生产尚未进行，各项投入产出指标无法获取，只能根据项目的生产规划方案进行预估，因此，此时的经济评价，作为阶段性评价来说，可以进行确定性分析、静态分析，但是作为全过程评价而言，还需要与风险分析相结合，实行动态分析、多目标的综合评价。

第二节　油气资源经济评价方法

油气勘探开发项目是典型的风险投资项目。油气勘探经济评价作为规避投资风险，实现科学决策，提高经济效益的关键环节，正广泛引起投资者和管理者的高度重视。近年来，国内外涌现和提出了不少油气勘探开发经济评价的方法，每一种方法都有其应用条件和应用效果，为了更为科学合理地评价油气勘探开发项目的经济效果，有必要对各种方法进行综述分析和比较研究。

一般说来，在对油气勘探开发项目进行经济评价和决策分析的方法中有三类方法，一是考虑资金时间价值的贴现现金流量法，一是考虑风险程度的不确定性或风险分析法，还有一个是考虑基于时间和风险产生的期权价值的实物期权法。

一、贴现现金流量法

现金流量是现代理财学中的一个重要概念，是指企业在一定会计期间按照现金收付实现制，通过一定经济活动（包括经营活动、投资活动、筹资活动）而产生的现金流入、现金流出及其总量情况的总称，即企业一定时期的现金和现金等价物的流入和流出的数量。现金流量贴现法是对企业未来的现金流量及其风险进行预期，然后选择合理的折现率，将未来的现金流量折合成现值。使用此法的关键在于：第一，预期企业未来存续期各年度的现金流量；第二，要找到一个合理的公允的折现率，折现率的大小取决于取得的未来现金流量的风险，风险越大，要求的折现率就越高；反之亦反。

油气资源项目的贴现现金流量法，需考察发生在勘探开发项目整个寿命期内的各种效益与费用，并利用资金时间价值计算方法将这些发生在不同时点的效益与费用折算到相同时间进行比较。在贴现现金流量评价方法中主要有净现值法、内部收益率法、投资回收期法等。

1. 净现值法（NPV 法）

对于勘探开发油气资源的项目而言，需要投入大量的人、财、物进行工程建设，建成后在获得油气收益的同时还要投入各种资源维持正常的生产运行。在这一过程当中，投入的资金，花费的成本，产出的效益，都可以看成是以货币形式体现的现金流入或现金流出。在投资项目经济评价中，把各个时点上实际发生的这种现金的流入或流出称为现金流量。流出的资金称为现金流出，流入的资金称为现金流入，现金流入与现金流出之差称为净现金流。

净现值法就是在基准收益率或给定折现率下，计算寿命期内各年净现金流量之现值的代数和，其基本公式为：

$$NPV = \sum_{t=0}^{n} (CI - CO)_t (1 + i_0)^{-t}$$

式中：NPV——勘探开发油气资源的投资方案净现值；

CI——项目寿命期内的现金流入；

CO——项目寿命期内的现金流出；

$(CI - CO)_t$——第 t 年净现金流；

t——投资方案的寿命期，$t = 0$，1，2，…，n 年；

i_0——基准折现率；

$(1 + i_0)^{-t}$——第 t 年的折现系数。

从基本公式可以看出，计算 NPV 除了要确定折现率、寿命期以外，最重要的是确定每年的现金流量。

净现值指标的优点是考虑了时间价值，可以清楚地表明方案在整个寿命期内的绝对收益，当 $NPV > 0$ 时，表示项目除保证实现规定的收益外，尚可获得额外的收益。净现值指标的缺点是折现率或基准收益率的确定比较困难，而折现率或基准收益率的大小又是直接影响方案的经济性，若折现率或基准收益率选得过高，则会使经济效益较好的方案变为不可行；反之，又会使经济效益不好的方案变为可行。此外，净现值所反映的是方案绝对经济效益，不能说明资金的利用效果大小，当各方案投资不同时，易选择投资大、盈利也大的方案，而忽视投资少、盈利相对较多的方案，特别是当各方案投资额相差很大时，仅根据净现值的大小选取方案可能会导致错误的选择。常借助于净现值比率（净现值与投资现值之比）这一说明单位资金利用效果的指标来辅助决策。

2. 内部收益率法（Internal Rate of Return，IRR）

内部收益率的经济含义是：在这样一个利率下，项目在寿命期终了时，恰好以每年的净收益回收全部投资，因此，内部收益率是指项目占用的尚未回收资金的收益率，而并非是初始投资的收益率。内部收益率越高，资金回收能力越大；反之，资金回收能力越小。这种回收能力完全取决于项目"内部"，内部收益率因此而得名（图3-2-1）。

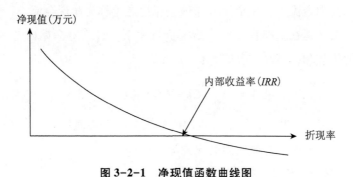

图3-2-1 净现值函数曲线图

内部收益率法是使勘探开发项目从开始到寿命期（计算期）末各年净现金流量现值之和等于零的折现率。它能反映项目为其所占有资金所能提供的盈利率。计算内部收益率（记为IRR）的公式为：

$$\sum_{t=0}^{n} (CI - CO)_t (1 + IRR)^{-t} = 0$$

其中，IRR为内部收益率；其他符号含义同前。

判断准则：设基准收益率为i_0，则$IRR \geq i_0$时，勘探开发项目才经济可行。

内部收益率的显著优点是该指标考虑了资金的时间价值及方案在整个寿命期内的经营情况，另一个独特优点是不需要事先设定折现率而可以直接求出，同时该指标与传统利率形式一样，比净现值更能反映方案的相对经济效益。其不足之处是，对于非常规投资项目的内部收益率可能无解或多解，在这种情况下，内部收益率难以确定。

3. 投资回收期法

投资回收期是分析工程项目投资回收快慢的一种重要方法。通常，投资回收期越短，风险就越小，收回投资后还可以进行新的投资。动态投资回收期是在基准收益率或一定折现率下，投资项目用其投产后的净收益现值回收全部投资现值所需的时间，一般以"年"为单位。其定义式为：

$$\sum_{t=0}^{p_t} (CI - CO)_t (1 + i)^{-t} = 0$$

式中，P_t 为动态投资回收期；其他符号含义同前。

实际计算时一般采用逐年净现金流量现值的累计值并结合以下插值公式来求解。

动态投资回收期=净现金流量累计现值开始出现正值的年份数-1+上年净现金流量累计现值的绝对值/当年净现金流量现值

动态投资回收期指标的优点是：概念明确，计算简单，突出了资金回收速度。需要注意的是，没有考虑投资回收以后的现金流量，没有考虑投资项目的使用年限及项目的期末残值。通常在资金特别紧张、投资风险较大的情况下，才把动态投资回收期作为评价方案最主要的依据之一。

4. 效益费用比率法

效益费用比率法是指勘探开发项目的效益现值之和与费用现值之和的比值，记为 CI/CO，其计算公式为：

$$CI/CO = \sum_{t=0}^{n} CI_t (1 + i_0)^{-t} / \sum_{t=0}^{n} CO_t (1 + i_0)^{-t}$$

其中，CI_t 为勘探开发项目第 t 年的收益；CO_t 为勘探开发项目第 t 年的费用；其他符号含义同前。

判断准则：当 $CI/CO > 1$，勘探开发项目经济可行。

除此之外，还有投资利润率等指标。

可以说，上述贴现现金流量方法（评价指标）各有侧重，各有利弊（表3-2-1）。相对而言，净现值法在各种评价方法中是较好的一种。它直观地表明了投资项目的绝对收益，表明了在规定收益之外的额外收益，即直接以现金来表示投资项目的经济上的盈利能力，简单、明确，而且基本上解决了财务经济评价所要解决的问题，将之用于油气资源的经济评价为许多人接受，成为油气资源技术经济评价方法中的首选指标，这也是发达工业国家石油公司在评价石油项目时最常用的方法。

表 3-2-1 贴现现金流量法指标的比较

衡量因素（标准）	净现值	内部收益率	动态投资回收期	投资利润率
是否考虑时间价值	√	√	√	√
是否唯一值	√	×	√	√
能否加减	√	×	×	×
是否能以货币价值体现	√	×	×	×
是否依赖于投产期的开始	√	×	×	×
是否能体现投资的规模	×	×	×	×
能否作为初始淘汰工具	√	√	√	√

5. 贴现现金流量法的局限

综上所述，建立在现代经济学效用价值理论之上的现金流贴现法（DCF法）在合理性和可操作性方面十分可取，其最大优势在于考虑了资金的时间价值，动态地反映了油气勘探开发项目投资的经济价值。但是其本身却具有内在的一些缺陷和局限。

其一，假设前提。

贴现现金流量法运用的重要假设条件就是投资刚性和可逆性。

投资刚性就是说，所面临的投资机会只有一次，要么立即上马，要么就放弃，即投资刚性意味着投资的不可推迟性和投资的不可更改性。油气勘探开发项目的投资决策具有显著的阶段性特点，从预探、详探、评价勘探到开发每个阶段，使得决策者有机会不断获得新的地质信息和价格信息，因此项目的投资具有不可推迟性。投资策略如果是不可更改的，投资过程中出现的局面事先就必须精确预计。但是油气资源勘探开发项目受到许多的不确定因素影响，石油公司不得不根据油气产品的市场行情、储量产量等的变动随时准备调整投资策略，如延迟投资、追加投资或放弃投资等，这被称为投资的管理柔性。在这种情况下，再应用净现值法对项目进行评价必然难以正确描述项目价值。

贴现现金流量法还暗含着另一个假设：投资项目完全可逆（reversibility），也就是项目投资的成本可以很容易地卖给其他使用者，投资具有可逆性。但事实上，油气勘探开发项目的风险大，不确定性也大：首先，公司为获得油气勘查许可证所付出的成本，并不会因为油气勘探开发项目投资的放弃或提前结束，能获得补偿，其投资具有不可逆性；其次，最初的地震成本、钻井成本和初期地面建设成本都有可能因为得到的结果是枯井，从而宣布项目的彻底失败，也就是说油井一旦开钻，无论是否为干井，所投入的资金即成为沉没成本，不可能再回收，因此油气勘探开发项目具有不可逆性。

其二，计算参数。

计算净现值时，必须估价或预期勘探项目在寿命期内各年所产生的净现金流，并且能够确定相应的贴现率或风险调整贴现率。对未来投入产出的预测中实际上存在许多不确定性因素的，如油气产品价格的不确定；油气储量所能带来的未来产量的不确定；储量的使用寿命的不确定（从经济意义上讲，储量的使用寿命应该是以现金净流量为零时的周期来估计，而现金净流量为零的状态很大程度上取决于油气产品价格和后期开采成本变化规律的判断）等，因此贴现现金流量法对这些不确定性因素对勘探投资项目经济效益引发的风险程度缺乏分析。

此外，折现率确定非常困难，什么样的风险程度贴现率应为多少？这在很大程度上是主观武断的；显然，若风险贴现率调整不当，将失去项目的投资机会。

其三，知识价值。

DCF法实际上考虑的仅是资金的时间价值问题，将勘探投资项目看成是静态的和一次性的，不能够体现风险环境中决策主体——石油公司根据环境变化而进行动态决策的能力，忽视了决策主体根据由远至近的不断明朗化的客观环境在投资时机的选择上具有灵活性的柔性选择所带来的收益。

此外，DCF法要求有水快流、弃贫采富，不利于资源的合理利用。

二、不确定性分析法

不确定性是指对地质因素、市场因素、经济因素等情况缺乏足够情报而无法做出正确估计，或没有全面考虑所有因素而造成预期价值与实际值之间的差异。不确定性分析就是针对上述不确定性问题，通过运用一定的方法计算出各种具体的不确定因素对勘探投资项目经济效益引发的风险程度，从而为项目决策提供更加准确的依据，同时也有利于对未来可能出现的各种情况有所估计，事先提出改进措施和实施中采取控制手段。它主要包括盈亏平衡分析、敏感性分析、概率分析等。

1. 盈亏平衡分析（BEP法）

盈亏平衡分析是根据勘探开发项目正常生产年份预期的产品产量（销售

量）、固定成本、可变成本、税金等，研究项目产量、成本、利润之间变化与平衡关系的方法。项目的收益与成本相等时，即盈利与亏损的转折点，就是盈亏平衡点（BEP，图3-2-2）。在这一点上，销售收入等于总成本费用，项目刚好盈亏平衡。

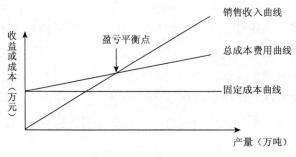

图 3-2-2　盈亏平衡示意图

即：固定成本+销量×可变成本=销量×价格（1-综合税率）。

盈亏平衡分析就是要找出项目的盈亏平衡点。盈亏平衡点越低，说明有较大的抗风险能力，项目盈利的可能性越大，亏损的可能性越小，因而项目有较大的抗风险能力。

根据历年成本资料分析，生产工人工资及福利、财务费用、管理费用、修理费及折旧基本不受油井产量（或产液量）的影响，归类为固定成本；而材料费、燃料费、动力费、注水注气费、井下作业费、油田维护费、储量有偿使用费、测井试井费、热采费、轻烃回收费、油气处理费、销售费用及矿产资源补偿费等，这些费用与油气的产油量或产液量直接相关，归为变动成本。

盈亏平衡分析的优点是简单明了，可直接对项目的关键因素如产量、售价、成本、税金等因素进行分析。其缺点是分析所用的数据是某一年份的数据，不能代表整个经济寿命期的经营过程，按不同年份的成本费用进行盈亏分析就可能出现不同的盈亏平衡点。油气勘探开发项目在达产后的年份盈亏平衡点也不尽相同，这是因为产量固定但总成本费用却不一定相同：其一，固定资产折旧、无形资产和递延资产的摊销可能采用不同的年限，导致各年的折旧费和摊销费数额不尽相同；其二，生产期的借款利息计入当年度成本费用的财务费用中，随着借款的偿还，利息逐年减少。为此，建议选用固定成本最高的年份进行盈亏平衡分析，这样求出的盈亏平衡点是最高的，以此来预测项目的风险最具意义。

使用量本利盈亏平衡法进行临界点或"开关点"分析，即从正向到反向的变化点分析。此法广泛用于最小经济可采储量、最低投资规模、井深极限、商业油气流标准、关井、弃井及废弃油气田的动态经济边界、单井采油极限含水率、油田合理井数的经济界限、油田经济产量的最低运行费用等的分析。

2. 敏感性分析

敏感性分析也称灵敏度分析。敏感性分析是研究勘探项目的主要因素如产品售价、储量规模、产量、经营成本投资、折现率等发生变化时，项目经济效益评价指标（内部收益率、净现值等）的预期值发生变化的程度（如计算每个因素增减 5%、10%、15%、20%后的 NPV 的变动结果），从而可以找出使项目经济效果指标变动最大的最敏感因素，即最关键因素，并进一步分析这种因素产生不确定性的原因；或选出敏感性小的项目，以减少风险；或分析经济效果指标达到临界点（如 $NPV=0$ 时）允许某个或几个不确定因素变化的最大幅度，即极限变化。

确定这些因素变化对评价指标的影响程度，使决策者能了解项目建设中可能遇到的风险。它可以提高决策准确性，启发评价者对较为敏感的因素（比如油价、储量规模）重新分析研究，提高预测的可靠性。

在油气资源的财务经济评价中，通常选定投资额、产量、经营成本、价格、折现率、建设工期等作为不确定因素进行敏感性分析，如图 3-2-3 所示。

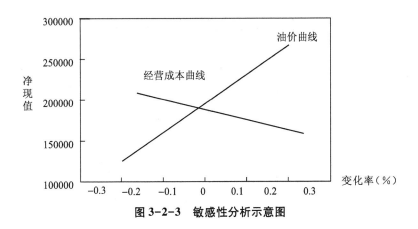

图 3-2-3　敏感性分析示意图

敏感性分析方法简单，但是由于各个不确定性因素变化对项目经济效果的影响是交叉地综合地发生着，敏感性分析方法不可能求出所有不确定性因素同时不同幅度的变化对经济指标的影响程度。

3. 概率分析

概率分析的核心与难点是风险概率估计的可靠性，即事前概率分布拿不出来，拿出来不知"可靠性"如何？整个概率分析的核心是如何较可靠地确定概率分布规律。蒙特卡洛模拟法是风险和不确定性的连续模型，是风险分析比较完全的方法。蒙特卡洛模拟法将现金流量模型与蒙特卡洛仿真法有机地结合起来，根据各随机节点表示变量的概率分布，经过反复模拟，就可以得到各主要财务经济评价指标（投资收益率、净现值、内部收益率、投资回收期等）的均值、标准差等，从而对上述风险评价模型进行求解。比如蒙特卡洛模拟法（仿真试验法），通过对随机变量（NPV）的不确定性因素（如地质储量）按其概率分布进行 N 次抽样，并对每一次抽样结果进行一次经济效果指标的运算，当 $N \to \infty$ 时，这 N 次运算结果则构成了经济效果指标的概率分布，从而通过实际运算而不是理论推导实现了对经济效果指标的求解。其模型如图 3-2-4 和图 3-2-5 所示。

图 3-2-4　蒙特卡洛风险仿真模拟图

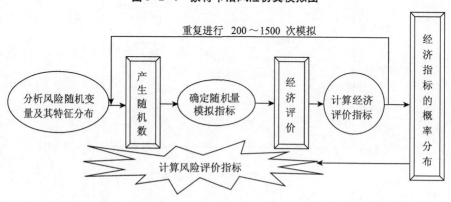

图 3-2-5　蒙特卡洛风险模拟过程

在油气资源勘探开发项目的不确定性分析中，确定各种不确定性因素——

随机变量的概率分布除了蒙特卡洛模拟法为代表的连续型概率分析法，还有主观概率法和离散型概率分析法。

主观概率法是指在充分掌握现有资料的基础之上，根据过去的经验和类似资料运用判断力来确定概率的方法，常用于地质风险分析。离散型概率分析法又称三级风险估计法，是指将各种不确定性因素（包括各经济效果指标）都看作是离散型随机变量，取其最大值、最小值和最可能值并对取值进行主观概率分析，形成多种不同的组合运算，求得各经济效果指标的多个可能结果及取值概率，从而可以进行方案比选和优化。

4. 决策树法（Decision Tree Analysis）与期望货币值（EMV）

决策树法是一种在不确定情况下，利用各方案的损益折现期望值进行决策的方法。决策树模型如图 3-2-6 所示。在这基础上，产生最大的期望货币价值（EMV）的方案就可找到。

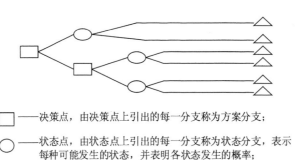

□——决策点，由决策点上引出的每一分支称为方案分支；

○——状态点，由状态点上引出的每一分支称为状态分支，表示每种可能发生的状态，并表明各状态发生的概率；

△——决策终点，表示各种状态的损益现值。

图 3-2-6　决策树示意图

期望值 EV（Expected Value）是在大量的重复事件中随机变量取值的均值，即随机变量所有可能取值的加权平均值，权重为各种可能取值出现的概率。其公式为：

$$E(X) = \sum_{i=1}^{n} X_i \cdot P_i$$

期望货币值（EMV）法是风险勘探合同中最常用的风险经济性评价方法。

EMV＝成功概率×成功后收益的净现值+失败概率×失败后损失的净现值

期望货币值 EMV 经常运用于计算某一油气区块预计开发所有生产井所获得的经风险加权后的损益净现值之和，以确定整个区块的货币期望值。

一般意义上，当 EMV>O 时，项目可行。但货币期望值理论只是解释了企业应该做什么以及边界条件，并没有说明行为的意义。比如，同时调整期望货币值公式中的成功和失败概率，EMV 可能同样大于零，企业究竟应该选择怎样的成功概率、所能承受的风险资金大小等问题并没有解决。

5. 不确定性分析法的局限

不确定性分析法的最大优势就在于其考虑了不确定性所带来的风险程度，但是每种方法有着其不同的局限性。

盈亏平衡分析的局限性在于其反映的是某个开发年度而不是针对整个勘探开发时期的情况，因而是静态的分析。

敏感性分析法锁定其他变量以求此变量对项目的敏感系数的做法有着其内在的局限：它忽略了较高不确定性条件下勘探项目的不同时期有许多不同的主要影响变量、同一变量在项目的不同时期其影响作用也不相同以及许多变量一起变化时会有相互影响和相互作用等问题。

蒙特卡洛法的理论基础就是用一个输入变量的样本参数（样本平均数和样本方差）来估计总体的参数，并通过数学计算产生所需的随机变量值来模拟勘探项目的经济效果指标。模拟方法虽然较敏感性分析等方法更进了一步，但还是存在着一些局限：①在现实中很难正确地确定各变量之间的相互关系；②合适贴现率选取的问题依然没能很好解决；③从孤立、单一项目角度考虑问题，不能将不同项目结合起来考虑。

决策树分析方法（DTA 法）的最大特点是它的灵活性，是以上诸方法所缺少的。DTA 法帮助管理者通过建立决策问题的框架，画出在各可能状态下的各种可行的管理决策，从而根据不同的情形做出不同的决策，有较大的灵活性。但是 DTA 法亦有自身的局限：①在现实决策中往往出现分支繁多，不胜其烦而大大削弱实用性和有效性；②现实事件的发生往往更多的不是离散而是连续时序的；③合适贴现率的确定问题仍然没能解决。

三、实物期权法

期权理论研究首先是从金融期权入手的。期权是投资者支付一定费用获得不必强制执行的选择权。期权的英文单词是 option，源于拉丁语 optio，拥有选择买卖的特权之意。金融期权，是指期权持有人（购买人）在某一事先确定的期限内（或确定的日期），按事先确定的价格（约定价格或执行价格）购买

（买方期权）或出售（卖方期权）一定数量的特定资产的权利。它的基本特征在于，它给期权持有人的是一种权利而非义务，即期权持有人有放弃合约的权利，而不必到期一定按执行价格进行买卖。这种买卖的权利实际上就是一种选择的机会，持有期权者拥有了一个机会，即一个根据市场的发展情况而定的到底买不买（或卖不卖）的选择机会。

期权（option）是一种选择权合约。根据持有者的权利，期权可以划分为看涨期权和看跌期权。如果期权持有人有按约定价格买的权利，那么这种期权被称为买方期权（call option），简称买权，也叫看涨期权，因为持有这种期权时，将来价格上涨较为有利。如果期权持有人有按约定价格卖出的权利，则被称之为卖方期权（put option），简称卖权，也叫看跌期权，因为持有这种期权时，将来价格下跌时较为有利。

高度不确定下的实物资源投资拥有类似金融期权的特性，这使得金融期权被应用到这个领域。企业面对不确定环境下做出的初始资源投资不仅给企业直接带来现金流，而且赋予了企业对有价值的"增长机会"进一步投资的权利。不确定条件下的初始投资可以视同购买了一个看涨期权，期权拥有者因此拥有了等待未来增长机会的权利。这样，企业就可以在控制下界风险的前提下，利用不确定获得上界收益。如果"增长机会"没有出现，企业的下界风险仅为初始投资，这部分可以视为沉没成本，可以视为期权的购买成本；如果"增长机会"来临，企业进一步投资，新的投资可以视为期权的执行，期权的执行价格就是企业进一步投资的金额。

由此，这种在不确定环境下风险投资项目中潜在的投资机会可视为另一种期权形式——实物期权。1997 年，瑞典皇家科学院把诺贝尔经济学奖授予美国斯坦福大学教授梅隆·斯科尔斯（Myron Scholes）和哈佛大学教授罗伯特·莫顿（Robert C. Merton），以表彰他们在"评估衍生金融工具价值方面的贡献"——期权定价理论与方法在资本投资上的应用。

所谓实物期权是对实物资产的选择权，即期权持有者在进行资本投资的决策时所拥有的，能根据具体情况趋利避害而改变自己投资行为的权利。实物期权的价值就在于，期权可以使决策者根据事物的发展态势，等到最适当的时机才做出最适当的重大决策。因此，实物期权为投资收益所创造的价值是不能忽视的。

从实物期权法的观点来看，油气资源的勘探和开发具备下述的三个特征：

一是油气资源项目的阶段性。

油气资源勘探开发的周期时间非常漫长，而且通常是分阶段进行的，如我国将勘查阶段一般划分为油气区地质概查、盆地石油地质普查、区带勘探、圈闭预探和油气藏详探、评价勘探几个阶段。

油气资源的勘探开发是一种学习型的投资，这种学习型石油投资的原理可以简单地表示为：初期的投资产生继续勘探或进而开发的期权，通过预探得到有关的地下石油储量、油田开采规模和成功概率等方面的信息，进而可以用地震勘探和钻探来降低关于油田开采规模的不确定性。图 3-2-7 表明油田开采规模的不确定性随着勘探投入的深入而降低，其中 σ_i 代表了第 i 个阶段对油田规模估计的方差。随着油气勘探开发投资获取地质资料的增加，对地下油气储量的预测将更加可靠。每次勘探投资获得的地质认识，都会产生新的油气储量预期，使得油气资源投资所面临的巨大的地质风险或不确定性初步减少，逐步明朗，因此不同程度地改变着下一步投资的策略。也就是将油气勘探开发项目的各个阶段分别作为一个整体来考虑，在每个阶段结束后，石油企业都可以决定是否继续投资。

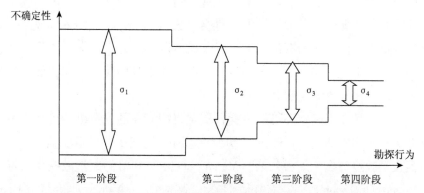

图 3-2-7　油田开采规模不确定性与勘探行为的关系示意图

资料来源：张永锋等（2003）

二是油气资源勘探开发初始投资的不可逆性。

事实上，油气勘探开发项目的风险大，不确定性大。油气公司为获得油气勘查许可证所付出的成本，最初的地震成本、钻井成本和初期地面建设成本，都有可能因为得到的结果是枯井，从而宣布项目的彻底失败，不能获得补偿，所投入的资金即成为沉没成本，不可能再回收，因此油气勘探开发项目具有不可逆性。

三是油气资源勘探开发的不确定性。

油气资源勘探开发的主要风险来自于油气资源储量的不能准确探测以及油气资源产品价格的波动。

这些特征赋予了油气资源勘探开发的实物期权的价值：在投资项目的选择上具有灵活性，在不失去油田勘探许可证的前提下，可以灵活地选择对油田进行勘探和开发的时间和规模。

油气资源勘探开发的实物期权类型有：扩张期权、延迟期权、放弃期权、缩减期权和复合期权。

由油气价格和地质因素的不确定性出发，如果地质信息显示油气资源储备并不如先前预测的，石油公司有放弃继续投资油田的权利或缩减开采能力的权利，即放弃期权或缩减期权，这两种期权相当于表现为股票的看跌期权。如果油气资源储备比预期更丰富，且市场价格呈上升趋势，则石油公司有可能追加投资重新开井、扩大生产能力以获取更大的利润，此时期权特性即为扩张期权。如果市场价格近期有下降趋势而在远期有上升趋势，石油公司则会考虑延期投资暂时关井直到市场价格呈上升趋势的权利，此时期权特性即为延迟期权。这两种期权相当于表现为股票的看涨期权。从项目的实际性质来看，放弃期权、缩减期权的价值并不大，期权特性最明显、价值也最大的主要是扩张期权和延迟期权。在延迟期权的同时也可能具有扩张期权，即石油公司先是延期投资，等到市场价格呈上升趋势时再追加投资，这就是项目的复合期权。2014 年油价暴跌之后北美致密油生产商们采用的就是这样的延期期权、扩张期权或复合期权。

1. 布莱克-斯库勒斯模型（Black-Scholes Model）期权定价法

油气勘探开发是实物期权的典型应用，对油气勘探开发这样有期权特性的项目进行的投资价值包括两部分：其一是不考虑实物期权的存在，可以用净现值法求得投资项目固有的内在价值；其二是由项目的期权特性产生的期权价值。基于实物期权观点而改进的净现值法可以表示如下：

$$NPVT = NPVI + C$$

式中：$NPVT$ 表示投资项目的全部价值；$NPVI$ 表示投资项目的内在价值；C 表示实物期权价值。

判断准则：当 $NPVT > 0$ 时，勘探项目经济可行；当 $NPVT < 0$ 时，此项目目

前不可以接受。

首先运用传统的现金流贴现法得到内在净现值 $NPVI$，同时运用著名的布莱克-斯库勒斯（Black-Scholes）期权定价模型得到期权价值 C。在 B-S 期权定价方程中，影响石油勘探项目的期权价值（C）的因素有石油储量的现值（A）、开发投资（X）、到期时间（T）、已开发储量价格波动率（σ）和无风险利率（r），因此，油气勘探开发的实物期权公式如下：

$$C = AN(d_1) - Xe^{-rT}N(d_2)$$

$$d_1 = \frac{In(A/X) + T(r + \sigma^2/2)}{\sigma\sqrt{T}}$$

$$d_2 = d_1 - \sigma\sqrt{T}$$

其中：C 为油气勘探开发实物期权的价值；$N(x)$ 为标准正态分布的累积概率分布函数。

油气勘探开发的实物期权与金融期权的参数类比见表 3-2-2。

表 3-2-2　石油实物期权与金融期权的参数类比

金融期权价值	未开发储量的实物期权价值（C）
当前股票价格	当前未开发储量的现值（A）
期权执行价格	开发投资（X）
股票价格波动率	已开发储量价格波动率（σ）
到期期限	到期期限（T）
无风险利率	无风险利率（r）

目前，大多数国际石油公司正在开发期权定价程序来代替常规的贴现现金流分析，建立油气项目的货币值，特别是对于长期、大型储量项目。

2. 基于 B-S 期权定价方法的勘探项目投资准则

油气资源勘探期权价值的大小取决于两方面的价值：一是时间价值，即由于投资的推迟，资本支出所产生的价值；二是风险价值，即由于标的资产价格的波动而带来的价值。为反映这两方面价值对期权价值的影响，将 B-S 期权定价模型中的 5 个变量提炼为两个来进行投资准则的决策。

第一，净现值系数。

$$R = \frac{A}{PV(X)}$$

这里，净现值系数 R 考虑了货币的时间价值，A 表示油气资源储量收益的现值，$PV(X)$ 表示勘探投资的现值。$PV(X) = \dfrac{X}{(1+r)^t}$，其中，$X$ 表示资本支出额，r 表示折现率，t 表示勘探项目可推迟的时间。

当一项勘探投资不能再推迟时（$t=0$），运用 R 和 NPV 进行决策，所得到的结果是一样的，即：当 $R>=1$（$NPV>=0$）时，可进行投资；当 $0<R<1$，$NPV<0$ 时，不能投资。

第二，累积标准差。

$$V = \sigma \sqrt{t}$$

这里 σ 表示标的油气资源储量价值波动的风险大小。该变量反映了勘探项目在推迟期间的风险。

以 V 为横轴，R 为纵轴，绘制出投资决策的二维空间，如图 3-2-8 所示，期权价值沿着右上方向增长。可以将二维决策空间划分为 5 个性质不同的部分。

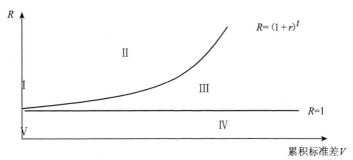

图 3-2-8　投资决策二维期权空间示意图

资料来源：雷小清（2000）

第 I 部分：位于 R 轴上，$V=0$，$R>1$，$NPV>0$。勘探项目不可推迟，须立即进行投资。这相当于传统的 $NPV>0$ 的情况。

第 II 部分：处在 R 轴右方，曲线 $(1+r)^t$ 上方，$V>0$，$R>1$，$NPV>0$。项目处于盈价（in-the-money）状态。应考虑早投资，但并非越早越好，有时立即投资并不是最佳方案，因为一旦投资，就失去了因推迟投资而产生的期权价值。此时，要将立即投资和推迟一段时间投资两种情形下勘探项目价值的大小进行权衡，才能做出较为理想的选择。

第 III 部分：处在直线 $R=1$ 的上方和曲线 $(1+r)^t$ 下方。$V>0$，$R>1$，$NPV<0$。此时立即投资不是很好的决策。虽然此类勘探项目油气资源储量资产处于损

价（out-of-money）状态，但净现值系数 $R>1$，况且项目尚可推迟，所以，该类项目仍然很有希望。随着环境的变化或采取得力的措施，这类项目完全有可能向第Ⅱ区域转化，成为一个很好的勘探项目。

第Ⅳ部分：处在直线 $R=1$ 下方，V 轴上方，$V>0$，$R<1$，$NPV<0$。落在该区域的勘探项目付诸实施的可能性很小。该区域的右上方部分的项目，由于 V、R 较大，尚有一线希望将它培育出来，但该区域左下方部分的项目，V 和 R 值都很小，它们的投资条件很不成熟，应很少去考虑它们。

第Ⅴ部分：处在 R 轴上。$V=0$，$R<1$，$NPV<0$。此时勘探项目不能推迟。这类项目的决策同传统的 $NPV<0$ 情况一样，应该坚决放弃。

从以上分析可看出，五大区域的项目的优劣次序大致是：Ⅰ，Ⅱ，Ⅲ，Ⅳ，Ⅴ。对于同一区域的勘探项目，应根据其空间位置（NPV 和期权价值 C）来判断优劣。

根据 B-S 定价模型公式 $C=AN(d_1)-Xe^{-rT}N(d_2)$，期权价值 C 与净现值系数 R 成正比，这是因为 R 大，则意味着 A 大，X 小，因此期权价值 C 也大，所以 C 与 R 成正比。期权价值 C 与累积标准差 V 也成正比，这是因为 V 大，则意味着 σ 和 t 大，则计算出的期权价值 C 也大，因此 C 与 V 也成正比。比如随着时间的推移，如果其他因素保持不变，那么一个勘探项目在期权空间中的变化趋势是沿着顺时计方向运动。因为当 t 减少时，V 和 R 也在减少，从而期权价值也随着降低。

3. 基于二叉树期权定价法（Binomial Method）的开发项目投资时机准则

实物期权的两种方法中，最著名和最常用的模型是布莱克-斯库勒斯期权，但该模型只适用于计算欧式看涨期权的理论价格，对实际期权问题如投资时机的选择问题等解决的适用性较差，而二叉树方法从原则上讲，可以处理任何复杂的期权问题。

二叉树期权定价模型以油气资产价值变化的简单描述为基础，在一定勘探投资下获得的预测油气储量价值，在 t 个时间段内，要么增加变化为 S_u，要么减少变化为 S_d。同理可推，在下一个阶段内，S_u 的两个变化值为 S_{uu} 和 S_{ud}，S_d 的两个变化值为 S_{du} 和 S_{dd}，以后阶段以此类推，具体如图 3-2-9 所示。

假定已开发储量价格的年波动率 σ，则可以计算价格上升系数 u 和价格下降系数 d（郝洪等，2003）。

$$u = e^{\sigma \sqrt{t}} \approx \sigma \sqrt{t} + 1$$

$$d = e^{-\sigma \sqrt{t}} \approx -\sigma \sqrt{t} + 1$$

由此可以列出每期期末的各种可能 S 值：

$$S_U = S_t \times u$$

$$S_d = S_t \times d$$

又因为 $u = \dfrac{1}{d}$，所以，$S_{ud} = S_{du}$

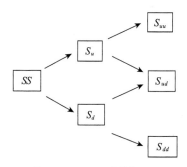

图 3-2-9 二叉树模型

如果已开发储量的价值大于开发成本，开发权的执行价值 V 为 $S_t—X$，反之，开发权的执行价值为 0。

令 P 为风险中性概率，r 为无风险利率，δ 为年现金流机会成本，则 t 时期末已开发储量价格变动率的期望值为：

$$p(u - 1) + (1 - p)(d - 1) = e^{(r-\delta)\,t} - 1 \approx (r - \delta)\,t$$

由此式可以得到 p 的计算式：

$$p = \frac{e^{(r-\delta)\,t} - d}{u - d}$$

有了概率 p，就可以计算开发权的持有价值。由于二叉树模型中回报率的方差与观察到的正态分布的方差相等，S_u 和 S_d 对称分布（ $u = \dfrac{1}{d}$ ），则持有开发权的持有价值的公式为：

$$S = \frac{p\,S_u + (1 - p)\,S_d}{e^{rt}}$$

通过从后向前推算，按照 S 式进行价值回归，计算每个时期末开发权的持有价值；随后比较持有价值 S 与相应的执行价值 V，其中较大者为每个时期末开发权的实际价值 A；最后依据不同时点实际价值的大小，决定油气开发投资的最佳时机。

4. 实物期权法与贴现现金流法的对比

对应于贴现现金流法，实物期权的合理性表现在：

其一，油气勘探开发项目不具备贴现现金流量法运用的假设条件——投资刚性和可逆性，相反，具有实物期权的不确定性的特征。

其二，计算实物期权，只有储量价格波动率（ σ ）需要估算，其他输入量包括勘探开发投资（ X ）、未开发储量的现值（ A ）、到期期限（ T ）、无风险利率（r）都可以直接获得。实物期权方法考虑了至少 5 个变量，净现值法只考虑了两个变量：预期现金流量现值和投资费用现值。相比之下，实物期权计算结果要比净现值法可靠。

其三，由于不确定性带来的投资战略调整往往无法预见，但它对勘探项目价值会产生重大的影响。石油勘探的风险性使得石油公司可以根据不确定性因素或投资、或推迟、或放弃投资项目，这种灵活性可以尽可能规避项目失败的巨大损失，因而是有价值的。实物期权的特性正在于赋予了这种管理柔性以价值，见图 3-2-10。实物期权法给投资者以发挥主观能动性的能力，这种趋利避害的主观能动性体现了知识的价值。

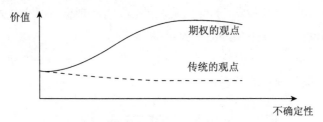

图 3-2-10　期权观点与传统观点的对比示意图

资料来源：张永锋等（2003）

实物期权法突破了传统经济评价法对油气勘探开发项目的"静态"评价，挖掘了 NPV 法不能体现的选择权的价值，但是还有一些不尽完善的地方有待研究：有的勘探项目的期权特征并不明显，需要投资者设计和构造评价项目的期权结构；股票期权的标的资产为股票，其价格可以直接从股票市场上获取，而在勘探项目的实物期权中，标的资产为勘探项目的储量价值，其价格和波动率不易获取和计算。

石油勘探开发项目经济评价方法比较见图 3-2-11。

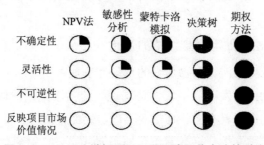

图 3-2-11　石油勘探项目不同经济评价方法的对比

资料来源：雷星晖等（2001）

综上所述，传统评价方法在短期、低风险、较低不确定性情形下还是有其独到之处的，在实际应用中亦很广泛。但是油气勘探开发项目的投资额大、周期长、技术工艺复杂、风险高的特点，使得传统的投资分析工具已经不能满足人们的需要。相反，实物期权方法可以解决上述存在的问题。现金流贴现法与实物期权方法在思维方式上最大的不同是对待风险的态度。现金流贴现法虽然考虑了风险因素，但却回避风险。实物期权法则认为风险越大，越具有投资价值，相较于用传统净现值法多了一块投资机会的价值。当然，实物期权方法并不是完全舍弃净现值法，而是对其有所扬弃，可称得上是扩大的净现值法。综上分析，认为在较高不确定性条件下的油气勘探开发项目的经济评价中实物期权方法不失为一种比较理想的投资分析方法。

第三节　非常规油气资源开发经济评价方法体系

非常规油气项目的经济评价在理论上与一般建设项目经济评价相同，基本模式可以沿用常规油气田开发项目经济评价方法，属于投资项目财务评价范畴，主要开展项目盈利能力分析，采用现金流量法测算财务内部收益率、投资回收期、财务净现值等主要指标，为投资决策提供依据。

一、经济评价的参数

油气资源经济评价的基础是勘探开发全过程的现金流，现金流入主要是指油气的销售收入，销售收入取决于油气价格和产量，销售收入中扣减各种成本费用和税负之后就是所得利润（图3-3-1）。现金流出主要包括勘探工程投资、开发工程投资、经营成本和税费等（图3-3-2）。如果是全周期的经济评价，勘探工程投资可以作为初始投资在项目的一定时期内分摊流出；如果作为开发阶段的评价，则勘探工程投资可以作为经济上的沉没资本不予考虑。开发工程投资主要是指开发钻井费用、地面建设工程费用等。经营成本主要由开采成本、管理费用、财务费用、销售费用组成。税费包括矿权使用费、补偿费、资源开采税、所得税等。

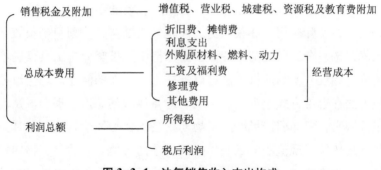

图 3-3-1　油气销售收入支出构成

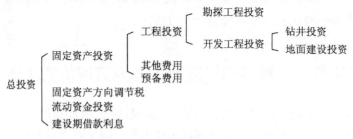

图 3-3-2　油气投资构成树状图

对于非常规油气资源，经济评价的参数可以从现金流入和现金流出两个方面分析。

1. 现金流入的经济参数

非常规油气资源的现金流入就是销售收入，销售收入是产量与价格的乘积。非常规油气资源的产量取决于单井的初产率（IP）、递减率和最终采收率（EUR）。

2. 现金流出的经济参数

非常规油气资源的现金流出主要是勘探投入（F&D）、矿区使用费（Royalty）、开发投入（CAPEX）、操作成本（OPEX）和税费。开发投入主要是指钻完井的单井成本（D&C）。

二、经济评价的方法

根据非常规油气资源开发风险高的特点，因此在油气经济评价常规方法中，选择以贴现现金流的净现值为评价指标，进行风险分析。

1. 贴现现金流分析——计算单井的净现值

通过贴现现金流量分析，以净现值为非常规油气资源开发的评判指标，以基准收益率为折现率，计算每口生产井的净现值。

2. 盈亏平衡分析——确立单井油气价格的经济边界

通过盈亏平衡分析，确定非常规油气资源开发的经济边界，尤其是油气价格的平衡边界，直观明确地判断在当前某一特定油气价格下是否可以经济性地开发开采。

3. 敏感性分析——构建主要经济参数之间的经济关系

通过敏感性分析，以评价图版的方式，直观明确地判断某一经济参数（比如油价）在特定条件下，其他经济参数（比如钻井成本）变化的经济边界。

4. 期望货币值（EMV）法——测算整个区块开发的经济性

通过期望货币值（EMV）的分析，以单井净现值 NPV 为基础，根据整个区块不同单井可能的经济效果，测算整个区块开发的经济性和经济价值。尤其适用于购买整个区块时评估其经济价值。

三、经济评价的流程

1. 评价流程的步骤

对非常规油气资源开发进行经济评价时，评价的流程共有 8 个步骤，如图 3-3-3 所示。其经济评价流程的几个关键步骤为：依据单井初始产量对页岩气井进行分组，确定影响页岩气经济开发的主控因素，建立主控因素经济评价模板。

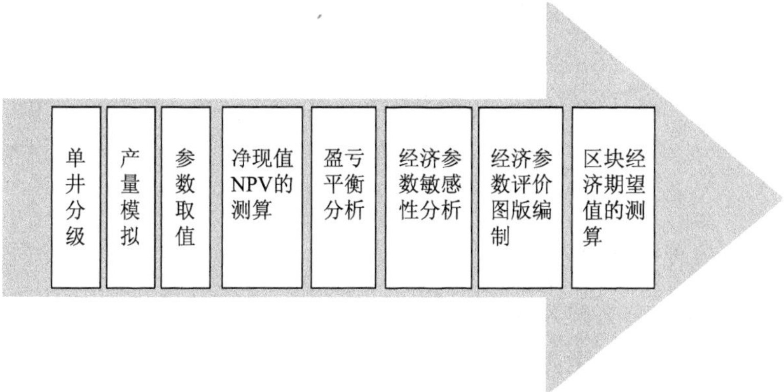

图 3-3-3　非常规油气资源经济评价流程

（1）单井分级

根据整个区带不同单井的初产率 IP（最终采收率 EUR）的分布规律，把单井划分不同的等级，例如 P10 井（IP 在前 10%的井）、P50 井（IP 在前 50%的井）、P90 井（IP 在前 90%的井）。

（2）产量模拟

根据不同单井的初产率、递减率与递减规律，模拟每口单井产量规律以确定在整个生产寿命期的每年年产量。

（3）参数取值

对所有评价参数进行取值，并设定取值范围。评价参数除了产量之外，包括油气价格、操作成本、开发成本、矿权使用费、折现率等。

（4）净现值 NPV 计算

根据评价参数的取值，采用贴现现金流法，计算每口生产井的净现值 NPV，以确定每个单井的经济价值。

（5）盈亏平衡分析

运用盈亏平衡思想，分别计算不同单井的盈亏平衡点的油气价格，以确定盈亏价格点的价格边界。

（6）敏感性分析

运用敏感性分析方法，分析主要参数如油气价格、钻完井成本的变动对净现值 NPV 的影响程度。

（7）经济参数评价图版编制

根据经济参数的取值范围，设定主要评价参数的变化程度，编制经济参数评价图版，以确定在某些参数一定时，其他经济参数的经济边界。

（8）区块经济期望值的测算

根据整个区块内单井的净现值 NPV 分布比例图，应用期望货币值（EMV）法，测算整个区带的 NPV 期望值和标准偏差，以确定整个区带的经济性和风险程度。

2. 评价流程的实例

根据高世葵和朱文丽等（2014）的研究，以 Marcellus 某区块在 2011—2012 年的页岩气开发为例，数据采集来源于北美页岩季刊（NASQ，2011 年第二季度到 2012 年第三季度）。

（1）单井分级

页岩气的资源等级本身就是影响其经济性的根本因素之一，单井初始产量是页岩气资源等级划分的标准之一，也是判断页岩气井能否收回投资的最主要因素。但页岩气单井初始产量变化范围较大，且不易准确预测，所以需要对其进行专门分析。

根据 Marcellus 某页岩气区块内 11 家主要生产商 41 口单井 30 天的平均初始产量的分布绘制其 IP 概率分布图（图 3-3-4），可以看出：约 65% 的井 IP 大于 4mmcfe/d，约 40% 的井 IP 大于 6mmcfe/d，只有不到 8% 的井 IP 大于 8mmcfe/d，不到 3% 的井 IP 大于 10mmcfe/d。

如图 3-3-4 所示，将单井初始产量按由高到低的序列排列，并取其第 10%、50%、90% 的初始产量数据为节点，把页岩气资源划分为 P10、P50、P90 三个等级。其中，P10 为高产井，IP 为 7.9mmcfe/d，对应 EUR 为 9.0bcfe；P50 为中等产量井，IP 为 4.66mmcfe/d，对应 EUR 为 4.76bcfe；P90 为低产井，IP 为 3.52mmcfe/d，对应 EUR 为 3.97bcfe。以此三个资源等级展开如下页岩气经济性分析。

	IP（mmcfe/d）	EUR（bcfe）
P10	7.9	9.0
P50	4.66	4.76
P90	3.52	3.97

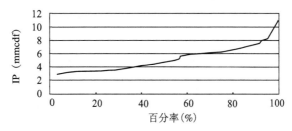

图 3-3-4　Marcellus 区块 IP 分级

（2）产量模拟

按照页岩气的产量双曲递减曲线规律：$q = q_i (1 + Dnt)^{-\frac{1}{n}}$，拟合 Marcellus 某区块生产曲线以确定递减率 D 和递减指数 n 的取值，然后模拟整个生产寿命期内的年产量。

事实上，对页岩气开发项目开展经济评价，单井产能和产量预测、单井最终可采储量（EUR）难以确定，评价期、后续生产性投入、操作成本测算也很困难。在滚动建产和平台接替模式下，项目现金流曲线特征与常规气田开发有很大不同，规模与效益的关系需要更深入的对比分析。

在页岩气开发过程中，平台是最小的建设单元和开发生产单元，后续稳产接替也是以平台为单位进行的。以平台为单位开展页岩气开发项目经济评价，投资估算、产量预测、气价水平等参数的确定更加准确，更加简洁便利，时效性更强，更符合页岩气开发生产特点。以平台为单位进行页岩气开发项目经济评价，这一评价模式的最大优点是能及时评价每个最小开发单元，及时支持滚动开发现场决策，及时规避地质、工程、产量和气价风险。在遇到资源丰度和地层压力系数等主要参数发生变化的情况下，以平台为单位进行经济评价，以效益为中心，反向支持优化平台选址、井数布置，以及水平段长、分压段数、单段压裂规模等具体设计指标，通过充分优化设计确保每个平台在经济上可行。

（3）参数取值

为进行页岩气资源的敏感性分析，需要对相关的经济参数的范围设定。根据 Marcellus 页岩气区带中 11 家生产商，如 Chesapeake（切萨皮克能源公司）、Chevron／Reliance JV（Cvr/Rl）（雪佛龙/信实企业合资公司等）的统计数据并结合整个北美的情况，相关经济参数的设定范围如表 3-3-1 所示。

开发成本以单井的投资来计，根据 Marcellus 页岩气区带中 11 家主要公司的统计数据，开发成本平均为 5.44 \$ mm，综合考虑该区带内众多其他公司及整个北美地区的页岩气单井投资情况，将开发成本的范围设定为 2.5～10.5 \$ mm。气价是影响页岩气经济效果的最关键因素，具有极大的不稳定性，会受到季节、供需及其他事件（如地震、飓风等）的影响。根据 EIA 公布的 2011—2012 年的天然气价的波动情况，将气价的最小值设定为 2 \$/mcf，最大值设定为 6 \$/mcf。各公司在 Marcellus 页岩气区带的矿权使用费一般为 15%，综合考虑整个北美地区的情况，将页岩气矿权使用费变动范围设定为 10%～30%。操作成本和折现率的设定范围综合了 Marcellus 页岩气区带东北和西南两个核心区的数据，其中操作成本的设定范围为 1～3 \$/mcf，折现率的设定范围为 7.5%～12.5%。

Marcellus 某区块评价参数的取值及其取值范围如表 3-3-1 所示。

表 3-3-1　Marcellus 页岩气区块评价参数范围设定

经济参数	开发成本	操作成本	气价	矿区使用费	折现率
单位	$ mm	$ /mcf	$ /mcf	%	%
最小值	2.5	1	2	10	7.5
最大值	10.5	3	6	30	12.5

（4）计算净现值 NPV

根据上述参数取值，采用净现金流量贴现法，计算不同单井的 NPV（图 3-3-5），以确定每个单井的经济价值。

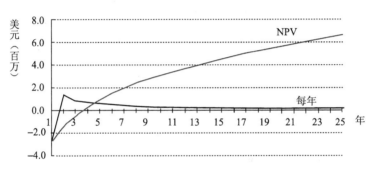

图 3-3-5　Marcellus 东北某区块生产井的现金流量图

采用的计算现金流量方法简化为：

现金流量＝总收入−矿权使用费−开发成本−操作成本−税负

即：$NCF = GR - ROY - CAPEX - OPEX - TAX$

式中：NCF 为现金流量；GR 为总收入，等于产量与气价之乘积；ROY 为矿权使用费；$CAPEX$ 为开发成本，以单井为单位，以钻、完井成本为主，还包括地面建设、开采设备、管道建设等费用；$OPEX$ 为操作成本，包括生产成本、综合管理费等，操作成本与产量密切相关；TAX 为向政府交纳的税费。

本书采用净现值 NPV 作为页岩气经济分析的指标，NPV 的计算方法为：

$$NPV = \sum NCF_t / (1 + k)^t$$

式中：NCF 为现金流量；k 为基准折现率，在研究中取 10%；t 为年。

（5）盈亏平衡分析

根据盈亏平衡的原理，在当前的成本、产量下，寻找出维持盈亏平衡的最低价格。当前价格高于盈亏平衡点价格，则为生产商们带来利润和盈余，当前价格低于盈亏平衡点价格，生产越多亏损越多。盈亏平衡点的价格决定着生产商们紧随油气价格波动而调整勘探的步伐、开采的节奏或施工的关停。

根据成本的含义不同，盈亏平衡点可以分为全周期盈亏平衡点、开发盈亏平衡点和生产经营盈亏平衡点。全周期盈亏平衡点是指在计算盈亏平衡点价格时，包括勘探发现成本在内的一切费用都要计算在内，包括折旧、利息费用、所得税费用等支出，是保持能源公司长期可持续发展的基础；开发盈亏平衡点是指在计算盈亏平衡点价格时，不包括勘探发现成本且开发费用都要计算在内，比如地面建设投资、钻完井投资等；生产经营盈亏平衡点是指在计算盈亏平衡点价格时，既不包括勘探发现成本也不包括地面建设和钻探成本，仅仅把生产经营成本，比如完井成本、操作成本等计算在内。这是因为当能源公司在进行向前看的投资决策时，前期已经发生的费用往往可以被视为沉没成本不计算在内。

一般意义上的盈亏平衡公式为：

$$CAPEX + PRO \times OPEX = PRO \times Price\ (1 - ROY)$$

其中，$CAPEX$ 为开发成本，PRO 为产量，$OPEX$ 为生产运营成本，$Price$ 为盈亏平衡价格，ROY 为矿权使用成本。

Marcellus 某区块的盈亏平衡气价最低为 0.55 \$/mcf，最高为 5.25 \$/mcf，平均 2.9 \$/mcf。

（6）经济参数敏感性的分析

为了确定影响 NPV 值的经济参数（即主控因素）及其作用程度，在分析现金流量的基础之上以净现值 NPV 为指标进行各参数敏感性分析，根据不同参数的变化所带来的 NPV 的变化（率）而确定其主控因素。

敏感性分析基准方案为：气价 4 \$/mcf，单井初始产量 5MMcfe/d，操作成本 1.5 \$/mcf，开发成本 5 \$/mcf，矿权使用成本 15%，根据基准方案而计算的 NPV 为 1.02 \$mm。把气价、初始产量、操作成本、开发成本和矿权使用成本的参数值分别进行 20%、40%、60% 的上下变化，计算由此导致的 NPV 的变化，分析结果如表 3-3-2 及图 3-3-6 所示。

表 3-3-2　页岩气经济参数敏感性分析（*NPV* 的变化率）

经济参数 经济参数变化率	气价 （＄/mcf）	初始产量 （mmcfe/d）	操作成本 （＄/mcf）	开发成本 （＄/mcf）	矿权使用 成本（%）
-60%	-4.38	-2.74	1.65	2.14	0.48
-40%	-2.92	-1.82	1.1	1.42	0.32
-20%	-1.46	-0.91	0.55	0.72	0.16
20%	1.46	0.91	-0.55	-0.72	-0.16
40%	2.92	1.82	-1.1	-1.42	-0.32
60%	4.38	2.74	-1.65	-2.14	-0.48

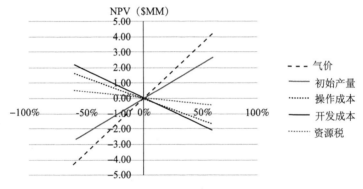

图 3-3-6　页岩气经济参数敏感性分析（*NPV* 变化率）

基于上述敏感性分析，按 $k_i = a_i / \sum_{i=1}^{5} a_i$ 关系，分析每种因素对 *NPV* 的影响程度，其中 k_i 为影响程度，a_i 为 *NPV* 变化率的绝对值。根据计算，各因素的影响程度（表 3-3-3）依次为：①页岩气价格，对 *NPV* 的影响程度达 38%；②成本，包括开发成本与操作成本，对 *NPV* 的影响程度达 34%，其中开发成本的影响程度为 19%，操作成本的影响程度为 15%；③初始产量，对 *NPV* 的影响程度为 24%；④矿权使用成本，对 *NPV* 的影响程度为 4%。

由此确定出影响页岩气开发经济价值的三大主控因素为价格、成本和产量。

（7）经济参数的评价图版编制

经济参数评价图版的构建思想是，通过敏感性分析，以某一经济参数（比如价格）变化所带来的经济效果（比如净现值 *NPV*）的变化为依据，寻找出其他经济参数（比如成本）的经济边界。由于非常规油气资源勘探开发的主控因素为油气价格、初产率、开发成本、操作成本，因此需要对主控因素编制评价图版。由于单井初始产量变化范围较大，在进行敏感分析时，是基于所划分的三个资源等级而建立经济评价图版的。

表 3-3-3　经济参数对净现值 *NPV* 的影响程度

影响因素	对 *NPV* 的影响程度
气价	38%
初产率	24%
开发成本（D&C）	19%
操作成本（OPEX）	15%
矿权使用成本（Royalty）	4%

　　以气价—开发成本的经济评价图版为例。气价—开发成本的经济评价图版是指，在图版上可以直接显示出，不同产量等级的页岩气井，在不同气价下开发成本的最高边界。

　　首先是对气价—开发成本进行净现值 *NPV* 的敏感性分析，在不同气价下，三个资源等级的页岩气开发成本不同时的 *NPV* 变化如表 3-3-4 所示。

表 3-3-4　*NPV*（气价—开发成本）的敏感性分析

因素组别	气价（$/mcf）	开发成本（$MM）				
		2.5	4.5	6.5	8.5	10.5
P10	2	0.08	−1.74	−3.55	−5.37	−7.19
	3	3.02	1.21	−0.61	−2.43	−4.25
	4	5.97	4.15	2.33	0.51	−1.31
	5	8.91	7.09	5.27	3.46	1.64
	6	11.85	10.03	8.22	6.4	4.58
P50	2	−0.88	−2.7	−4.52	−6.34	−8.16
	3	0.85	−0.97	−2.79	−4.6	−6.42
	4	2.59	0.77	−1.05	−2.87	−4.69
	5	4.32	2.5	0.69	−1.13	−2.95
	6	6.06	4.24	2.42	0.6	−1.21

续表

组别	因素 气价（$/mcf）	开发成本（$MM）				
		2.5	4.5	6.5	8.5	10.5
P90	2	−1.22	−3.04	−4.86	−6.68	−8.5
	3	0.09	−1.73	−3.55	−5.37	−7.19
	4	1.4	0.42	−2.24	−4.06	−5.87
	5	2.71	0.89	−0.93	−2.75	−4.65
	6	4.02	2.2	0.38	−1.44	−3.25

其次，基于表 3-3-4 绘制气价—开发成本的经济评价图版，如图 3-3-7 所示。当气价为 2$/mcf 时，只有 P10 井在开发成本不高于 2.5$MM 时才具经济性，其他气井都处于亏损；当气价为 3$/mcf 时，P10 井在开发成本不高于 6$MM、P50 井在开发成本不高于 3$MM、P90 井在开发成本不高于 2.6$MM 时具有经济性；当气价为 4$/mcf 时，P10 井在开发成本不高于 9$MM、P50 井在开发成本不高于 4.8$MM、P90 井在开发成本不高于 4.6$MM 时具有经济性；当气价为 5$/mcf 时，P10 井全部具有经济性、P50 井在开发成本不高于 6.6$MM、P90 井在开发成本不高于 4.6$MM 时具有经济性；当气价为 6$/mcf 时，P10 井全具经济性。P50 井在开发成本不高于 8.6$MM、P90 井在开发成本不高于 6.5$MM 时具有经济性。

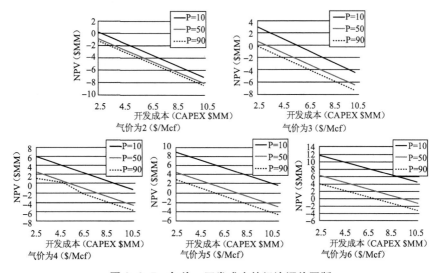

图 3-3-7　气价—开发成本的经济评价图版

同理，还可以绘制气价—操作成本的经济评价图版，气价—矿权使用成本的经济评价图版，分别如图 3-3-8 和图 3-3-9 所示。

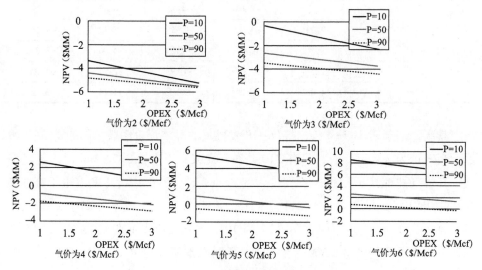

图 3-3-8　气价—操作成本的经济评价图版

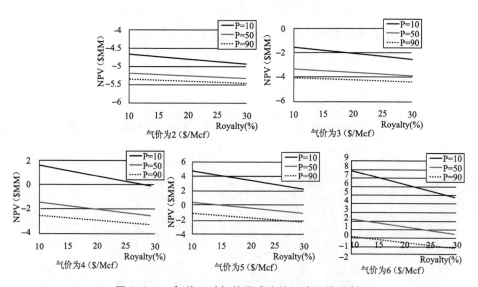

图 3-3-9　气价—矿权使用成本的经济评价图版

（8）区块经济期望值的测算

为了揭示整个 Marcellus 页岩区块（该区块内 11 家主要生产商 41 口单井）

的经济性，以 EIA（2013）公布的 2011—2012 年美国页岩气价格波动情况为依据，以气价为 3.5 $/mcf 和 4.5 $/mcf 为代表，分析整个区块 NPV 分布并测算出 NPV 的期望值，如图 3-3-10 和图 3-3-11 所示。

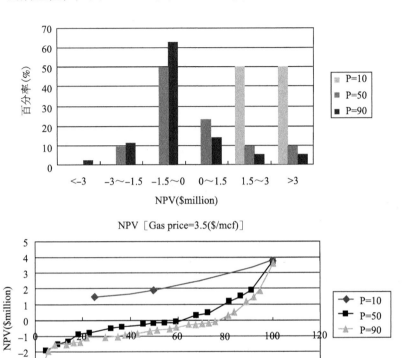

图 3-3-10　气价为 3.5 $/mcf 的生产井净现值 NPV 分布

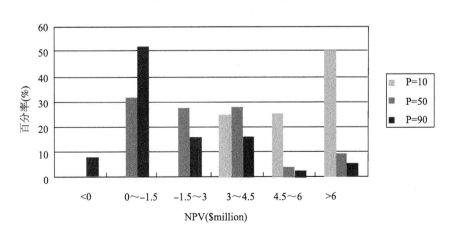

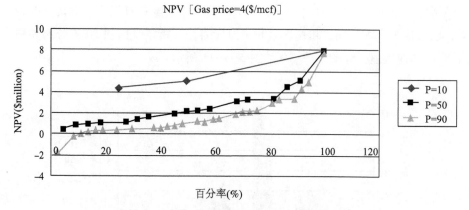

图 3-3-11　气价为 4.5 $/mcf 的生产井净现值 NPV 分布

根据整个区块内单井的 NPV 分布比例图，气价为 3.5 时，Marcellus 页岩区块的生产井 P10 都经济，P50 井仅有 40% 经济，而 P90 井 24% 经济。气价为 4.5 时，Marcellus 页岩区块的生产井 P10 井和 P50 井都经济，而 P90 井中 82% 经济。

应用期望货币值（EMV）法，测算整个区块的 *NPV* 期望值和标准偏差（表 3-3-5），以确定整个区块（Marcellus 某页岩气区块内 11 家主要生产商 41 口单井）的经济性和风险程度。当气价为 3.5 时，整个 Marcellus 页岩区块的 NPV 期望值为 -0.37 百万美元，标准差 SD 为 1.32；当气价为 4.5 时，整个 Marcellus 页岩区块 *NPV* 期望值为 1.62 百万美元，标准差 SD 为 2。显然，气价为 3.5 时，整个区块不经济；但当气价为 4.5 时，整个区块经济。

表 3-3-5　两种气价下净现值的期望值和标准差

气价（$/mcf）	净现值的期望值 E（*NPV*）（$ MM）		
	P10	P50	P90
3.5	2.71	0.24	-0.32
4.5	6.31	2.75	1.74
	净现值的标准差 SD（*NPV*）		
	P10	P50	P90
3.5	1.13	1.48	1.38
4.5	1.8	2.05	2.04

第四章 北美页岩油气资源开发概览

随着 1821 年美国阿巴拉契亚盆地成功钻取第一口商业页岩气井而拉开页岩开采的序幕，开启了北美石油天然气工业的新局面。北美是页岩气和致密油资源蕴藏丰富的地区。页岩革命照亮了非常规油气开发的前程、点燃了油气生产商的热情，大规模的商业开采如火如荼遍及美国和加拿大。

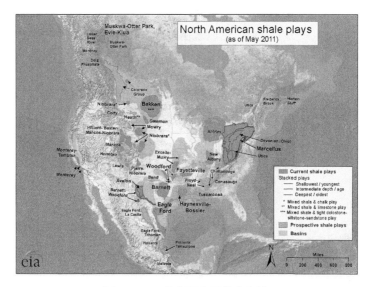

图 4-0-1　北美页岩区带分布图

资料来源：据 EIA（2011）

第一节　美国页岩油气资源的开发

美国拥有页岩气技术可采资源量为 622.5Tcf（$17.63 \times 10^{12} m^3$），拥有致密油技术可采资源量 782 亿桶，分别占世界资源排名的第 4 和第 1 位。截止到 2016 年底，页岩气探明储量为 209.809Tcf，致密油的探明储量为 155.55 亿桶。

如图 4-1-1 和表 4-1-1 所示，美国主要的页岩区带中，按照页岩气可采技术资源量依次排序的是：Marcellus 区带 313.3Tcf，Utica 区带 187.2 Tcf，Permian

盆地 111.2 Tcf；按照致密油可采技术资源量依次排序的是：Permian 盆地 429
亿桶，Bakken 区带 224 亿桶，Eagle Ford 区带 131 亿桶，同时 Eagle Ford 页岩气
资源也非常可观为 53Tcf。

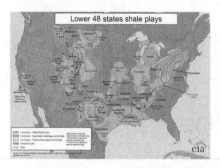

图 4-1-1　美国页岩区带分布

资料来源：据 EIA（2016），https：//www.eia.gov/maps/maps.htm

表 4-1-1　美国主要区带的页岩/致密油气技术可采资源量

地区/盆地	区带	面积	平均井距	平均 EUR		技术可采资源量		
		平方英里	井数/平方英里	原油	天然气	原油	天然气	天然气液
				MMb/井	Bcf/井	Bb	Tcf	Bb
东部								
Appalachian	Marcellus Foldbelt	867	4.3	0	0.168	0	0.6	0
Appalachian	Marcellus Interior	21266	4.3	0.004	3.383	0.4	309	14.4
Appalachian	Marcellus Western	2510	5.5	0.001	0.264	0	3.7	0.3
Appalachian	Utica-Gas Zone Core	10252	5	0.005	2.711	0.3	139	3.9
Appalachian	Utica-Gas Zone Extension	15725	3	0.006	0.805	0.3	38.1	1.7
Appalachian	Utica-Oil Zone Core	1349	5	0.065	0.381	0.4	2.6	0
Appalachian	Utica-Oil -Zone Extension	6259	3	0.014	0.4	0.3	7.5	0

续表

地区/盆地	区带	面积	平均井距	平均 EUR		技术可采资源量		
		平方英里	井数/平方英里	原油	天然气	原油	天然气	天然气液
				MMb/井	Bcf/井	Bb	Tcf	Bb
TX-LA-MS Salt	Haynesville-Bossier-TX	1363	6	0.001	3.904	0	31.8	0
Western Gulf	Eagle Ford-Dry Zone	3897	6.6	0.09	1.168	2.3	30.1	2.8
Western Gulf	Eagle Ford-Oil Zone	7977	6.4	0.136	0.133	6.9	6.8	2
Western Gulf	Eagle Ford-Wet Zone	2371	8.7	0.188	0.784	3.9	16.1	2.2
大陆中部								
Anadarko	Granite Wash/Atoka	2892	4	0.058	0.762	0.7	8.8	0.5
Arkoma	Fayetteville-Central	1941	8	0	2.118	0	32.9	0
Arkoma	Fayetteville-West	768	8	0	1.073	0	6.6	0
Arkoma	Woodford-Arkoma	416	8	0.005	1.145	0	3.8	0.3
墨西哥湾岸区								
TX-LA-MSSalt	Haynesville-Bossier-LA	2105	6	0.005	4.512	0.1	56.8	0
西南								
Fort Worth	Barnett-Core	152	6.4	0	2.015	0	2	0.1

地区/盆地	区带	面积	平均井距	平均 EUR		技术可采资源量		
		平方英里	井数/平方英里	原油	天然气	原油	天然气	天然气液
				MMb/井	Bcf/井	Bb	Tcf	Bb
Fort Worth	Barnett−North	1922	6.4	0.005	0.61	0.1	7.5	0.3
Fort Worth	Barnett−South	6871	6.4	0.001	0.195	0	8.6	0.3
Permian	Abo	2426	4	0.058	0.215	0.6	2.1	0.1
Permian	Avalon/Bone Spring	3866	6.4	0.16	0.389	4	9.6	1.3
Permian	Barnett−Woodford	5229	4.1	0.003	0.061	0.1	1.3	0.2
Permian	Canyon	6270	8	0.005	0.134	0.2	6.7	0.1
Permian	Spraberry	6702	6.4	0.098	0.172	4.2	7.4	1.3
Permian	Wolfcamp	38013	6.4	0.139	0.346	33.8	84.1	11.4
洛矶山脉/Dakotas								
Denver	Niobrara	16905	6.7	0.056	0.181	6.3	20.4	0.1
Williston	Bakken Central	3695	4	0.218	0	3.2	2.8	0.4
Williston	Bakken Eastern Transitional	2038	4	0.226	0	1.8	0.9	0.2
Williston	Bakken Elm Coulee−Billings Nose	3166	3.6	0.13	0	1.5	1.2	0.1

地区/盆地	区带	面积	平均井距	平均 EUR		技术可采资源量		
		平方英里	井数/平方英里	原油	天然气	原油	天然气	天然气液
				MMb/井	Bcf/井	Bb	Tcf	Bb
Williston	Bakken Nesson-Little Knife	2854	4	0.251	0	2.9	2.1	0.4
Williston	Bakken Northwest Transitional	2301	4	0.073	0	0.7	0.2	0
Williston	Bakken Three Forks	8142	4.5	0.163	0.145	6	5.3	0.6

资料来源：据 EIA，2016 年 1 月，https：//www.eia.gov/outlooks/aeo/assumptions/pdf/oilgas.pdf

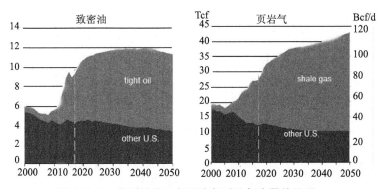

图 4-1-2　美国致密油与页岩气对油气产量的贡献

资料来源：据 EIA，2018，Oil and Natural Gas Resources and Technology，https：//www.eia.gov/outlooks/aeo/pdf/Oil_ and_ natural_ gas_ resources_ and_ technology.pdf

在近 10 年中，致密油和页岩气产量增长迅猛，2017 年分别占到了原油总产量的 50% 和天然气干气总产量的 60%，而就在 10 年前的 2008 年仅仅分别各占 17%，如图 4-1-2 所示。2017 年原油产量日均 920 万桶，预计到 2022 年为 1110 万桶，然后以 1100 万~1200 万桶的日均产量直到 2050 年。类似地，天然气干气产量预计以超过 5% 的年增长速度到 2021 年，然后以 1% 的年增长速度缓慢发展到 2050 年。随着页岩致密油气的增长，尤其是 Marcellus 和 Permian 盆地，天然气液体产量也从 2017 年的 370 万桶/日增长到 2050 年的 560 万桶/日。

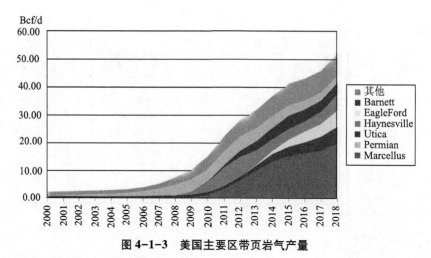

图 4-1-3　美国主要区带页岩气产量

资料来源：据 EIA shale_ gas_ 201805 整理

如图 4-1-3 所示，美国页岩革命的领头羊 Barnett 页岩作为领跑者，是页岩气商业化程度最为成熟区域，引领整个美国页岩发展，在 2010 年之前一直主导着页岩气的生产，随后，领跑的接力棒移交给了 Haynesville 页岩，但两年之后的 2012 年就被技术可采资源量最大的 Marcellus 页岩反超，Marcellus 页岩气的产量增长最快最多，一直保持在全美页岩气的 1/3 产量。与此同时，2014 年之后，另一个页岩吸引了更多的天然气投资——Permian 盆地。EIA 统计显示，2018 年 5 月份美国页岩气产量为 53.7 Bcf/d，其中 Marcellus 页岩为 20.057 Bcf/d，独占全美页岩气的 37%；Permian 盆地为 6.397 Bcf/d，Utica 页岩为 5.99 Bcf/d，Haynesville 页岩为 6.128 Bcf/d，Eagle Ford 页岩为 4.387 Bcf/d，Barnett2.529 页岩 Bcf/d，这 5 个区带之和占据了 47%，剩下的 4 个生产页岩气的区带仅占 15%：Antrim（MI, IN & OH）、Bakken（ND & MT）、Woodford（OK）和 Fayetteville（AR）。

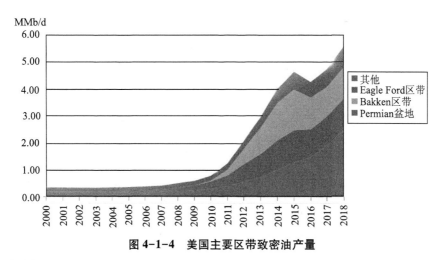

MMb/d

图 4-1-4　美国主要区带致密油产量

资料来源：据 EIA U. S. tight oil production_ 201805 整理

如图 4-1-4 所示，致密油高产区十分有限。Bakken 页岩一直以来是美国最为重要的致密油产区，Eagle Ford 页岩是同时生产页岩气和致密油的主要区带，而近年来 Permian 盆地的增长更为强劲，如图 4-1-5 所示，Permian 盆地预计在未来也将保持上升态势。2011 年之后，这 3 个区带的致密油产量已占全美的80% 以上。EIA 统计显示，2018 年 5 月份美国致密油产量 577 万桶/日，其中，Bakken 页岩 121 万桶/日，Permian 盆地 258 万桶/日，Eagle Ford 页岩 119 万桶/日，其他 8 个致密油区带的产量之和甚至不足 20%，包括：Monterey（CA）、Austin Chalk（LA & TX）、Granite Wash、OK&TX、Woodford（OK）、Marcellus（PA，WV，OH & NY）、Haynesville（LA，TX）、Niobrara-Codell（CO，WY）和 Utica（OH，PA&WV）。

因此，并非所有的页岩区带都是非常规油气资源的主力油气田。下面选择Barnett 页岩、Eagle Ford 页岩、Marcellus 页岩、Bakken 页岩以及近年风头正盛的 Permian 盆地进行分析。

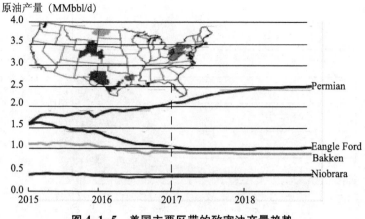

图 4-1-5　美国主要区带的致密油产量趋势

资料来源：据 EIA（2017）https：//www. eia. gov/todayinenergy/detail. php？id＝29752

一、页岩革命的领头羊——Barnett 页岩

作为最早成功运用水平井和水力压裂技术规模开采页岩的区带，Barnett 页岩成为美国页岩气商业开发最为成熟的重要气田（图4-1-6），被誉为"页岩革命"的领头羊、排头兵。

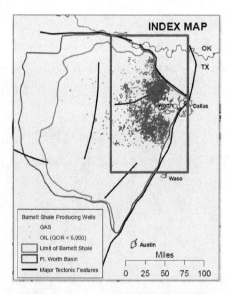

图 4-1-6　Barnett 页岩区域位置图

资料来源：据 NASQ 北美页岩季刊（2014）

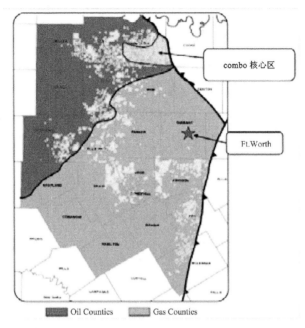

图 4-1-7　Barnett 页岩油窗气窗和 Combo 区分布

资料来源：据 NASQ 北美页岩季刊（2014）

　　Barnett 页岩位于福特沃斯盆地（Fort Worth Basin），地处得克萨斯州的中北部。Barnett 页岩的 Newark East field 是美国最大的陆上气田，页岩面积 320 万英亩，覆盖 23 个郡县。

　　Barnett 页岩的地层是深度为 6500 英尺到 8500 英尺的密西西比纪地层，上下以石灰石地层为界。地层的脆性地质特征使其易于压裂，适合于页岩气的开发。

　　Barnett 的技术可采资源量为 18.1Tcf 页岩气和 7 亿桶天然气液，页岩气的探明储量为 16.8Tcf（EIA2016）。Barnett 页岩分为三个明显区域：南部平坦的地区是干气伴有天然气液（NGL）区域，往北是富含凝析 condensate-rich 液窗区域，最北是沿着北部边缘以 Montague 和 Cooke 县为中心生产凝析油和原油的趋油结合区域，称为 Combo play（图 4-1-7）。

　　Barnett 页岩的核心区在 Denton，Johnson，Parker，Tarrant and Wise counties 县郡。其中：甜点区是 Newark East；非核心区包括 Bosque，Clay，Comanche，Cooke，Dallas，Erath，Hamilton，Hill，Hood，Jack，Montague，Palo，Pinto and Somervell。地质评价最有价值的有利产区在怀斯县（Wise County）和蒙塔谷县（Montague County），主要分为 Tier1、Tier2 和核心三个开采区域（图 4-1-8）。

1. Barnett 页岩的主要生产商

2000 年，米切尔公司（Mitchell Energy and Development Corporation）在 Texas 中北部的 Barnett Shale 的水力压裂成功，引来了无数个大大小小的能源公司进入 Barnett 页岩，包括埃克森美孚等世界能源巨头和专注于非常规油气资源开发的切萨皮克公司，比如 2010 年 11 月统计共有 241 家公司的 15000 个钻井作业于 3000 个批准的矿权区块，当年页岩气产量是整个得克萨斯州的 28%。

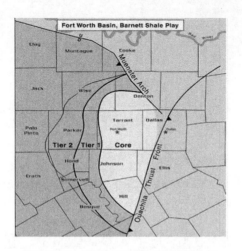

图 4-1-8　Barnett 页岩三个区域分布

资料来源：据 NASQ 北美页岩季刊（2014）

2014 年 Barnett 页岩十大能源公司是：阿特拉斯能源公司（Atlas Energe）、切萨皮克公司（Chesapeake）、道达尔公司（Total）、康菲公司（ConocoPhillips）、戴文公司（Devon Energy）、EOG 公司（EOG Resources）、埃克森美孚（Exxon-Mobil）、莱金德公司（Legend Natural Gas）、水银公司/东京合资公司（Quicksilver/ Tokyo Gas）、埃尼公司（Eni）、EV Energy Partners 公司等（图 4-1-9），还有曾经的卡里佐油气公司（Carrizo Oil and Gas）、先锋公司（Pioneer Natural Resources）、恩卡纳公司（EnCana）、瑞吉资源公司（Range Resources）等。

戴文公司是持有面积最大且拥有资源最多的公司，分别的净面积约为 62 万英亩、资源量为 18.4Tcfe，其次是切萨皮克公司持有面积 28 万英亩和 8.9 Tcfe，随后是 EOG 公司持有面积 50.6 万英亩和 6.9 Tcfe（图 4-1-10 和图 4-1-11）。最大 10 家公司持有的面积占整个面积的 75% 以上。

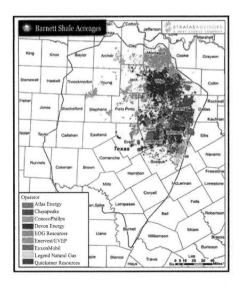

图 4-1-9　Barnett 页岩 2014 年开采商分布

资料来源：据 NASQ 北美页岩季刊（2014）

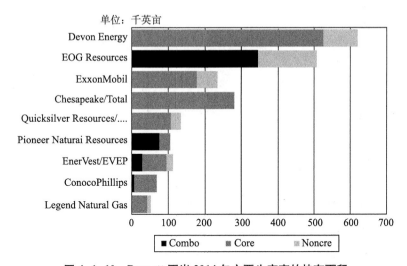

图 4-1-10　Barnett 页岩 2014 年主要生产商的持有面积

资料来源：据哈特能源咨询公司，2014Q2

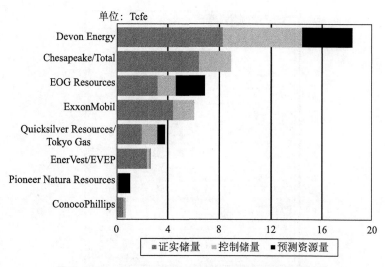

图 4-1-11 Barnett 页岩 2014 年主要生产商的资源量

资料来源：据哈特能源咨询公司，2014Q2

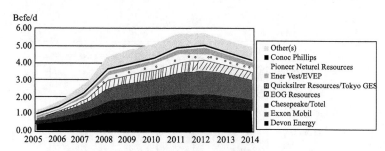

图 4-1-12 Barnett 页岩 2014 年主要生产商的产量

资料来源：据哈特能源咨询公司，2014Q2

　　Barnett 页岩的 Combo play 的主要开采公司是 EOG 公司、先锋公司（Pioneer Natural Resources）、安娜维斯特/EVEP 公司（EnerVest/EVEP）和康菲（ConocoPhillips）。此外，戴文公司（Devon Energy）的资产分布于气液接合部的位置，使其能在油气价格动荡时期实现更为灵活的油气之间的转移战略。EOG 公司在三个区域内都拥有作业面积，但主要集中于 Combo play，既能开采干气，也能生产凝析油和原油，是 Barnett 页岩最具有利区块的能源公司。

　　各个生产商的产量如图 4-1-12 所示，2014 年时产量最大的是戴文公司、切萨皮克公司（CHK）、埃克森美孚公司、EOG 公司。

　　Barnett 页岩 2010—2015 年的主要资产并购情况如表 4-1-2 所示，卡里佐油气公司（Carrizo Oil and Gas）、先锋公司（Pioneer Natural Resources）、瑞吉资
源公司（Range Resources）等通过资产拍卖或并购逐步退出 Barnett 页岩而投资
于其他更有吸引力的页岩区带，比如转移到更富液的 Permian 或 Eagle Ford，
Barnett 页岩越来越集中于少数能源公司手中，退出的主要原因是气价的持续低
迷，此外与 Barnett 页岩已走过辉煌 30 年的历程正步入拐点而不无关系。

表 4-1-2　Barnett 页岩 2011—2015 年资产并购一览表

时间	购并者	出售者	金额（$MM）	面积（英亩）	备注
2015 年第一季度	Quicksilver		2	8000	
2014 年 8 月		Pioneer	155	76000	退出
2013 年第三季度		Pioneer		4000	
2013 年第二季度	EVEP	Carrizo		9000	退出
2013 年 3 月	Tokyo Gas	Quicksilver	485		合资
2012 第一季度	Atlas	Carrizo			
2012 第一季度	Atlas	Titan			
2012 第四季度	Atlas	DTE		88000	
2012 年 8 月	Crestwood	Devon	87.1		
2012 年第二季度	Atlas	Carrizo	190		
2011 第四季度	ExxonMobil	XTO			
2011 年 11 月	EnerVest/EVEP	Encana	1200	76500	退出
2011 年 3 月	Legend	Range	900		退出
2010 年	Total	Chesapeake	800	25%权益	

2. Barnett 页岩的钻机钻井活动

自从 1981 年美国第一口页岩气井压裂成功，Barnett 页岩的开发正式启动，
钻机钻井的活跃程度充分反映和见证了 Barnett 页岩从起步、成长到成熟的不同
阶段。

表 4-1-3 1969—2008 年 Barnett 页岩的钻井数和钻井类型

第一次投产时间	每年新钻井数	钻井类型	钻井数
1969—1989 年	58	水平井	5500
1990—2000 年	713	直井	3915
2001—2004 年	3123	定向井	511
2005 年	1091	合计	9926
2006 年	1587		
2007 年	2136		
2008 年	1218		
合计	9926		

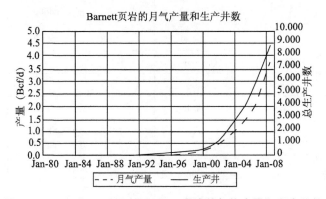

图 4-1-13 1980—2008 年 Barnett 页岩的气体产量和生产井数

资料来源：据哈特咨询公司 2014

第一阶段：20 世纪 80 年代至 2000 年，Barnett 页岩的起步期。2000 年之前，整个 Barnett 页岩的页岩气和天然气液体的钻机数仅仅不到 800 口（图 4-1-13），钻井以直井为主且是传统压裂。页岩气月产量仅仅不到 0.2Bcf/d，液体月产量不到 200 桶/日。以 1997 年为例（图 4-1-14），只有极少数的直井钻井主要集中于怀斯（Wise）和丹顿（Denton）这 2 个县。

第二个阶段：2001—2007 年为成长期。随着 2000 年米切尔公司（Mitchell Energy and Development Corporation）在 Texas 中北部的 Barnett Shale 的水力压裂成功，Barnett 页岩进入了高速成长期，2001—2007 年，如表 4-1-3 所示，每年都以千位数增长 Barnett 的生产井，尤其是 2007 年仅 1 年就投产 2136 口井（图 4-1-14）。

第三个阶段：2008—2011 年的成熟期。如表 4-1-4，截止到 2011 年 Barnett 页岩的钻井总数达 15856 口，其中水平井占 70% 以上达 11175 口，页岩气井占 95.7% 以上达 15177 口。

表 4-1-4　2011 年 Barnett 页岩的钻井类型

气水平井	气直井	油水平井	油直井	合计
10860	4317	315	364	15856

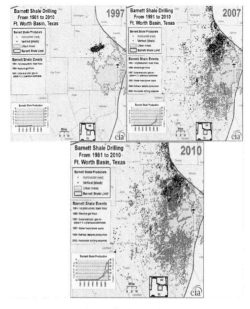

图 4-1-14　Barnett 页岩 1997 年、2007 年、2010 年钻井分布

资料来源：据 EIA，2011，https：//www.eia.gov/maps/maps.htm

更重要的是，2012 年正好是 Barnett 页岩走过的第 30 年，通过 30 年的开采，Barnett 页岩钻井数已达 17980 口，占到几乎所有页岩钻井总数的一半，累积生产页岩气 11.9 Tcf 和 39.4 百万桶的原油和凝析油，合计 13.4 Tcfe。

第四阶段：2012 年至现在，从顶峰走向衰落。

走向衰败的一个明显的标志是钻探投资额、钻井许可数、活动钻机数和新增钻井数的递减。所有这些指标标志着 Barnett 页岩进入巅峰时期，尽管少数核心区域还在上升，但大多数区域已经没有了开发空间，2015 年核心区域 439000 英亩上有 6673 口井，平均 1 口井 66 英亩，其余产量中大多数来自于非核心区域，一些来自于 Combo 地区。

3. Barnett 页岩的生产

自 1981 年首次压裂成功之后，Barnett 页岩走过了缓慢的起步期（20 年）、高速的成长期（7 年）、巅峰的成熟期（4 年），进入到了刚过拐点的第 37 个年头，这一发展历程不仅与钻机钻井活跃数量紧密相关，同时也充分体现在 Barnett 页岩的产量上。

Barnett 页岩的生产特点如下：

第一，水平井的大规模应用是从 2005 年开始的，直井的比例自 2005 年开始已不占绝对优势，直井与水平井的产量几乎相当（图 4-1-15）。

第二，干气的开采主要源于核心区，而凝析油、天然气液、原油等主要产于非核心区。如图 4-1-16 所示，2010—2013 年，核心区的钻机几乎全部是气井，而非核心区则除了气井，还有更多的油井。但是如图 4-1-17 所示，Barnett 页岩主要生产天然气干气以及少量的凝析油和天然气液。

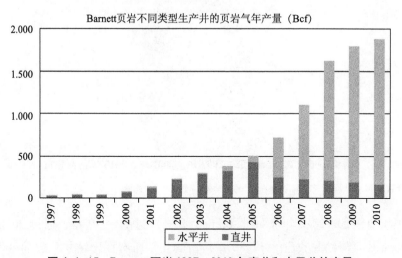

图 4-1-15　**Barnett 页岩 1997—2010 年直井和水平井的产量**

资料来源：据 EIA（2011），https：//www.eia.gov/todayinenergy/detail.phpid=2170

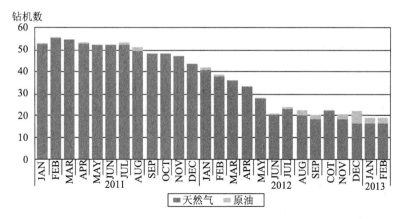

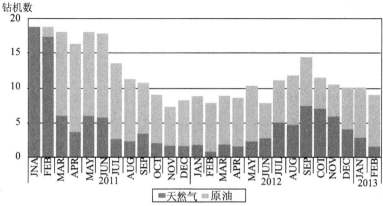

图 4-1-16 Barnett 页岩钻机数量（上图核心区，下图非核心区）

资料来源：据 NASQ 北美页岩季刊，2014

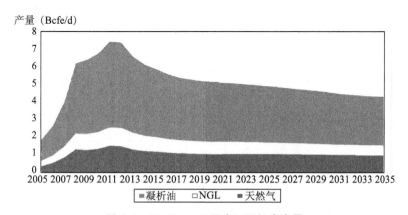

图 4-1-17 Barnett 页岩不同烃类产量

资料来源：据 NASQ 北美页岩季刊，2014

第三，Barnett 页岩的拐点出现在 2011 年的 11 月，当月的页岩气产量（不包括液体）达到最高点 5.23Bcf／日，2011 年当年井数约 2800 口井，尽管不及 2010 年的井数，但是每口井的 EUR 却远高于其他年份，2012 年年产量达到顶峰 1847Bcf，从此开始进入缓慢的衰落期（图 4-1-18 和图 4-1-19）。

第四，Barnett 页岩始于 1981 年开发到 2018 年已经接近 40 年，从 2000 年 1 月以来到 2018 年 5 月，平均每月的日均年产量为 2.73Bcf／d，累积生产天然气总产量达 18.31Tcf（图 4-1-20）。2018 年 5 月份的日均年产量为 2.53Bcf／d，Barnett 整个页岩史上月平均的最高日均年产量则为 5.23 Bcf／d。

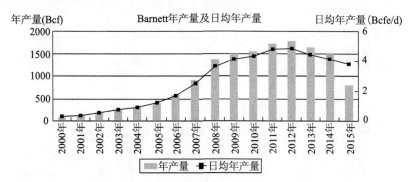

图 4-1-18　Barnett 页岩 2000—2015 年产量

资料来源：据 NASQ 北美页岩季刊整理，2015

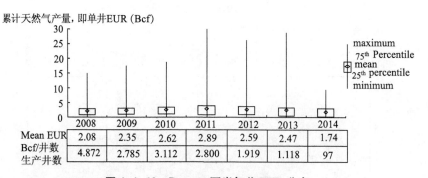

图 4-1-19　Barnett 页岩气井 EUR 分布

资料来源：据 EIA（2014）

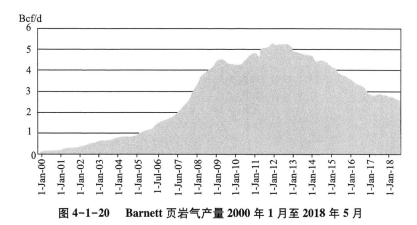

图 4-1-20　Barnett 页岩气产量 2000 年 1 月至 2018 年 5 月

资料来源：据 EIA（2018）整理

二、面积和资源量最大的气区——Marcellus 页岩

阿巴拉契亚（Appalachian）盆地有两套优质的页岩气层系：Marcellus 和 Utica（图 4-1-21），埋深浅、市场近。据 EIA2016 统计，Marcellus 页岩天然气技术可采资源量为 313.3Tcf，天然气探明储量为 84.1Tcf，天然气液为 147 亿桶，是迄今为止北美最大面积和最大资源量的页岩区带；Utica 页岩天然气技术可采资源量为 187.2Tcf，天然气液为 56 亿桶。两套页岩气地层维持着天然气低气价下的持续开采，驱动着美国页岩气产量的不断增长。预测这两套页岩气产量 2040 年有望超过 40 Bcf/d，将占美国页岩气总产量的一半以上。

Marcellus 页岩形成于 3.9 亿年前的中泥盆纪，跨越阿巴拉契亚盆地的东北，页岩区带面积约 6000 万英亩。Marcellus 页岩是富含有机质的低密度黑色页岩地层，嵌于粉砂岩和石灰岩之间。沿东北—西南走向，穿过 New York，Pennsylvania，Ohio，Maryland 和 West Virginia，主要在宾西法尼亚州和西弗吉尼亚州。地层埋深因区域不同在 2000~8000 英尺，从宾夕法尼亚州的中部露头到东北、西南的 9000 英尺，净厚度从不到 50 英尺（地层西边）到多于 350 英尺（宾西法尼亚州东北）。Marcellus 页岩的地质特征使其具有天然裂缝更易开采。

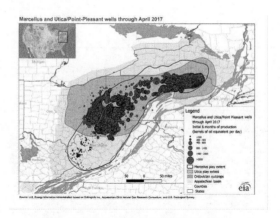

图 4-1-21　Marcellus 和 Utica 页岩

资料来源：据 EIA 资源（2017），https：//www.eia.gov/maps/images/Marcellus_ UticaPointPleasant_ Wells_ April2017.jpg

　　Marcellus 页岩从西南到东北延伸，从东到西为干气逐步到富液的天然气液和凝析油，烃类窗口具体如图 4-1-22 所示。宾西法尼亚的东北的干气区，主要位于 Bradford, Susquehanna, Tioga 和 Lycoming 等县，压力大、产量高，地层埋深相对较深，深达 9000 英尺以上，一些地方 4000 英尺，该地区具有最厚的地层 260 英尺，甚至一些地方超过 350 英尺；宾西法尼亚西南的湿气区，主要位于 Washington 和 Greene 县，随着烃成熟度更高，生产干气、凝析油和 NGL，地层埋深为 4000 英尺，一些地方甚至为 9000 英尺，岩层厚度为 50 英尺到 150~200 英尺。

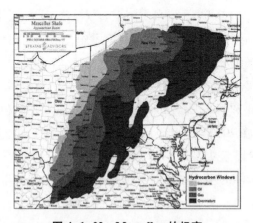

图 4-1-22　Marcellus 的烃窗

资料来源：据 NASQ 北美页岩季刊，2015

Marcellus 页岩核心价值区域分为东北干气区和西南富液区（图 4-1-23）。主要产量为干气和湿气，也有一些 NGL 和少量的凝析油。

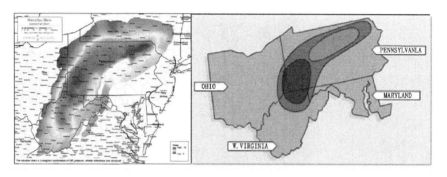

图 4-1-23　Marcellus 的核心价值区

资料来源：据 NASQ 北美页岩季刊，2015

1. Marcellus 页岩的主要生产商

早在 1821 年 Marcellus 页岩就开始作为天然气资源被开采，但是直到 2003 年，Range Resources 公司率先采用水平井和水力压裂技术以及高企的天然气价环境才使得 Marcellus 页岩进入大规模商业化开采。

2014 年，Marcellus 页岩的主要生产商是：切萨皮克/挪威公司［Chesapeake（CHK）/Statoil］，壳牌公司（Shell），瑞吉资源公司［Range Resources（RRC）］，Southwestern Energy（SWN）（西南能源公司），国家燃料公司（National Fuel Gas），塔里斯曼公司（Talisman Energy），雪佛龙公司（Chevron），埃克森美孚公司 ExxonMobil，EQT 公司（EQT Corp.），康索尔/诺贝尔合资公司［CONSOL（CNX）/Noble JV］，安特罗资源公司［Antero Resource（AR）］，卡波特油气公司［Cabot Oil & Gas（COG）］，莱斯能源公司（Rice Energy），Anadarko 阿纳达科公司（APC）等（图 4-1-24），有数百家生产商。

Range Resources 公司是 Marcellus 页岩最早开发的开采商之一，Range Resources 公司 95% 的投资都锁定在 Marcellus 页岩，Marcellus 页岩是其最重要的核心资产。2015 年初拥有面积多达 83.5 万英亩，分布在东北干气和西南湿气的 2 个核心区域（图 4-1-25），拥有资源量达 22.64Tcfe，平均水平井长度达 6000 英尺。

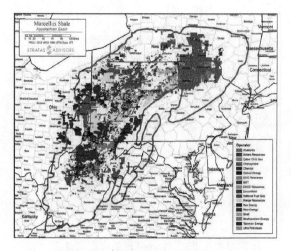

图 4-1-24　Marcellus 页岩 2014 年开采商分布

资料来源：据 NASQ 北美页岩季刊，2014

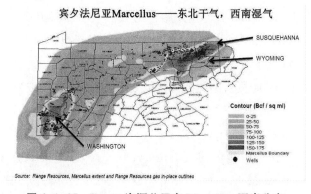

图 4-1-25　Range 资源公司在 Marcellus 页岩分布

资料来源：据 EIA 资源（2015），https：//www.eia.gov/conference/2015/pdf/presentations/staub.pd

如图 4-1-26 和图 4-1-27 所示，2015 年初 Marcellus 页岩上各生产商持有面积和拥有可采资源量不同。最大面积的是切萨皮克公司，最多资源量的是西南能源公司。

西南能源公司，美国第四大天然气生产商。在 2014 年收购了切萨皮克公司而扩大了其在 Marcellus 页岩的面积达 78 万英亩，在东北 Pennsylvania 和西南 West Virginia 均有资产，生产干气、凝析油和天然气液，东部干气的水平井长度平均为 7559 英尺，最长 11000 英尺，钻井时间 17 天；南部的水平井平均长

度为 4749 英尺，钻井时间也从 12.9~16.5 天缩短到 10.2 天，钻机成本从 700
万美元减少到 2015 年的 580 万美元。

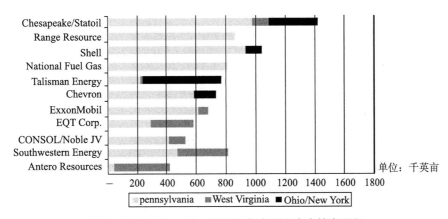

图 4-1-26　Marcellus 2015 年初主要生产商持有面积

资料来源：据 NASQ 北美页岩季刊，2015Q1

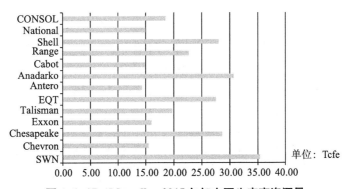

图 4-1-27　Marcellus 2015 年初主要生产商资源量

资料来源：据 NASQ 北美页岩季刊，2015Q1

切萨皮克公司（Chesapeake Energy）的资产主要在干气区，面积达 137 万
多英亩，拥有资源量 28.62Tcfe，一直实施剥离紧缩的战略以维持其财务平衡，
钻井成本从 750 万美元下降到 670 万美元，钻井周期从 2012 年的 26 天减少到
2015 年的 12 天。

卡波特油气公司（Cabot Oil & Gas）一直就被誉为行业内绩效优秀的公司，
2014 年公司 90%的资产位于 Marcellus 页岩的干气区，拥有 14.85Tcfe 的资源
量，在阿巴拉契亚盆地有着最经济合理的投资组合，公司一直致力于最佳成本

结构，F&D 成本为 $0.43/Mcfe。

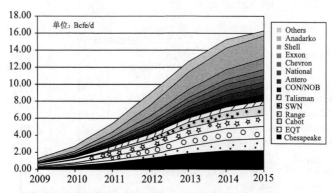

图 4-1-28　Marcellus 2009—2015 年主要生产商产量

资料来源：据 NASQ 北美页岩季刊，2015Q1

　　Range 资源公司、Cabot 公司、EQT 公司和 Southwestern 公司都专注于 Marcellus 页岩的开发，而 Chesapeake 和 Anadarko 资产配置更加多样化，Anadarko 公司在 2015 年的 Marcellus 页岩中产量最大为 2.63Bcfe/d，但仅占其公司总产量的 1/4。

　　如图 4-1-28 所示，2015 年初，Chesapeake 公司、EQT 公司、Cabot 公司、Range 公司，尤其是 Anadarko 公司是在 Marcellus 页岩上产量最大的公司。

　　Marcellus 页岩的资产并购活动一直持续（表 4-1-5），如西南公司不断地购并以扩大在 Marcellus 页岩的资产面积。

表 4-1-5　Marcellus 页岩 2011—2015 年资产主要并购合资活动

时间	购并者	出售者	金额（$MM）	面积（英亩）
2015 年 1 月	Repsol S. A.	Talisman	13000	
2014 年 12 月	西南公司	挪威公司	394	30000
2014 年 10 月	西南公司	切萨皮克	5375	443000
2014 年第三季度	Antero			22000
2014 第三季度	Rex Energy	Royal Dutch Shell	120	207000
2014 第三季度	皇家荷兰壳牌	Ultra Petroleum		155000
2014 年 8 月	Rice Energy	Chesapeake	336	22000
2014 第三季度	Warren Resources	Citrus Energy	352.5	

时间	购并者	出售者	金额（$MM）	面积（英亩）
2013 第三季度	EQT Corp.	Chesapeake	113	99000
2013 第二季度	西南公司	切萨皮克	93	162000
2012 第四季度	Statoil	Grandier Energy	590	70000
2012 第二季度	Williams	Caiman Eastern Midstream	2400	
2011 第四季度	PDC Mountaineer	Seneca-Upshur	152.5	90000
2011 年 8 月	Consol Energy	Noble Energy		
2011 年 6 月	ExxonMobil	Phillips	1690	317000

　　尽管油气价格持续走低和基础设施不足，Marcellus 页岩的大小公司采取控制成本、对冲保值和同时开采 Utica 页岩的方式规避风险，不少公司如西南公司、阿纳达科公司、Cabot 公司等在原油价格下跌 20% 以上的环境下仍然可以保持盈利，但是 CONSOL Energy、Antero Resources 公司却无法经济开采。

2. Marcellus 页岩的钻机钻井活动

　　2014 年之前，无论是勘探开发投入还是钻机钻井数都在稳步上升，但是 2014 年中的油价暴跌低迷使得 Marcellus 页岩的钻机转向集中在了东北的干气区和南部的富液窗。这两个核心区都仍极具吸引力，东北区域吸引了那些签有运输合同的开采商可以不需深度加工就可以直接输入干气到运输管道，南部区域则吸引了那些希望致力于同时开采 Marcellus 页岩 NGL 和 Utica 页岩干气的开采商，如图 4-1-29 所示，Utica 的钻井数在 2015 年已达到了 425 口。

　　从钻井投资来看，2014 年多数公司加大投资力度（表 4-1-6），但是 2015 年随着价格环境的恶化，几乎所有公司谨慎地缩小投资规模但与此同时加快了对 Utica 页岩的开采，只有西南能源等个别公司，在 2015 年却扩大钻井投资，从 2014 年的 7 亿美元计划翻一倍增加到 2015 年的 14 亿美元，见表 4-1-7。

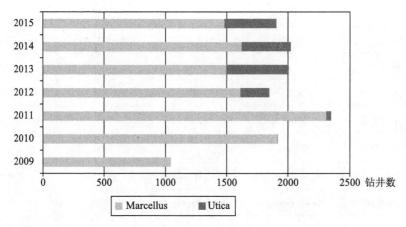

图 4-1-29　2009—2015 年 Marcellus 钻井数

资料来源：据 NASQ 北美页岩季刊，2015

表 4-1-6　Marcellus 页岩的主要公司 2013—2014 年投入

公司	2013 年	2014 年	Y-o-Y%（年同比增长）
AR	$ 1000	$ 1350	35%
CNX/NBL	$ 600	$ 825	38%
COG	$ 650	$ 876	35%
EQT	$ 820	$ 1100	34%
NFG	$ 428	$ 490	14%
CRZO	$ 65	$ 30	−54%
CHK	$ 896	$ 810	−10%
RRC	$ 1100	$ 1322	20%
EXCO	$ 53	$ 17	−68%
SWN	$ 872	$ 800	−8%

表 4-1-7　Marcellus 页岩公司钻井活动

公司	投资（$ Billion）		钻井数		钻机数		区带
	2014 年	2015 年	2014 年	2015 年	2014 年	2015 年	
CONSOL	1.2	1.0	—	—	4	2	Marcellus+Utica
Noble	4.9	2.9	—	—		2	Marcellus+Utica
National Fuel&Gas	1.17	1.0	—	—	2	3	Marcellus+Utica
Hess	5.6	4.7	39	25	4	2	Utica
Antero	3.05	1.6	179	130	21	14	Marcellus+Utica
Southeastern	0.7	1.4					Marcellus+Utica
Range	1.52	0.87					Marcellus+Utica
Cabot	1.43	1.56	130~140	95~100			Marcellus
EQP 公司	1.9	2.3					Marcellus
	1.45		21	5			Utica

如图 4-1-30 所示，从 2012 年之后钻机活动减少，尤其是 2014 年的油价暴跌之后（图 4-1-31），2015 年 Appalachia 地区的 Marcellus 和 Utica 页岩的钻井数和完井数急剧下降，2016 年下半年开始之后有所回升，但与其他区带相比，Appalachia 地区的开采商并没有特别锐减钻井活动。即使减少钻机数，但是每口钻机的生产率却持续在提升，在 2017 年 8 月左右达到最高点 151000 千立方英尺/日，并保持在 140000 千立方英尺/日以上，比 2014 年增加了几乎 2.5 倍。

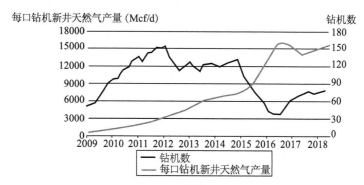

图 4-1-30　Appalachia 页岩的钻机数及新井产量

资料来源：据 EIA（2018）https://www.eia.gov/petroleum/drilling/pdf

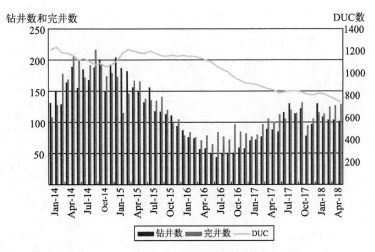

图 4-1-31 Appalachia 页岩的钻井数、完井数和 DUC 数

资料来源：据 EIA（2018），https://www.eia.gov/petroleum/drilling/pdf

3. Marcellus 页岩的生产

Marcellus 页岩的产量中 Oil/Condensate 仅占微不足道的 1%，NGL 约占 22%，而天然气干气则占 77%，如图 4-1-32 所示。

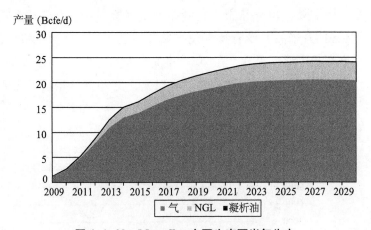

图 4-1-32 Marcellus 主要生产页岩气为主

资料来源：据 NASQ 北美页岩季刊，2015Q1

如图 4-1-33 所示，Marcellus 页岩的水平井压裂技术的推广应用和提高突破，页岩气的产率在不断提高，从 2008 年的 1200 口井 EUR 中值从 0.39Bcf 上升到 2013 年 302 口井的 6.37Bcf。因此，如图 4-1-34 所示，2005 年以来，各生产商一直在增产扩张直至 2014 年的油价暴跌，即使 2014 年的油价下跌，日均年产量持续增长，因为价格要通过油气钻机钻井活动从而影响生产，而产量对价格的反应会比钻机钻井活动滞后，更重要的是，尽管价格导致钻机钻井活动减少但是平均每口钻井的产率却在提升。

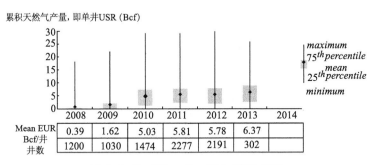

图 4-1-33　Marcellus 气井 EUR 分布

资料来源：据 EIA 资源（2015），https：//www.eia.gov/conference/2015/pdf/presentations/staub.pdf

图 4-1-34　Marcellus 2005—2015 年产量

资料来源：据 NASQ 北美页岩季刊，2015

从 2000 年 1 月至 2018 年 5 月，Marcellus 页岩已累积生产页岩气总量为 33.34Tcf，Utica 页岩已累积生产页岩气总量为 5.6Tcf（图 4-1-35）。Marcellus 页岩和 Utica 页岩在 2018 年 5 月份的日均年产量分别为 20.06Bcf/d、5.99Bcf/d，这也是这两套页岩史上月平均的最高日均年产量，刷新了历史纪录。

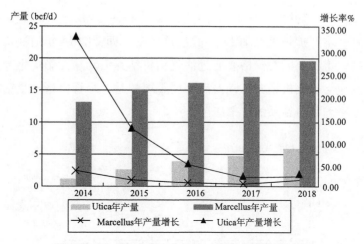

图 4-1-35　Marcellus 与 Utica 页岩产量增长对比

资料来源：据 EIA（2018）

　　自从 2014 年之后，不少生产商同时开发阿巴拉契亚盆地的这两套优质页岩气层系 Marcellus 和 Utica，Utica 几乎是从 2013 年开始采气的，日均年产量仅为 0.27 Bcf/d，但 2014 年年产量增长率高达 326%，直到 2018 年 5 月日均年产量为 5.85 Bcf/d，比 2013 年共增长了约 21 倍，而 Marcellus2013 年的日均年产量为 9.78 Bcf/d，2014 年增长了 34%，2018 年 5 月为 19.58 Bcf/d，比 2013 年共增长了约 1 倍。具体如图 4-1-36 所示。

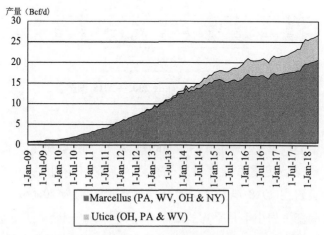

图 4-1-36　Marcellus 与 Utica 页岩气产量 2009 年 1 月至 2018 年 5 月

资料来源：据 EIA（2018）

因此，阿巴拉契亚盆地的 Marcellus 和 Utica 这 2 套页岩的 2017 年产量已经占到美国页岩气总量的几乎一半，如图 4-1-37 所示。

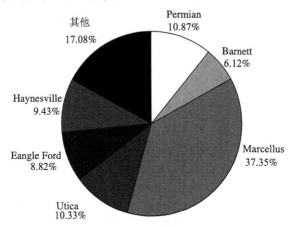

图 4-1-37　2017 年美国页岩气产量区带占比

资料来源：据 EIA（2018）

三、重要石油基地——Bakken 页岩

Bakken 页岩位于威利斯顿盆地（图 4-1-38），美国 Montana 州的东北，北 Dakota 州的西北以及加拿大萨斯喀彻温省（Saskatchewan）和曼尼托巴省（Manitoba）。Bakken 面积约 37000 平方英里，技术可采资源量约为 161 亿桶，探明储量为 52.26 亿桶。

巴肯页岩形成于晚泥盆纪—早密西西比纪（早石炭纪），是威利斯顿盆地的重要烃源岩。威利斯顿盆地 Bakken 页岩组包括晚泥盆纪—早密西西比纪的 Bakken 和下面的 Three Forks 地层。Bakken 组可分为 3 段，上下页岩中间夹白云质—泥质粉砂岩（图 4-1-39）。上段为半深海黑色富含有机质的页岩；中段是一套浅海相灰色有机质砂泥岩；下段也为半深海黑色页岩。

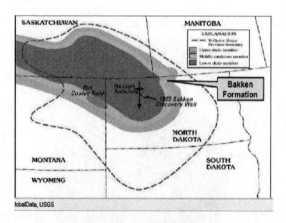

图4-1-38　Bakken页岩位置

资料来源：据 Globaldat，USGS，2015

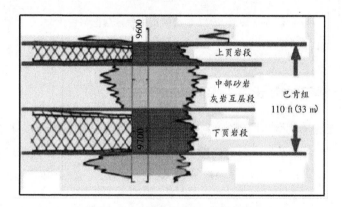

图4-1-39　Bakken组地层剖面图

资料来源：何接，巴肯致密油地质特征及开发技术研究，2017

　　Bakken 组页岩的干酪根类型以Ⅰ、Ⅱ型为主，其中上段和下段含有大量Ⅱ型干酪根，以生油为主。Bakken 油层厚度较小，但有机碳含量较高。Bakken 组上段和下段累计厚度分别为 7~26 英尺 和 0~49 英尺，中段厚度为 85 英尺。致密油产层早期集中在巴肯页岩层中段，以原油和凝析油为主。后来的钻探实践发现致密油产层扩展至整个巴肯组，有机质成熟度属于热催化生油气成熟阶段，故均为优质有效烃源岩。Bakken 组储集层主要为中段的白云质-泥质粉砂岩，其上下段页岩由于裂缝发育，也可作为储集空间。

　　Bakken 页岩的核心价值区域如图 4-1-40 所示，因此 Bakken 页岩的开发集中于 4 个核心县：芒特雷尔县（Mountrail）、马更些县（McKenzie）、威廉姆斯县（Williams）、邓恩县（and Dunn）。

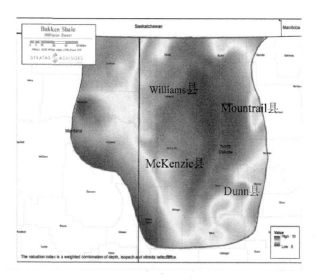

图 4-1-40　Bakken 页岩核心价值区

资料来源：据 NAS1 北美页岩季刊，2015Q3

1. Bakken 页岩的主要生产商

2015 年，Bakken 页岩的主要能源公司包括大陆资源公司（Continental Re-sources）、赫斯公司（Hess Co rp）、鳕鱼石油公司（Whiting Petroleum）、资源公司（EOG Resources EOG）、康菲石油公司（ConocoPhillips）、绿洲石油公司（Oasis Petroleum）、挪威国家石油公司（Statoil）、马拉松石油公司（Marathon Oil）、百翰勘探公司（Brigham Exploration）、埃克森美孚公司（ExxonMobil）、资源公司（QEP Resources QEP）、西方石油公司（Western oil firms）、邓布利资源公司（DenburyResources）、新田石油公司（Newfield Petroleum）、能源公司（SM）、北方石油公司（North Oil Co）、威廉姆斯公司（Williams）、切萨匹克公司（Chesapeake Energy）等数十家大大小小的生产商（图 4-1-41）。

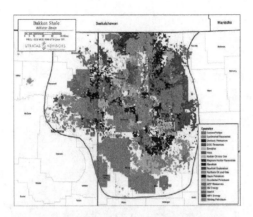

图 4-1-41　Bakken 页岩 2015 年开采商分布

资料来源：据 NASQ 北美页岩季刊，2015Q3

　　如图 4-1-42 所示，2014 年，Continental Resources 公司是 Bakken 页岩持有面积最大的公司，Whiting Petroleum 在购并了 Kodiak Oil and Gas 之后成为第二大公司，分别持有 120 万英亩和 66.8 万英亩。如图 4-1-43 所示，2014 年，Bakken 页岩上资源量拥有最多的公司分别是 Continental Resources、Hess Corp. 和 Whiting Petroleum，分别拥有的资源量为：3824、2705 和 2693 百万桶原油。

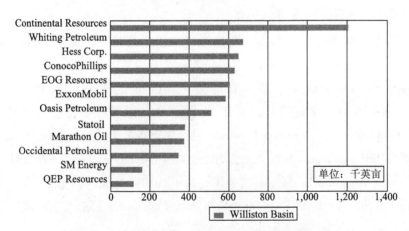

图 4-1-42　2014 年 Bakken 页岩主要生产商持有面积

资料来源：据 NASQ 北美页岩季刊，2014Q3

　　2014 年油价暴跌之前，各开采商加大马力在 Bakken 页岩上进行大规模开发。产量最大的依然是这几家公司：Continental Resources、Hess Corp.、Whiting

Petroleum 和 EOG Resources 公司，如图 4-1-44 所示。

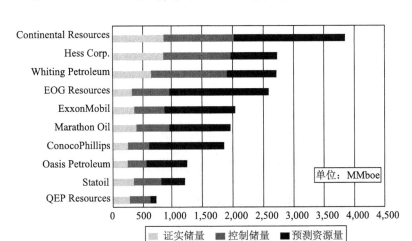

图 4-1-43　2014 年 Bakken 页岩主要生产商的资源量

资料来源：据 NASQ 北美页岩季刊，2014Q3

Continental Resources 公司一直致力于缩小井距试验，这会增加更多的钻井空间，同时实现了长度为 2 英里的水平井和先进的完井技术，从而把钻井成本从 2014 年底的 960 万美元降到了 770 万美元。Whiting Petroleum、OAS 等公司也在成功地实施高密的钻井方案，快速开发提高 EUR，Whiting Petroleum 的钻井成本从 2014 年底的 850 万美元降到了 650 万美元。赫斯公司的钻井成本 2015 年第二季度为 560 万美元。EOG 公司的水平井长 8400 英尺的钻井成本为 710 万美元。

2015 年之后低迷的原油环境下，处于高成本的北达科他州巴肯（Bakken）地区的 Whiting Petroleum 等公司股价重挫，改善现金流成为各公司低油价时期的首要目标。各生产商更是充分利用各种手段来应对价格风险，比如更集中于核心区域，采用多井平台技术以缩小井距增加可采面积，改进完井技术以提高最终采收率，提高钻井效率削减钻井成本，在增加水平井长度的同时缩短钻井时间，等等。由于技术进步及低油价导致的服务商竞争加剧，Bakken 地区致密油的平均单井资本性投入费用（包括地面设施、钻井和完井等），由 820 万美元/口下降至不到 600 万美元/口。另外，由于水平井井段增长、压裂效果提升，使得单井压裂后出产有较大幅度增长，平均增幅在 20% 以上。上述因素综合导致 Bakken 地区致密油开发综合成本下降。

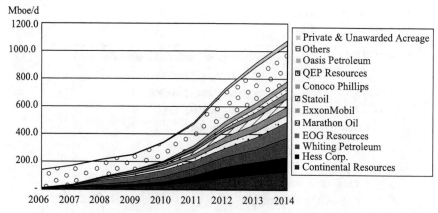

图 4-1-44 Bakken 页岩 2014 年主要生产商的产量

资料来源：据 NASQ 北美页岩季刊，2014Q3

2. Bakken 页岩的钻机钻井活动

Bakken 一直被认为是连续的产量增长区，钻井活动非常活跃（图 4-1-45）。

Bakken 页岩致密油的开发从 20 世纪 90 年代起迈入了商业化生产阶段，通过水平井和水力压裂技术的结合应用，2010 年代已进入大规模的开采阶段。2012—2014 年每个季度的钻完井数从 500 多口增加到了 700 多口，如表 4-1-8 所示。在 2012 年 6 月钻机活跃达到顶峰，钻机数量达到 218。最终仍然由于 2014 年油价暴跌，钻机数从 2014 年 9 月的 194 口跌至 2016 年 2 月 24 口，跌幅高达 88%，如图 4-1-46 所示，但钻机产率却在稳定上升，2018 年 6 月达到历史最高，生产原油 1470 桶/日。

表 4-1-8 Bakken 页岩 2012—2014 年的季度钻完井数

时间	12Q1	12Q2	12Q3	12Q4	13Q1	13Q2	13Q3	13Q4	14Q1	14Q2	14Q3	14Q4
钻井数	507	567	603	563	582	693	751	737	681	668	713	709

资料来源：据 NASQ 北美页岩季刊，2015Q1

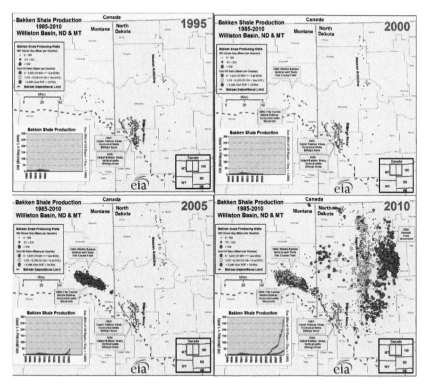

图 4-1-45   Bakken 页岩 1995-2010 年钻机发布

资料来源：据 EIA（2011），https：//www.eia.gov/maps/maps.htm

图 4-1-46   Bakken 页岩的钻机数及新井产量

资料来源：据 EIA，2018，https：//www.eia.gov/petroleum/drilling/pdf

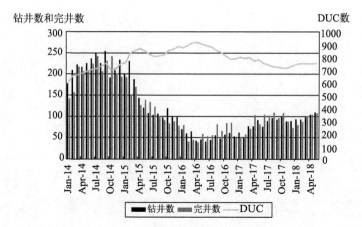

图 4-1-47　Bakken 页岩的钻井数、完井数与 DUC 数

资料来源：据 EIA，2018，https：//www.eia.gov/petroleum/drilling/pdf

即使钻机活动创历史记录地锐减，其他活动仍然保持增长或平稳下降，比如许可申请仍然旺盛，2014 年 8 月有 273 个钻机许可仍在申请，比 7 月增长 3%，比 6 月增长 11.4%；再比如，如图 4-1-47 所示，已钻井而未完井的 DUC 数量保持平稳在 800 口左右，2015 年之后的每年完井数大多超过钻井数，低成本的再完井技术已经替代新井钻井以增产，与此同时成批处理的多口井钻机平台和移动平台已经越来越规范和高效，平均每口钻机的生产率仍在稳步上升，这些因素叠加导致 Bakken 页岩即使没有新的钻机钻头转动，产量也没有随着原油价格的疲软而立即大幅下降。也就是说，钻机停止离产量下降尚需一段时间。

3. Bakken 页岩的生产

Bakken 页岩的生产见证了北美致密油的生产发展的历史阶段，如表 4-1-9 所示。

一是启动阶段。致密油的开采最早始于 20 世纪 50 年代对巴肯页岩中致密油的开发，第一个项目是羚羊（Antelope）油田，当时的产量都来源于羚羊油田的天然裂缝发育区，开发井为直井，没有任何储层改造措施，平均初始产量仅 200bbl/d（约 27t/d）。

二是商业开发阶段。随着第一口水平井于 1987 年 9 月 25 日完井和日产油 258bbl/d（约 35t/d），致密油的开发从 20 世纪 90 年代起迈入了商业化生产阶段，2000 年威利斯顿盆地的巴肯页岩区带中致密油的开发取得重大突破，发现者 Findley 于 2006 年获得 AAPG 年度杰出勘探家奖，2000 年以来，在巴肯页岩中段开始了大规模的水平井钻探和水力压裂技术的广泛应用。

三是规模开发阶段。2005 年 EOG 能源公司提出了效仿页岩气开发，将水平井与水力压裂相结合开发巴肯中段页岩油藏的想法。高油价低气价导致很多油公司关停了利润低的页岩气井，转而寻求在页岩油领域获得新突破。2008 年巴肯页岩区带实现了致密油规模开发，被誉为当年全球十大油气发现之一。

表 4-1-9　美国威利斯顿盆地巴肯组致密油勘探开发历史表

1953 年	羚羊油田发现，建立了巴肯组和三叉组油气生产系统
1961 年	壳牌公司在埃尔克霍恩牧场进行 41X-5-1 井的钻井，在比林斯鼻状构造区发现了很好的沉积限制区带。显示了巴肯组上段页岩可以形成较大规模储量
19 世纪 70 年代末	在比林斯鼻状构造上的上部巴肯组页岩，进行垂直钻井
1987 年	在比林斯鼻状构造上的上部巴肯组页岩，钻探第一口水平井，水平段长度为 794 米，成功开启了巴肯组上段页岩水平钻井的新时代
1953 年	羚羊油田发现，建立了巴肯组和三叉组油气生产系统
1996 年	阿尔宾（Albin）井在中部巴肯组钻探，提出沉睡的大油田的概念
2000 年	中部巴肯组第一个水平井钻探，发现艾勒姆库里油田
2006 年	发现巴歇尔（Parshall）油田

资料来源：据 Stephen A. Sonnenberg，Aris Pramudito，2011

显然，Bakken 页岩生产以原油液体为主，如图 4-1-48 所示，天然气、天然气液与原油的比例基本为 1：4：95。

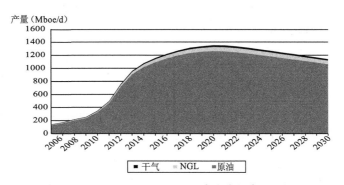

图 4-1-48　Bakken 页岩生产烃类

资料来源：据 NASQ 北美页岩季刊，2014Q3

从图 4-1-49 和图 4-1-50 可以发现，Bakken 的生产一直非常活跃且持续增长直到 2014 年遇阻。

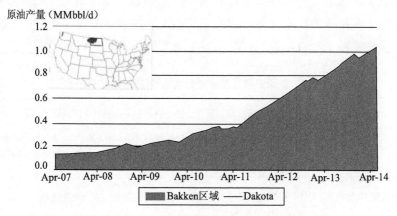

图 4-1-49　Bakken 页岩产量 2007—2014 年

资料来源：据 EIA，2014，https：//www.eia.gov/todayinenergy/detail.phpid=17391

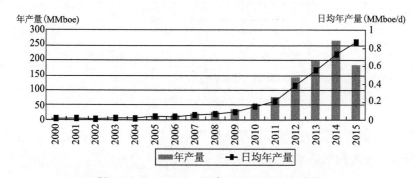

图 4-1-50　Bakken 页岩 2005—2015 年产量

资料来源：据 NASQ 北美页岩季刊

如图 4-1-51 所示，原油价格的跌落并不意味着 Bakken 生产停产而是极具韧性，相反，在价格回弹之前，Bakken 页岩以降低成本、寻求金融市场的对冲套期保值来减少损失和降低风险。随着原油价格的反弹，2017 年原油产量又开始上扬。从 2000 年 1 月开始，截止到 2018 年 5 月 Bakken 页岩已累积生产致密油总量为 28.6 亿桶，2018 年 5 月份的日均年产量为 1.21 百万桶/日，已几乎逼近史上最高产量 2014 年 12 月份的 1.22 百万桶/日的峰值。

尽管 Bakken 页岩油气田产出的原油比天然气多，如图 4-1-52 所示，

Bakken 页岩天然气产量与石油产量的比例表明天然气产量正在加速上升，而石油产量已经减速，2018 年 5 月份的日均天然气年产量为 1.527 Bcf/d，尽管天然气与石油的比例日益提高，但北达科他州生产的石油仍是天然气的 3 倍以上。

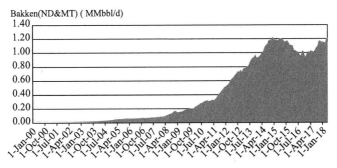

图 4-1-51　Bakken2000 年 1 月至 2018 年 5 月页岩产量

资料来源：据 EIA（2018）

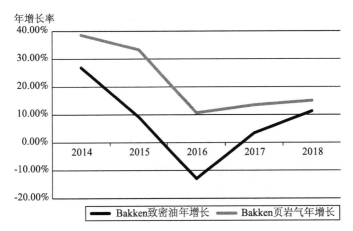

图 4-1-52　Bakken 页岩产量 2014 年以后的油气增长

资料来源：据 EIA（2018）

四、油气并采的明星——Eagle Ford 页岩

Eagle Ford 页岩形成于白垩纪时代。位于美国西墨西哥湾盆地，得克萨斯州南部（图 4-1-53）。从墨西哥边界延伸到得克萨斯东，沿西墨西哥海湾盆地跨得克萨斯，400 英里长，50 英里宽（图 4-1-54）。

Eagle Ford 岩层平均厚度 250 英尺，地层埋深大约在 4000 英尺（西北）－

14000英尺（东南）。源岩的成熟度各自对应着浅、中、深而有明显的3套油气窗：油、凝析油和干气（图4-1-55），与其他页岩区带不同的是，Eagle Ford Shale 既能产气，更能生油。Eagle Ford 页岩有着较高的碳酸页岩比例，在得克萨斯南高达7%，这使得地层更脆且易裂，随着向西北方向，越来越浅，页岩泥质含量增加。

据2016年 EIA 预测，Eagle Ford Shale 的技术可采资源量为131亿桶原油、53Tcf 的天然气和 70亿桶的天然气液，致密油探明储量为41.63亿桶，页岩气探明储量22.7Tcf。

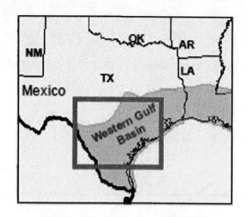

图4-1-53　Eagle Ford 页岩位置

资料来源：据 EIA（2015）

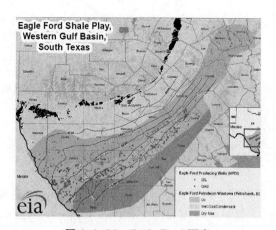

图4-1-54　Eagle Ford 页岩

资料来源：据 EIA（2015）

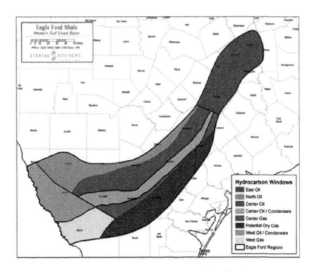

图 4-1-55　Eagle Ford 页岩油气窗

资料来源：据 NASQ 北美页岩季刊，2015Q2

如图 4-1-56 所示，Eagle Ford 页岩区带的主要核心价值区在 Dewitt、Karnes、Gonzales、LaSalle 等县郡。

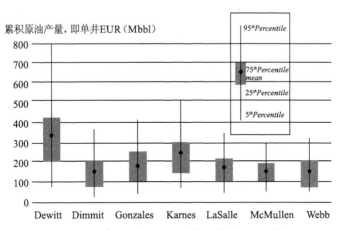

图 4-1-56　Eagle Ford 页岩水平井的 EUR 分布

资料来源：据 EIA（2018），Oil and Natural Gas Resources and Technologywww. eia. gov/outlooks/aeo/pdf/Oil_ and_ natural_ gas_ resources_ and_ technology. pdf

1. Eagle Ford 页岩的主要生产商

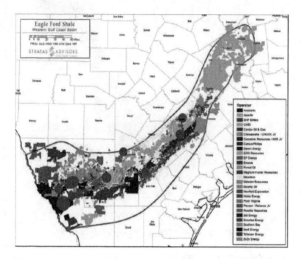

图 4-1-57 Eagle Ford 页岩 2015 年主要生产商分布

资料来源：据 NASQ 北美页岩季刊，2015Q2

由于 Texas 南部的巨大旷野面积吸引了许多国际石油上游公司和美国国内中游公司。2015 年，Eagle Ford 页岩活跃着 50 多家生产商。主要包括：Chesa-peake Energy、BHP Billiton 、Marathon Oil、Comstock Resources、Sanchez Energy、Matador Resour ces、Murphy Oil、Penn Virginia、Penn Virginia、SM Energy、EOG Resources、Wilson County、Swift Energy、Geosouthern Energy、ConocoPhillips、Statoil、EXCO Resources、Freeport - McMoRan、Halcón Resources、Clayton Williams Energy、Rosetta Resources、Anadarko 和 Talisman 等公司，如图 4-1-57 所示。其中大多数生产商都是同时开采油和气。

生产商持有的面积（图 4-1-58）和资源量（图 4-1-59）不同，2014 年 Eagle Ford 页岩面积最大的公司分别是 Chesapeake Energy、EOG 和 Apache 公司。Chesapeake Energy 公司持有的面积为 67.5 万英亩 ，分别为凝析油、气的不同区域，其中油窗面积占 70%。持有的最好面积位置是那些在油气资产之间受益平衡的位置，特别是 EOG 公司，拥有油气资产的最佳组合，是持有面积第二大的生产商，也是拥有资源量最多的公司。EOG 公司占地 63.9 万英亩，其中 90% 是产油面积，拥有资源量为 329.4 万桶。其次是切萨皮克公司和康菲公司的资源量。

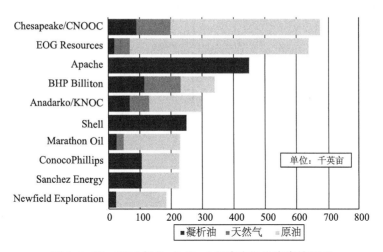

图 4-1-58 2014 年 Eagle Ford 页岩主要生产商的面积

资料来源：据 NASQ 北美页岩季刊，2014Q2

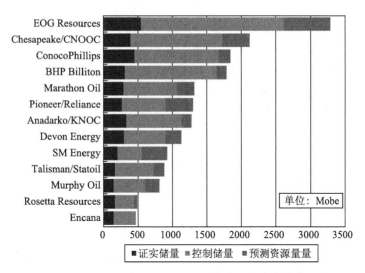

图 4-1-59 2014 年 Eagle Ford 页岩主要生产商的资源量

资料来源：据 NASQ 北美页岩季刊，2014Q2

2015 年产量最大的 Eagle Ford 页岩的主要生产商有 Chesapeake Energy、EOG、ConocoPhillips、BHP Billiton、Marathon Oil 和 Anadarko 等公司，如图 4-1-60 所示。

2011 年 10 月 Chesapeake Energy 与中国海洋石油公司 CNOOC 成立合资公司，中海油承担 75%的钻井投资，这是中海油在海外投资的最大非常规油气项目之一。自从 2014 年原油价格衰退，生产商主要集中开发那些高产的核心面积维持基本产量，并且在全北美范围内进行着资产的收购、剥离等活动以优化其投资组合，活动主要集中于得克萨斯的 Eagle Ford 和 Permian。比如在 Eagle Ford 页岩区带，2015 年 2 月 Noble 公司通过收购 Rosetta 资源公司进军 Eagle Ford 和二叠纪盆地。类似的并购活动，可能会在环境低迷时盛行。

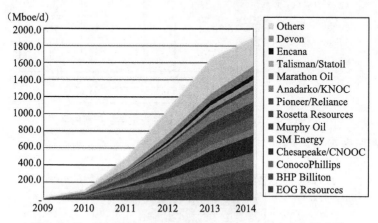

图 4-1-60　2014 年 Eagle Ford 页岩主要油、气生产商的产量

资料来源：据 NASQ 北美页岩季刊，2014Q2

2. Eagle Ford 页岩的钻机钻井活动

生产商在 Eagle Ford 页岩的大规模开采，主要是在 2009 年之后，甚至更晚，如图 4-1-61 所示。随着页岩水平井和多级水力压裂技术的进步与推广，原本作为页岩气开发的项目纷纷转向了更具商业价值的致密油的生产，最典型的是 Eagle Ford 鹰滩页岩中致密碳酸盐岩油的开发，打破了传统的"不可能在富含液态烃的页岩区域内商业化生产原油"的观点，美国致密油的开发也从此真正进入到了大规模发展阶段。

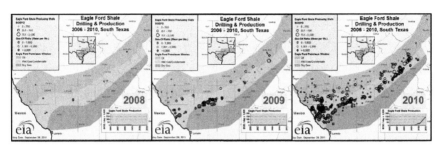

图 4-1-61　Eagle Ford 页岩 2008 年、2009 年、2010 年钻井（直井）分布

资料来源：据 EIA（2011），https：//www.eia.gov/maps/maps.htm

2010 年之前几乎所有生产井都是直井，从 2010 开始，尤其是 2012 年，水平井显然已经超越直井成为主力生产井，2012—2014 年钻机活动基本比较稳定，如图 4-1-62 和表 4-1-10 所示。2015 年得克萨斯州有 839 处钻井在作业，接近整个美国页岩钻井数量的一半，以及世界页岩钻井数量的 22.7%，大部分钻井均集中于该州的 5 个油气产区，尤其是 Eagle Ford。

表 4-1-10　Eagle Ford 页岩 2012—2014 年的季度钻完井

时间	12Q1	12Q2	12Q3	12Q4	13Q1	13Q2	13Q3	13Q4	14Q1	14Q2	14Q3	14Q4
钻井数	876	932	1024	974	1044	1089	1096	1171	1178	1195	1168	1168

资料来源：据 NASQ 北美页岩季刊，2015Q1

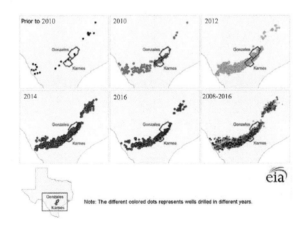

图 4-1-62　Eagle Ford 页岩的 2008—2016 年水平井分布

资料来源：据 EIA（2018），Oil and Natural Gas Resources and Technologywww.eia.gov/outlooks/aeo/pdf/Oil_ and_ natural_ gas_ resources_ and_ technology.pdf

2014 年的油价暴跌，作为陆上钻井活动指示器的钻机许可数量立刻下降了一半，如图 4-1-63 所示，Eagle Ford 页岩的钻机数量，无论是气钻机还是油钻机的数目也随之锐减，而且未来依然有谨慎的缓慢增长，2017 年开始回转，但是与此相应的是，平均钻机产率持续上升，却也在接近 2017 年时小幅下降后再在 2017 年底开始回升。2018 年 5 月，Eagle Ford 页岩钻机数 90，采油钻机产率为 1434 bbl/d，采气钻机产率为 5446 Mcf/d。

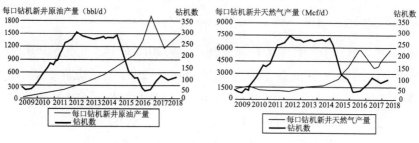

图 4-1-63　Eagle Ford 页岩的钻机数及新井产量

资料来源：据 EIA（2018），https：//www.eia.gov/petroleum/drilling/pdf

如图 4-1-64 所示，Eagle Ford 页岩的 DUC 井数一直保持在高库存水平的 1300 上下。完钻但没有压裂完井的油井在 2015 年下半年至 2016 年 3 月之前大量增加，形成这一现象的原因主要是完井成本占总成本的 60%～70%，在资金状况紧张的情况下，生产商大多采取延迟完井可以暂缓投资。另外，随着油服公司竞争压力加大，完井成本有 20%～30% 的下降空间。

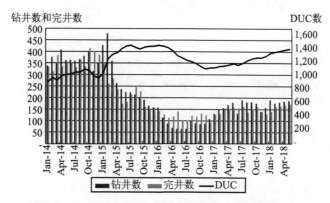

图 4-1-64　Eagle Ford 页岩的钻井数、完井数及 DUC

资料来源：据 EIA（2018），https：//www.eia.gov/petroleum/drilling/pdf

3. Eagle Ford 页岩的生产

Eagle Ford 页岩原油、凝析油、天然气液、天然气的比例大约为 41 ：15 ：11 ：33，如图 4-1-65 所示，液体产量在大约 70%以上。

尽管不作为主要烃类，Eagle Ford 页岩气体产量其实非常丰富，如图 4-1-66 所示，根据 EIA 从 2008 年 1 月到 2015 年 7 月的统计，从 2009 年到 2014 年的 5 年期间，页岩气每年以平均增长 20 倍的速率大规模生产，同样，原油的生产趋势与天然气基本一致，如图 4-1-67 所示，Eagle Ford 页岩的原油产量在 2012 年已经取代了 Bakken 页岩排名第一，从 2000 年 1 月开始，截止到 2018 年 5 月，Eagle Ford 页岩已累积生产致密油和页岩气总量分别为 27 亿桶和 9.53 Tcf，2018 年 5 月份致密油的日均年产量为 1.19 百万桶/日、页岩气的日均年产量为 4.387 Bcf/d，史上最高产量为 2015 年 3 月份的 1.62 百万桶/日和 2015 年 9 月份的 4.937 Bcf/d。

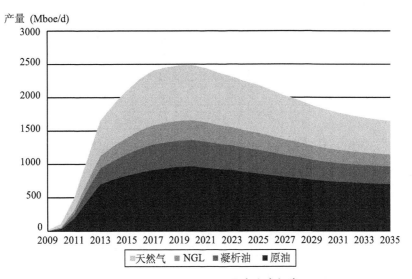

图 4-1-65　Eagle Ford 页岩生产烃类

资料来源：据 NASQ 北美页岩季刊，2014Q2

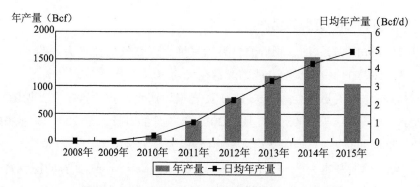

图 4-1-66　Eagle Ford 页岩气 2008—2015 年产量

资料来源：据 NASQ 北美页岩季刊

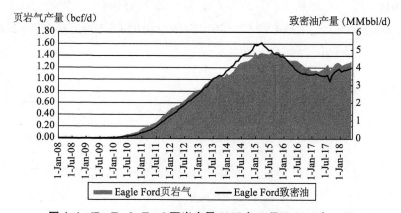

图 4-1-67　Eagle Ford 页岩产量 2008 年 1 月至 2018 年 5 月

资料来源：据 EIA，2018

五、低油价下唯一增长的产区——Permian 盆地

Permian（二叠纪盆地），是位于美国得克萨斯州西部和新墨西哥州东南部的大型沉积盆地（图 4-1-68）。大约宽 250 英里，长 300 英里。20 世纪 70 年代，曾是北美大型传统油田，后产量逐渐衰落。2005 年后，页岩革命和水平压裂技术的出现，使得二叠纪盆地重获新生，大量经济可采井位出现，产量也快速回升。

Permian 盆地具有独特的地质结构，由 Delaware、Midland 两个次盆和中央台地构成，两个次盆是主要产油区（图 4-1-69）。

二叠纪盆地主力产油层多、厚，且含油量高。垂直方向上看，拥有比较著名的如 Spraberry，Wolfcamp、BoneSpring、Wolfbone、Wolfberry、Yeso、Delaware 等 10 余个目标层（图 4 - 1 - 70），单 Wolfcamp 层，还包含 Wolfcamp A、Wolfcamp B、Wolfcamp C 和 Wolfcamp D 层等多个产油层。从厚度上来看，Permian 的产油层厚度达到 1300 ~1800 英尺。这些主要致密油产油层产量增长最快。这 2 大次盆的各油层资源丰富，如图 4 - 1 - 71 所示，其中 Spraberry 层和 Wolfcamp B 层的可采资源量最大。二叠纪盆地埋藏深度较浅，在 3000 英尺（1000 米）深度，就已经有不少区块可以进行大规模开采，中国四川地区页岩气动辄三四千米的埋藏深度无法与之相比。可见二叠纪盆地在整体开发方面占有不少优势，打一口直井就能够穿透多个储层，钻采效率非常高。

据 EIA 数据显示，截止到 2016 年末，Permian 盆地的技术可采资源量中，原油 429 亿桶，天然气 111.2 Tcf，天然气液 144 亿桶，致密油探明储量为 49.6 亿桶，页岩气探明储量为 19.1 Tcf。其中 Spraberry 层和 Wolfcamp 层的技术可采储量最大。

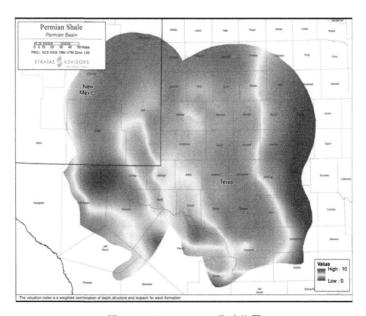

图 4-1-68 Permian 盆地位置

资料来源：据 NASQ 北美页岩季刊，2014Q2

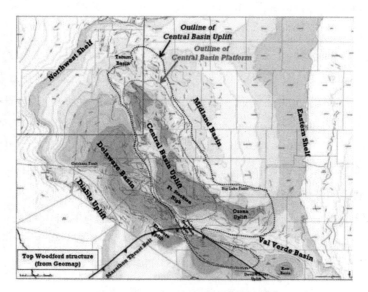

图 4-1-69　Permian 盆地地质构造

资料来源：据光大证券，2017，http：//futures. hexun. com/2017-08-15/190443423. html

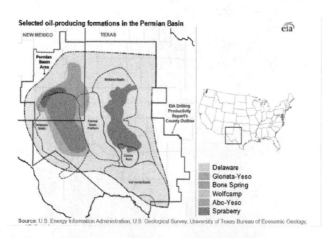

图 4-1-70　Permian 盆地主要采油层

资料来源：据 EIA，2014，https：//www. eia. gov/todayinenergy/detail. php？id=17031

　　由于 Permian 曾是历史上的老油田，因此除了独特且油层多厚的地质结构的先天因素、地理位置的优越外，管道密集（图 4-1-72）、基础设施的完善，德州中小油服公司的发达，资本市场的发达等也给二叠纪的崛起提供了条件，促成了二叠纪盆地成为美国致密油的新核心产区。

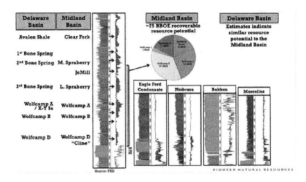

图 4-1-71　二叠纪盆地二大次盆的资源潜力

资料来源：据先锋公司，2017，www. eia. gov/conference/2017/pdf/presentations/scott_ sheffield. pdf

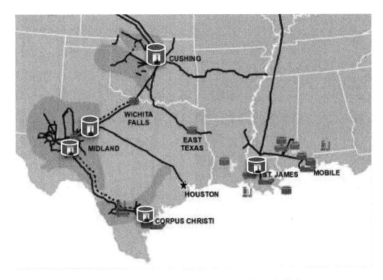

图 4-1-72　PLains 在 Permian 盆地的管道

资料来源：据 Plains All American Pipeline, 2018 www. eia. gov/conference/2018/pdf/presentations/g reg_ armstrong. pdf

  Permian 地区的油气管网基础设施发达，且距离库欣（Cushing）油库和 Gulf Coast 炼厂区近，是其相对于其他产区，特别是 Bakken 的一大优势。二叠纪地区还有大量在建管道，到 2018 年底，二叠纪地区还将新增 70 万桶/天的管道输送能力，来匹配未来两年该地区产量的增加（图 4-1-73）。

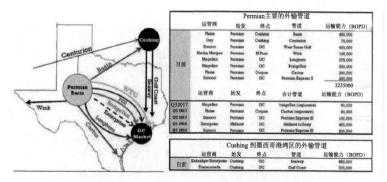

图 4-1-73 Permian 盆地管道基础设施

资料来源：据光大证券，2017 http：//futures. hexun. com/2017-08-15/190443423. html.

1. Permian 盆地主要开采商

二叠纪盆地吸引了无数生产商，包括 Apache Corp、Athlon Energy、Cimarex Energy、Clayton Williams Energy、Concho Resources、Callon Petroleum、Chevron、Diamondback Energy、Energen、EOG Resources、Exxon、Laredo Petroleum、Oxy、Pioneer Natural Resources 等等，如图 4-1-74 所示。

2014 年时，二叠纪盆地面积前三的生产商为 Chevron、Exxon 和 Oxy（图 4-1-75），资源量前三的生产商为 Pioneer、Oxy 和 Chevron（图 4-1-76），产量前三的公司为 Concho Resources、Pioneer/Sinochem 和 Apache Corp（图 4-1-77）。由于 Permian 产区成本低、潜力大，被视为度过低油价困难时期的优质资产，致使 2015 年至今该地区的并购交易频繁，成为资本并购致密油资源的主战场。除了传统的非常规油气生产商抱团开发 Permian 产区，另一个现象是，包括 Chevron、Exxon 在内的大型综合石油公司也把上游勘探开发的重心向二叠纪盆地倾斜。Chevron 原本就是 Permian 最大的地主，拥有 200 万英亩净土地权益，过去开发较少，2017 年逐步增加在二叠纪的开发力度；埃森克美孚在 2017 年初收购了二叠纪 Delaware 次盆 22.7 万英亩的资产。2017 年 Permian 盆地 Spraberry/Wolfcamp 是主要运营商（图 4-1-78），但是区块面积前五的运营商包括 Pioneer、Chevron、Exxon、Occidental 和 Cimarex 等（图 4-1-78）。其中 Chevron、Exxon 和 Occidental 为大型石油公司，二叠纪是其全球上游资源配置中的一部分，其他大多数为专注于北美致密油开发的中小页岩生产公司。大部分二叠纪的区块已经被各大公司瓜分完毕。

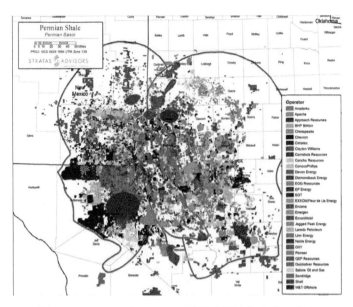

图 4-1-74　2014 年 Permian 盆地主要油气生产商分布

资料来源：据 NASQ 北美页岩季刊，2014Q2

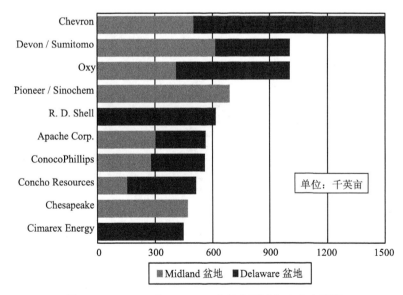

图 4-1-75　2014 年 Permian 盆地主要油气生产商面积

资料来源：据 NASQ 北美页岩季刊，2014Q2

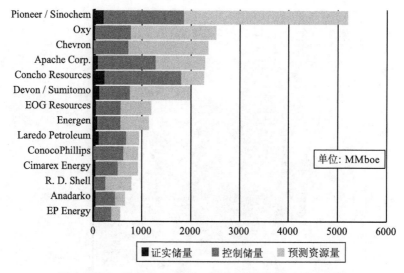

图 4-1-76　2014 年 Permian 盆地主要油气生产商资源量

资料来源：据 NASQ 北美页岩季刊，2014Q2

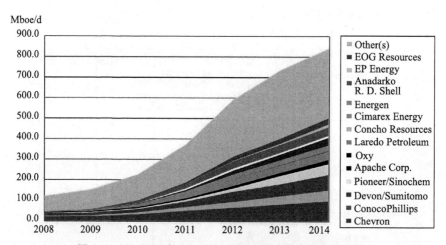

图 4-1-77　2014 年 Permian 盆地主要油气生产商的产量

资料来源：据 NASQ 北美页岩季刊，2014Q2

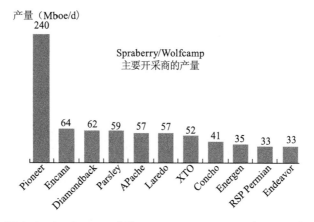

图 4-1-78　Permian 盆地 Spraberry/Wolfcamp 主要开采商

资料来源：据光大证券，2017http：//futures. hexun. com/2017-08-15/190443423. html

2. Permian 盆地钻机钻机活动

如图 4-1-79 所示，二叠纪盆地的钻机十分活跃，从 2009 年开始攀升一直到 2015 年的油价暴跌。2016 年 5 月开始恢复，钻机活跃度越来越高。

可以说，北美的水平井钻机数量的一半活跃在 Permian 盆地（图 4-1-80）。

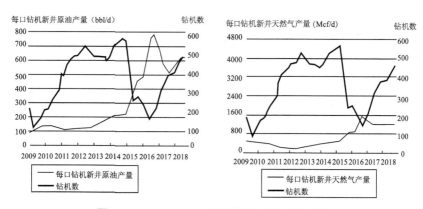

图 4-1-79　Permain 盆地的钻机数及新井产量

资料来源：（据 EIA，2018）https：//www. eia. gov/petroleum/drilling/pdf

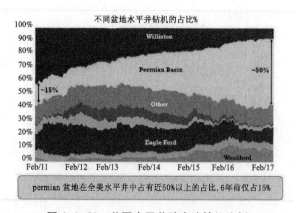

图 4-1-80 美国水平井致密油钻机比例

资料来源：据光大证券，2017http：//futures. hexun. com/2017-08-15/190443423. html

如图 4-1-81 所示，2016 年之后，二叠纪盆地每月的钻机数和完井数从谷底的 165 口和 186 口直线上升，近一年来的钻井数超过完井数约 125 口/月，形成 DUC，即已经完钻且未能完井的井。

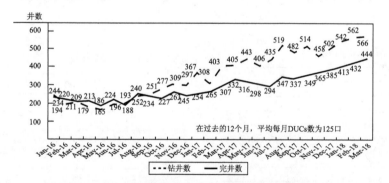

图 4-1-81 Permian 盆地 2016 年后的钻完井活动

资料来源：据 Plains All American Pipeline，2018www. eia. gov/conference/2018/pdf/presentations/g reg_ armstrong. pdf

如图 4-1-82 所示，美国原油区带的 DUCs 数量在 2014 年油价暴跌之后呈现上升态势，但在 2016 年油价跌至低谷反弹之后减少大约 400 口之后再次增加，而美国天然气区域从 2013 年起 DUC 数量都在减少，这是因为早在 2012 天然气价格就开始下滑了。

DUCs 与油价有着十分密切的关系。当油价下跌时，油气生产商为了减少经营损失自然要减少钻机活动，但是长期的钻井合同或土地租赁合同的要求，生产商不得不被迫完成钻井活动或生产活动以避免违约风险，由于完井成本在整个生产井成本中已高达 70% 以上，且完井成本在未来有着 20%～30% 的下降空间，生产商自然就会选择暂缓完井活动而仅仅维持最低限量的钻井活动，导致完钻且未能完井的井数 DUCs 增加。

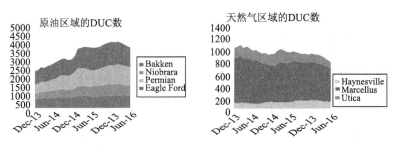

图 4-1-82　不同区域（油、气）的 DUC 数量变化

资料来源：（据 EIA，2016）EIA Estimates of Drilled but Uncompleted Wells（DUCs）www. eia. gov/ petroleum/drilling/pdf/duc_ supplement. pdf

截止到 2018 年 5 月，全美原油的 DUC 数已达历史新高 7772 口，如图 4-1-83 所示，其中 41% 以上都集中在 Permian 盆地。

DCU 的库存状态有着非同一般的意义，一旦原油价格持续回升，DCUs 数量可以作为研判原油供应量对油价做出反响的时间和规模。高水平的库存 DUC 意味着产量的迅速提升和规模增长。

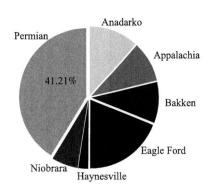

图 4-1-83　截止到 2018 年美国原油 DUCs 构成

资料来源：据 EIA2018 资料整理

如图 4-1-84 油价回暖之后，尤其是 Permian 盆地，其 DCU 数仍在大幅增长，2018 年 5 月的 DUCs 已达历史新高，这意味着生产商钻机活动活跃，生产商对未来的前景展望看好，认为正处于一个产量稳定价格增长的良好环境中。

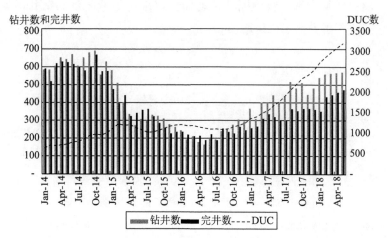

图 4-1-84　Permian 盆地的钻井数、完井数及 DUC 数

资料来源：（据 EIA，2018）https://www.eia.gov/petroleum/drilling/pdf

此外可以预测，不仅近两年，甚至在未来的两三年内即使油价再度下滑，都不会过多影响 Permian 盆地扩产增量的迅猛态势，因为如果把钻井投资作为沉没成本考虑的话，DUCs 井的盈亏平衡价格必然低很多，高水平的 DUC 库存数量，成为 Permian 盆地石油产量下跌的巨大缓冲器，而且油价一旦上升 DUCs 井的投产速度也会大幅增长。Rystad 能源公司对不同油价下，第一年 DUCs 井可能形成的产量进行了研究，研究结果表明 WTI 在 30 美元/桶时，Permian 页岩 DUCs 井在第一年可转化成 47.5 万桶/日的年均产量。油价越高，对应的产量越大。

3. Permian 盆地的生产

二叠纪盆地在 2008 年时以 Midland 为主开采但之后在 Delaware、Midland 两个次盆的产量基本相当（图 4-1-85），所出产的原油、凝析油、天然气液和干气的比例约为 65%、1%、15% 和 19%（图 4-1-86），且轻质油在不断增产（图 4-1-87）。

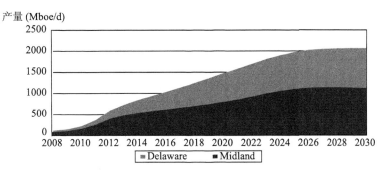

图 4-1-85　Permian 盆地 2014 年的产量展望

资料来源：据 NASQ 北美页岩季刊，2014Q2

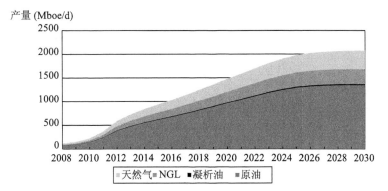

图 4-1-86　Permian 盆地生产烃类

资料来源：据 NASQ 北美页岩季刊，2014Q2

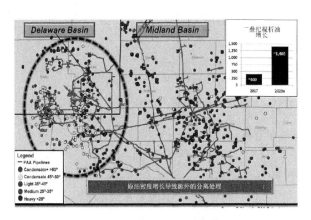

图 4-1-87　Permian 盆地原油油品

资料来源：据 Plains All American Pipeline，2018www. eia. gov/conference/2018/pdf/present ations/gre

g_ arm strong. pdf

二叠纪盆地自 2009 年以来的十年之中，以每年递增 27% 的速度发展，如图4-1-88所示。从 2000 年 1 月开始，截止到 2018 年 5 月二叠纪盆地已累积生产致密油和页岩气总量分别为 38.72 亿桶和 10.8 Tcf，2018 年 5 月份致密油的日均年产量为 2.58 百万桶/日、页岩气的日均年产量为 6.4 Bcf/d，已达历史新高。该盆地自 1921 年钻取首个石油井以来，已累计产出逾 350 亿桶原油（图4-1-89），剩余开采替在资源量 1500 亿致密油。

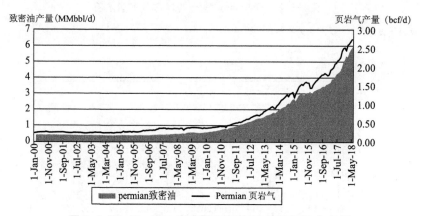

图 4-1-88　Permian 岩产量 2000 年 1 月至 2018 年 5 月

资料来源：据 EIA，2018

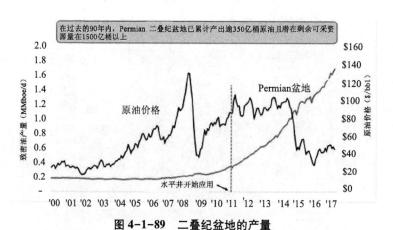

图 4-1-89　二叠纪盆地的产量

资料来源：据先锋公司，2017www.eia.gov/conference/2017/pdf/presentations/scott_sheffield.pdf

如果把二叠纪盆地作为一个独立地区的话，在全球能源液体产量（包括原油、天然气液、可再生源、炼油制品等）的排名榜上可以排到第七名，如图 4-1-90 所示，二叠纪盆地 2018 年 4 月的所有液体日均年产量为 480 万桶/日。近一两年，二叠纪盆地石油全年平均产量有望达到 300 万桶/天，占美国产量的 30%，助力北美原油产量创历史新高。

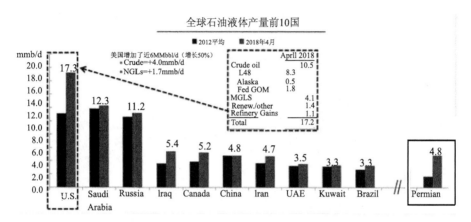

图 4-1-90　Permian 盆地成为全球第七

资料来源：据 Plains All American Pipeline，2018www. eia. gov/conference/2018/pdf/presentations/greg_ armst rong. pdf

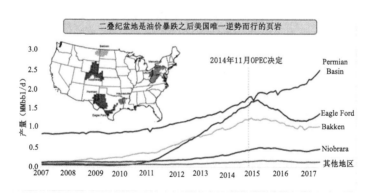

图 4-1-91　二叠纪盆地是唯一逆势而行的页岩

资料来源：据先锋公司，2017www. eia. gov/conference/2017/pdf/presentations/scott_ sheffield. pdf

据图 4-1-91 所示，与 Eagle Ford 页岩、Bakken 页岩、Niobrara 页岩相比，二叠纪盆地在 2014 年油价暴跌之后，是唯一一个保持产量逆势增长的页岩。

第二节　加拿大页岩油气资源的开发

2014 年 6 月油价暴跌，在美国页岩开采遭到一定程度打击时，加拿大或成页岩革命的下一个前线。

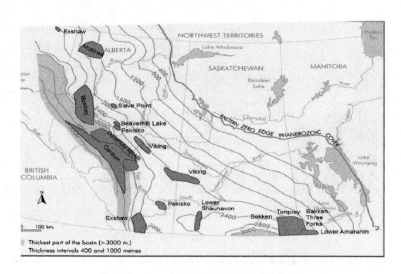

图 4-2-1　西加拿大盆地页岩区带分布

资料来源：（据 NEB，2011）Tight Oil Developments in the WCSB http：//www. neb-one. gc. ca/nrg/sttstc/crdlndptrlmprdct/rprt/tghtdvlpmntwcsb2011/tghtdvlpmntwcsb2011-eng. html

　　如图 4-2-1 所示，加拿大页岩主要分布在加拿大西部沉积盆地 WCSB。根据 EIA 2015 发布的 "Technically Recoverable Shale Oil and Shale Gas Resources：Canada" 数据显示，加拿大的页岩气地质资源量为 2413 Tcf，其中技术可采资源量为 573 Tcf；致密油的地质资源量为 1620 亿桶，其中 88.4 亿桶为技术可采资源量。分别占世界资源排名的第 5 位和第 13 位。加拿大是除美国之外的全球主要 3 个商业化开采国家之一，也是美国之外首个大规模开发致密油资源的国家。

　　加拿大能源局已经为石油生产商提供了各种各样的优惠政策，修建了大量基础设施来方便能源运输，以鼓励加入加拿大页岩油气开发大业。

　　加拿大能提供石油企业在美国启动页岩革命时所拥有的很多相同优势：蕴藏丰富的地下资源、众多冒险的民间企业、资本深厚的金融市场、运输油气的基础设施、资源地区的人口稀少、以及可供泵入压裂的大量水资源。与此同时，加拿大作为美国的北美邻居，有得天独厚的优势，可以很快从美国页岩油气产业中学习和借鉴到技术和经验。

加拿大每年的石油消耗量为 890 亿立方米（3.1 Tcf）的天然气和 1 亿立方米（6 亿桶）的原油。

加拿大页岩气 2016 年日均产量 266.33×10^6 m³/d（9.34 Bcf/d），页岩气产量已经占到加拿大的天然气总产量的 63%，预计 2040 年上升到 77%；加拿大致密油日均产量由 2014 年的 45 万桶下跌到 2017 年的 33.5 万桶，致密油已经占到原油总产量的约 11%，预计 10 年内会增至日均 42 万桶。

加拿大的非常规页岩开采始于 2005 年，2010 年水平压裂技术广泛应用于西加拿大，水平钻机活跃并呈现季节性波动（冬天高、春天低），2010 年至 2014 年夏季钻机活动数在 300~425，2014 夏季的 350 台钻机基础之上，2015 年下降了一半以上到 150 台，2016 年下降了 76%，只剩下 85 台（图 4-2-2）。

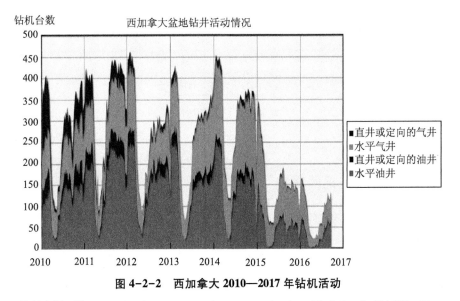

图 4-2-2　西加拿大 2010—2017 年钻机活动

资料来源：据 NEB，2017 http：//www.neb-one.gc.ca/nrg/ntgrtd/mrkt/snpsht/2016/10-04wstr nc-ndndrllng-eng.html

2008 年之前，西加拿大盆地的钻机 73%都用于开采常规天然气，由于致密油的发现以及原有价格的上升，钻机很快从气转向油，在 2010 年中超过 50%后 2012 年达到峰值 62%。但是随后 2013 年又反弹转向气井，除了致密气（包括天然气液）的开采不断为生产商带来可观收益之外，更重要的原因是 2015 年的原油价格的大幅下降（图 4-2-3）。

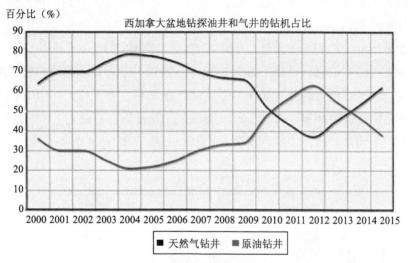

图 4-2-3　西加拿大钻机在油气井之间转向

资料来源：据 NEB（2015），http：//www. neb-one. gc. ca/nrg/ntgrtd/mrkt/snpsht/2015/06-02rgctvt-eng. htm

一、页岩气开采的概况

加拿大主要的页岩气都集中在西部沉积盆地 WCSB。98%的天然气产量来源于西加拿大。

根据加拿大国家能源局（NEB）评估，截至 2014 年加拿大拥有约 30.8 万亿 m³ 的天然气剩余技术可采资源量，近 80%位于西加拿大盆地，约 24 万亿 m³，其中常规气约 2 万亿 m³、致密气约 15 万亿 m³、页岩气 6 万亿 m³、煤层气约 1 万亿 m³。

如图 4-2-4 所示，2010 年之前的常规天然气资源量评估远远低于此后由于水力压裂技术带来的非常规天然气资源的发现和开采，2015 年发布的资源量的评估已经达到 1051 Tcf。

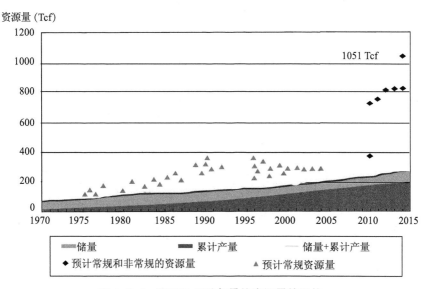

图 4-2-4　WCSB 天然气最终资源量的评估

资料来源：据 NEB，2017http：//www.neb-one.gc.ca/nrg/ntgrtd/mrkt/snpsht/2017/01-05rvw-eng.html

　　而据 NEB 2017 年发布的 Duvernay Resource Assessment 报告显示（表 4-2-1），加拿大 Western Canada Sedimentary Basin（WCSB）的天然气的最终潜在资源量，天然气为 31.9 万亿立方米（1128 Tcf），截止到 2015 年末的累积开采之外，剩余 26.2 万亿立方米（924 Tcf）的技术可采资源，其中 Montney 地层 12.7 万亿立方米（449 Tcf），Liard 盆地 6.2 万亿立方米（219 Tcf），Horn River 盆地 2.2 万亿立方米（78 Tcf）；Duvernay 地层为 2.17 万亿 m^3（76.6 Tcf）。西加拿大盆地的资源量会随着未知的潜在资源的评估不断增大。总之，加拿大 WCSB 蕴藏着极为丰富的天然气可采资源以满足于未来能源消耗。

表 4-2-1 WCSB 天然气地质资源量 截止到 2015 年末

区域（省）	天然气类型	×10⁹ m³			Tcf		
		最终资源量	累积产量	剩余资源量	最终资源量	累积产量	剩余资源量
阿尔伯塔 Alberta	常规	6276			221.6		
	非常规	7311			258.3		
	煤层气	101	4712	8875	3.6	166.4	313.4
	蒙特尼 Montney	5042			178.1		
	迪韦奈 Duvernay	2168			76.6		
	阿尔伯塔总量	13587			479.9		
不列颠哥伦比亚 British Columbia	常规	1462			51.6		
	非常规	14854			524.6		
	霍恩河 Horn River	2198			77.6		
	蒙特尼 Montney	7677	811	15505	271.1	28.6	547.6
	科尔多瓦 Cordova	248			8.8		
	利亚德 Liard 部分	4731			167.1		
	不列颠哥伦比亚总量	16316			576.2		
萨科喀彻温 Saskatchewan	常规	297			10.5		
	非常规	82	227	152	2.9	8.0	5.4
	巴肯 Bakken	82			2.9		
	萨斯喀彻温省总量	379			13.4		
NWT 南部 Southern NWT	常规	132			4.7		
	非常规	1250	14	1368	44.1	0.5	48.3
	利亚德 Liard	1250			44.1		
	NWT 南部总量	1382			48.8		

续表

区域（省）	天然气类型	×10⁹ m³			Tcf		
		最终资源量	累积产量	剩余资源量	最终资源量	累积产量	剩余资源量
育空南部 *Southern Yukon*	常规	61	6	271	2.2	0.2	9.6
	非常规	215			7.6		
	利亚德 Liard	*215*			*7.6*		
	育空南部总量	276			9.8		
WCSB 总量		31941	5770	26172	1128	204	924

资料来源：NEB2017，Duvernay Resource Assessmentwww. neb－one. gc. ca/nrg/sttstc/crdlndptrlmprdct/rprt/2017dvrn/index-eng. html

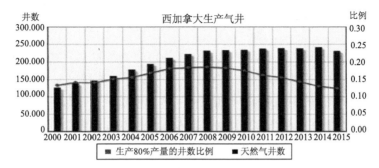

图 4-2-5　西加拿大 2000—2015 年的产气井

资料来源：（据 NEB，2015）http：//www. neb－one. gc. ca/nrg/ntgrtd/mrkt/snpsht/2015/07－03ngwlls－eng. html

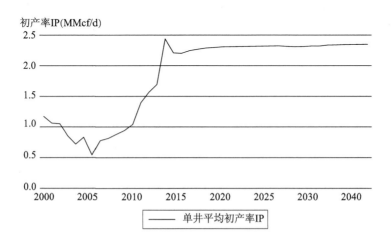

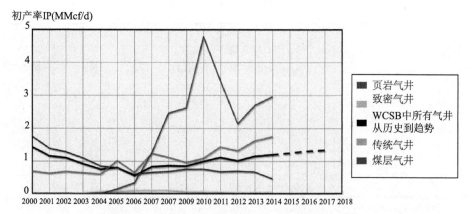

图 4-2-6　WCSB 所有天然气井的平均初产率

资料来源：（据 NEB，215）http：//www. neb-one. gc. ca/nrg/ntgrtd/mrkt/snpsht/2015/07-03ngwl ls-eng. html；http：//www. neb-one. gc. ca/nrg/ntgrtd/ftr/2017ntrlgs/index-eng. html

　　如图 4-2-5 所示，从 2006 年开始产气井超过 200000 口，这些或深或浅、或老或新的生产井在不同储层采气，气井井数持续上升到 2008 年之后趋于稳定在 235000 口，说明每年新增的井数极少，由于页岩气生产具有初产率很高然后大幅递减的产量规律，天然气总产量本应递减但实际上却保持着一定的平缓增长，正是因为页岩气等非常规气井的贡献，由于水力压裂技术的不断创新和持续进步，这些页岩气、致密气井的数量有限但产量极高，因此使得提供 80%西加拿大天然气产量的井数比例却在不断减少，从 2008 年的 18%降到了 2015 年的 12%。

　　如图 4-2-6 所示，西加拿大盆地的所有类型天然气井（包括常规天然气井、致密气井、煤层气井和页岩气井）平均初产率的变化趋势是从 2000 年的平均 1.4 MMcf/d 降到了 2006 年的 0.55 MMcf/d 后，又增加到了 2014 年的 1.2MMcf/d，增长的主要原因是页岩气和致密气的初产率一直保持在上升的态势，2014 年分别达到了 3 MMcf/d 和 1.7 MMcf/d，其间有一个明显的增长在 2010 年，页岩气初产率达到 4.8 MMcf/d，是由于 Horn River 页岩气井所占的比例大。所有气井的平均初产率继续提高，到 2015 年达到峰值 2.44 MMcf/d，这再一次充分说明水力压裂技术的不断创新和持续进步使得非常规气的采收率大幅增长。

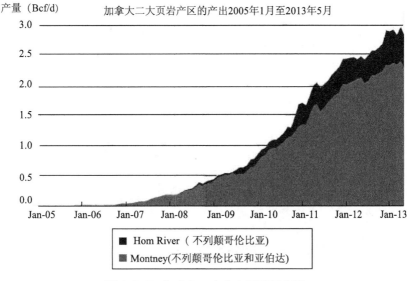

图 4-2-7　加拿大二大主力页岩气产区

资料来源：据 EIA，2013http：//www. neb－one. gc. ca/nrg/ntgrtd/ftr/2017ntrlgs/index－eng. html
https：//www. eia. gov/todayinenergy/detail. php？id＝13491

据 EIA 资料显示，2013 年加拿大的天然气页岩气干气主要来自于两大产区
——彼此相近的位于不列颠哥伦比亚省 B. C. 北部 Horn River 盆地的 Musk
diluent wa-Otter Park 页岩地层和横跨不列颠哥伦比亚省和阿尔伯塔省的 Montney
盆地，如图 4-2-7 所示，2013 年达到 2.8 Bcf/d。

加拿大天然气产量近 5 年的发展平稳，尽管 2014 年气价也在下滑，但是常
规和非常规天然气发展趋势相背。如图 4-2-8 和表 4-2-2 所示，近 5 年来，
Montney 地层的产量迅猛增长，2006 年还几乎为零，2013 年日产 2.0 Bcf/d，是
加拿大天然气总产量的 1/7，2016 年日产 128.31×10^6 m³/d（4.5 Bcf/d），是加
拿大天然气总产量的 30%。预计未来的增长也源于 Montney 的贡献，到 2040 年
增长 74%增至 223×10^6 m³/d（7.9 Bcf/d）。Duvernay 的页岩气迅速发展而 Horn
River 则发展缓慢，在天然气产量中占比较小，这 2 个页岩的产量从 2016 年 $14 \times$
10^6 m³/d（0.5 Bcf/d）预计到 2040 年翻番。Alberta 的 Duvernay 页岩是新兴的地
层，有丰富的天然气、天然气液体和原油。由于 Horn River 缺少天然气液体资
源而后续吸引力不大。

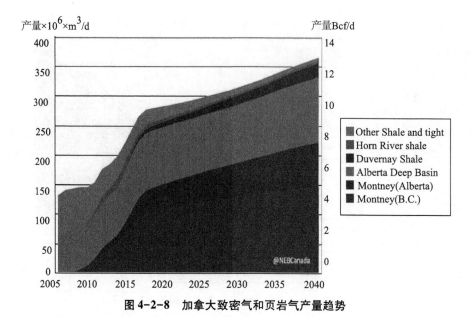

图 4-2-8　加拿大致密气和页岩气产量趋势

资料来源：据 NEB （2017） https：//www.neb-one.gc.ca/nrg/ntgrtd/ftr/2017/pblctn-eng.html

　　如图 4-2-9 和表 4-2-2 所示，水平井水力压裂技术的不断革新，通过水平井水力压裂技术开采的页岩气和致密气的产量在增加，而常规天然气产量却在下降，因此非常规在天然气总产量的比例也在加大，从 2006 年的 29%增长到 2016 年的 62%，预计到 2040 年将占到 76%，意味着西加拿大非致密的常规天然气产量在天然气总产量中的占比不断下降，2006 年 71%，2016 年 38%，2040 年只有 23%。

表 4-2-2　加拿大天然气产量展望　　　　　　　　　　单位：Bcf/d

开采方式	类型	地区	2016 年	2040 年	趋势
常规	溶解气	西加拿大	1.87	2.41	↑
	煤层气	西加拿大	0.61	0.07	↓
	常规气	西加拿大	3.15	1.55	↓
		加拿大其他	0.19	0.01	↓
		小计	3.34	1.56	↓

开采方式	类型	地区	2016 年	2040 年	趋势
水力压裂的非常规	致密气	Alberta Montney	1.25	2.68	↑
		B. C. Montney	3.28	5.19	↑
		Alberta Deep Basin	3.39	3.88	↑
		其他西加拿大	0.95	0.17	↓
		小计	8.87	11.92	↑
	页岩气	Duvernay	0.2	0.84	↑
		Horn River	0.28	0.15	↓
		其他西加拿大	0.06	0.01	↓
		小计	0.54	1	↑
天然气		加拿大	15.23	16.96	↑

资料来源：据 NEB，2018 数据整理，http：//www.neb-one.gc.ca/nrg/ntgrtd/mrkt/snpsht/2018/02-02rssrrd-eng.html

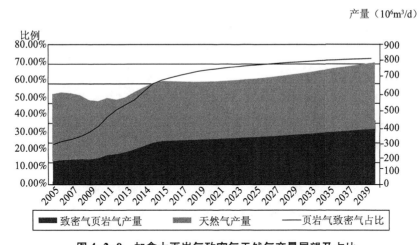

图 4-2-9　加拿大页岩气致密气天然气产量展望及占比

资料来源：据 NEB：Canada's Energy Future 2017 整理 www.neb-one.gc.ca/nrg/ntgrtd/ftr/2017/index-eng.html

2009 年与 2016 年的天然气产量基本持平为 $427×10^6$ m³/d，如图 4-2-10 所示，但是天然气生产作业商 operator（不是 owener）的数量却从 2009 年的 600 多家减少到 2016 年的不到 500 家。因为 2009 年之前以成本较低的垂直钻井为主，2009 年之后常规天然气开采转向了水平井，更深更长的进尺以及多级的压裂致使成本上升，新增气井的昂贵使得小型生产商由于成本的原因只能选择退出，大型公司尽管可以承受这样的成本却又有油砂项目的投入而不得不从中选择，致使 2016 年比 2009 年的生产商人数减少。2009 年 9 个生产作业商占据了一半的产量，103 个生产商占据 95% 的产量；而 2016 年产量 50% 以上的占比中增加到了 11 个生产商；95% 的产量占比中只剩下了 81 个生产商。这只能说明大型、小型生产作业商缩减的产量被中型生产作业商增加的产量所抵消。生产作业商的排名也发生了变化，当然最大的天然气生产商是加拿大国家天然气资源有限公司 CNRL（Canadian Natural Resources Limited），2009—2016 年八年来都是产量排行榜的第一名，但是份额却从 2009 年的 20% 缩减到 2016 年的 11%，第二大生产商 2009 年是 Husky Oil（5% 占比），到了 2016 年却变成了 Tourmaline（6% 占比），一个 2008 年才开始运营的相对较新的公司；康菲公司 ConocoPhillips 一直排在第三（5% 占比）。Husky Oil 在 2016 年排到了第五名（占比 4%）。其他大型生产商还有 Cenovus 公司、Direct Energy Marketing 公司、Peyto Exploration 公司等。

天然气生产商的产量份额对比（2009V.S.2016）

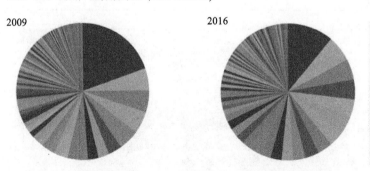

图 4-2-10　加拿大天然气生产商产量占比

资料来源：据 NEB（2017）http：//www. neb‐one. gc. ca/nrg/ntgrtd/mrkt/snpsht/2017/04‐04tchnl gclchngs‐eng. html

西加拿大的仅次于能源巨头的中大型生产商经历了十年的时间从常规资源的开采转向了页岩气致密气的非常规资源的生产。如图 4-2-11 所示，非常规气占比不断增长的 2006-2014 年，能源巨头的致密气页岩气产量在减少而中大型生产商的致密气页岩气产量在增长，以致于在 2014 年二者的占比同样都是 44%。这是由于能源巨头的业务范围往往全球化，甚至有几个巨头公司在加拿大业务达到峰值后出售加拿大天然气项目或重心转移在加拿大之外的项目。相比之下，大中型生产商除了同样具有资本实力、规模效益及融资能力等，更关注当地的项目，将越来越成为加拿大致密气项目的领头人。此外，中型、后加入的中小型的公司涉足不多，分别仅占 7% 和 4%，小型或边缘型企业更是萎缩到了只有 0.1% 和 1%。

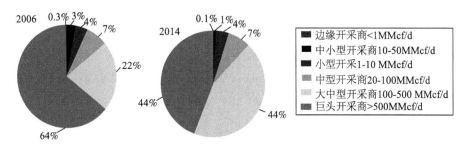

图 4-2-11　加拿大页岩气生产商产量占比（2006V.S.2014）

资料来源：据 NEB（2015）http：//www. neb－one. gc. ca/nrg/ntgrtd/mrkt/snpsht/2015/10－01tghtgs-eng. html

二、致密油开采的概况

随着高企的油价和成熟的水平压裂技术，2005 年美国 Bakken 页岩致密油的开采逐步席卷到加拿大的萨斯喀彻温和马尼托巴湖（Saskatchewan and Manitoba），打破了原有的石油生产格局。如图 4-2-12 所示，加拿大常规原油大规模开采标志是 1947 年 Imperial Oil 公司在加拿大西部沉积盆地区域发现了世界级的 Ledue 油田，原油生产直至 1977 年达到峰值 240 千 m^3/d（1.5 million bbl/d），随后每年递减 3%，2002 年被快速增长的油砂产量所突破，但是近十年，尤其是美国页岩的蓬勃发展及其导致的油价崩盘致使加拿大石油业遭受沉重打击，持续 20 年迅猛发展的油砂业可能就此终结，因为相比从油砂中提取焦油状沥青，页岩油气的水力压裂技术能以较小投资产生较快回报。加拿大正在加大致密油的发展以弥补油砂萎缩的经济损失，致密油气总投资将从 2017 年的 75 亿美元增至 2018 年的 100 亿美元。

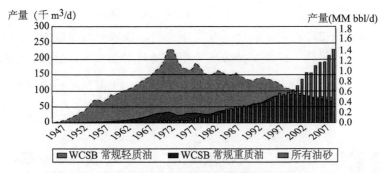

图4-2-12　西加拿大盆地1947—2007年的原油生产

资料来源：据 NEB, 2011Tight Oil Developments in the Western Canada Sedimentary Basin, http: // www. neb-one. gc. ca/nrg/sttstc/crdlndptrlmprdct/rprt/tghtdvlpmntwcsb2011/tghtdvlpmntwcsb2011-eng. html

　　随着油砂投资重点的转移，页岩油气将成为西加拿大的主角。据加拿大石油生产商协会，如图4-2-13所示，油砂投资自从2014年以来连续三年下降，预计2018年油砂支出仅为100多亿加元，超大型油砂项目的时代可能就此落幕，这轮油砂热潮可以回溯至20年前，当时技术改善、原油价格上涨且担心全球石油短缺，带动了一波对这种全球第三大储量资源的开采热潮。但随着美国页岩油企业采用新的探钻技术，全球油市充斥低成本生产的原油，而包括以页岩为主在内的非油砂投资，虽然在2014年油价暴跌后有所回落，最低的投资额为200多亿加元，之后非油砂项目吸引更多投资注意，2017年较2016年增加40%至约310亿加元，油砂之外的其他油气投资2018年预计增加至330亿加元，达到油砂预计投资规模的近三倍，未来页岩将继续成为投资热点。

注：2018年为预测值

图4-2-13　加拿大油砂投资转移

资料来源：据加拿大石油生产者协会（2017），https: //www. sohu. com/a/220055076_ 661705

据加拿大国家能源局 NEB（2011）的资料显示，西加拿大是主要的致密油生产区，Bakken，Cardium 和 Viking，以及 Montney、Duvernay 页岩等富含致密油区带的地质资源量 400 亿桶以上。

加拿大的原油技术可采资源量中，Bakken 地层（仅 Saskatchewan 省）2.2 亿立方米（14 亿桶），Montney 地层 1.8 亿立方米（11 亿桶），Duvernay 地层 5.42 亿 m³（34 亿桶）。此外，Montney 地层的 NGLs 约 23 亿立方米（145 亿桶）。

西加拿大油井的平均初产率在 2006 年采用直井在浅层钻探时为 41 桶/天，随着水平井的多级压裂技术的不断应用而初产率提高，如图 4-2-14 所示，在 2015 年达到峰值 87 桶/天，随后由于油价暴跌钻井活动减少、新井数量减少而导致平均油井初产率也在下滑，2016 年为 69 桶/天，预计会持续稳定至 2025 年，在此之后随着核心区块的全面开发开始转向非核心区块。但是，由于水平井压裂改造技术的引进，钻井天数随着钻完井工艺的复杂和难度而增加，但此后根据学习曲线规律，效率不断提高，平均钻完井天数到 2015 年的 10.3 天，预计未来会减少到 8 天。

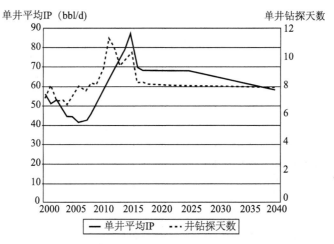

图 4-2-14　西加拿大盆地油井平均初产率和钻井天数

资料来源：据 NEB，2017 http：//www.neb-one.gc.ca/nrg/ntgrtd/ftr/2017cnvntnll/index-eng.html

2005 年开始起步的加拿大致密油开采，2007 年已经增长到 0.9 万桶/天，一直迅猛增长到 2011 年致密油产量达 16 万桶/天（25400 m³/d），其中 Alberta Bakken 是最大的产区，占据 40% 的产量。2014 年致密油产量翻番达 40 万桶/天

（64000 m³/d），来自于 15 个页岩，其中贡献最大的是 Bakken，Cardium 和
Viking 页岩（图 4-2-15）。

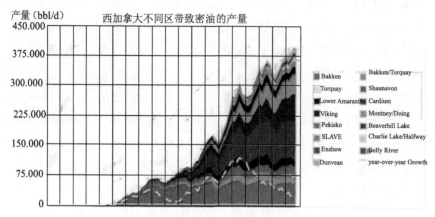

图 4-2-15　西加拿大 2005—2014 年的致密油产量

资料来源：据 NEB，2014　http：//www.neb－one.gc.ca/nrg/ntgrtd/mrkt/snpsht/2014/10－01tghtl
－eng.html

如图 4-2-16 所示，西加拿大的常规原油产量从 1998 年到 2014 年稳步消减，
2005 年致密油产量从零开始迅猛增长，2014 年已经占据西加拿大产量的一半以上。

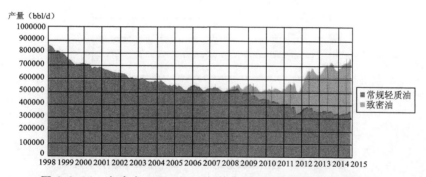

图 4-2-16　加拿大 1998—2014 年的常规原油与致密油的产量对比

资料来源：据 NEB，2014，http：//www.neb-one.gc.ca/nrg/ntgrtd/mrkt/snpsht/2014/10-01tghtl-en
g.h tml

如图 4-2-17 所示，加拿大致密油产量除了来自原有的 Bakken，Cardium 和
Viking 页岩之外，Montney/Doig 成为致密油的后起之秀。致密油产量水平随着

生产油井的增长下跌而稍微滞后地同样变化。从 2007 年 1 月到 2014 年 12 月，井数增长从 132 口上升到 3517 口随后直线下跌到 2016 年底不到 900 口。同样，随着原油价格在 2014 年暴跌，加拿大致密油产量从 2014 年底峰值的 44.5 万桶/天降到 2016 年底的 34.5 万桶/天，约占整个原油产量（不包括油砂产量）的 1/3，减产主要来自于 Saskatchewan 和 Manitoba 省的 Cardium 地层，产量从 6 万桶/天降到 4 万桶/天。Montney 地层是唯一一个从 2014 年以来产量未减反增的页岩，产量从 6 万桶/天上升到 9.5 万桶/天，增长的主要是凝析油产量。Montney 页岩的凝析油也产自致密油井，且价格高于西加拿大的油价，因为采用蒸汽辅助重力排油法生产的油砂密度大，酸性较强，需要用稀释剂充分稀释后才能在管道中输送，凝析油作为油砂管道运输中的一种稀释剂，有着更大更广泛的需求。

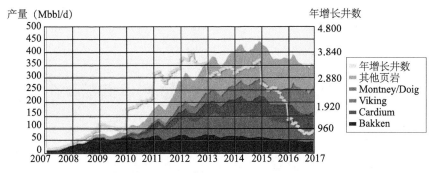

图 4-2-17 加拿大致密油产量及井数同比增长

资料来源：据 NEB（2017），http：//www.neb - one. gc. ca/nrg/ntgrtd/mrkt/snpsht/2014/10 - 01tghtl -eng. html

西加拿大的原油产量（包括致密油、常规原油，但不包括油砂）由 2014 年的 1.17 百万桶/天降到 2017 年的 1.03 百万桶/天，其中 2017 年原油产量的 1/3 来自 2015 年 5 月之后的新井贡献。2015 年在产的油井约 70000 口，通常典型的油井产量在最初几个月很高随后递减，需要不断钻采新井以维持稳定的产量。低油价环境下，油气生产商往往缩减整体钻探而聚焦最为经济的区域。2015、2016、2017 三年的每年新增新井约 2400 口，远远低于 2014 年的新井 5941 口（图 4-2-18）。

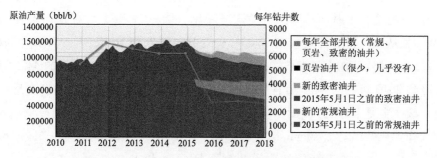

图 4-2-18 加拿大 2010—2017 年石油产量及钻井数

资料来源：据 NEB (2018), http：//www. neb-one. gc. ca/nrg/ntgrtd/mrkt/snpsht/2016/03-04lnwwlls-eng. html

预计随着油价在 2020 年之后的缓慢回升，加拿大的重质原油和轻质原油、常规、致密油和页岩油都将逐步增长，2040 年非常规原油的产量预计达到 76万桶/日（图 4-2-19）。

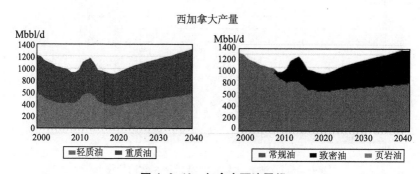

图 4-2-19 加拿大石油展望

资料来源：据 NEB, 2018 http：//www. neb-one. gc. ca/nrg/ntgrtd/ftr/2017cnvntnll/index-eng. html

如图 4-2-20 所示，尽管原油产量增长，但是西加拿大原油的生产商的数量却从 2008 年的 919 家减少了 33%，到 2014 年只有 615 家。石油巨头的统治在不断加强，与此同时产量份额从 2008 年的 61% 增加到了 2014 年的 69%，这是因为油砂的产量从 2008 年的 1/2 份额增长到了 2014 年的 2/3 份额，油砂的开采需要大量的数十亿以上的前期投资和正式生产前的长时间前置时间，只能石油巨头才有雄厚的资金能力运作油砂项目，因此石油巨头对油砂的控制导致了在整个产量中的份额统治。仅次于巨头公司的大型生产商，不同于致密气页岩气，并未成为非常规生产的统治者，而是建设小型油砂项目，反而是很多的中小型的、新兴的生产商投身于致密油项目，通过水力压裂的现代技术开采致密油而获得经济效益。

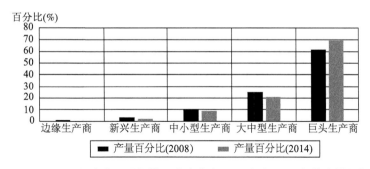

图 4-2-20　西加拿大不同规模石油生产商 2008 年和 2014 年的产量份额

资料来源：据 NEB（2015），http://www.neb-one.gc.ca/ nrg/ntgrtd/mrkt/snpsht/2015/11-01mjrp rdcrcrdl-eng. html

　　但是最近几年，油砂田产业比较惨淡，正在经历一场大洗牌，原因之一就是美国的页岩油革命颠覆了全世界的能源产业，加拿大大型油气生产商们开始大力开发境内的页岩油气，石油巨头们纷纷将大量资金从传统油砂田转投去了两个地方，一个是 Duvernay，一个是 Montney，多家国际石油巨头投入开发加国页岩区，2017 年 11 月雪佛龙（Chevron）公布了第一个加拿大页岩油气开发计划，壳牌石油（Shell）于 2018 年也紧追该公司在北美二叠纪盆地（Permian Basin）的投资后重金进入 Duvernay，康菲石油（ConocoPhillips）则锁定加国另一页岩区 Montney。尽管目前加拿大原油生产仍以油砂为主，估计 2040 年原油产量将成长 6 成。

　　Montney 和 Duvernay 是北美最有潜力的页岩油气产区，都是储量超大的页岩油气田。据加拿大国家能源局的数据，估计 Duvernay 和 Montney 两地的总能源储量为 525 万亿立方英尺天然气，145 亿桶天然气液和 45 亿桶原油。

　　Duvernay 和 Montney 地层或可匹敌美国致密油田 Eagleford 和 Marcellus。且 Duvernay 和 Montney 两个页岩田，所处位置人口密度都极低，水源资源也非常丰富，对页岩油气开发来说是天时地利兼备。因此加拿大的中长期石油发展很有可能主要是 Duvernay 的致密油贡献以及 Montney 的凝析油天然气的贡献！

三、媲美 Eagle Ford 的 Duvernay 页岩

Duvernay 页岩，位于阿尔伯塔省中部，大致 130000 平方公里，如图 4-2-21

所示。

　　Duvernay 岩层是一个上泥盆纪页岩的分支层序，其覆盖西加拿大沉积盆地阿尔伯塔省中西部区域。在这个区域，Duvernay 岩层分布在东部页岩和西部页岩盆地，这两个盆地中 Duvernay 岩层的地质环境和特征各有不同。在西加拿大沉积盆地，Duvernay 岩层上覆在 Cooking Lake 岩层的上泥盆纪碳酸盐岩台地上部，而 Cooking Lake 岩层覆盖在含有碎屑物和碳酸盐岩的上泥盆纪 Ireton 岩层。

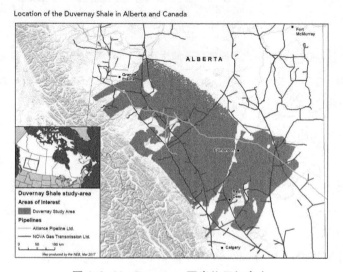

图 4-2-21　Duvernay 页岩位于加拿大

资料来源：据 NEB（2017），Duvernay Shale Economic Resources http：//www.nebone. gc. ca/nrg/sttstc/crdlndptrlmprdct/rprt/2017dvrncnmcs/index-eng. html

　　Duvernay 页岩富含有机质，在 1 亿多年前当地层深埋和热演化时，油气开始生成。一些油气运移到 Leduc Formation reefs 形成 Alberta 的大型常规油田，另一些保存在 Duvernay 页岩中正被开采。

　　Duvernay 页岩在东北界大约 1 公里深，朝着 Alberta 山麓不断加深至 5 公里。Duvernay 岩层的有效产层从几乎为 0 到 100 米，由三种岩组构成，从底部到上方依次为：黑色黏土石灰岩、含有碳酸盐岩碎屑的黑色页岩组、含有黏土石灰岩的棕色到黑色的页岩。Duvernay 页岩主要是由总有机碳含量为 0.1～11.1% 的 Ⅱ 类海洋衍生有机物质构成；东部页岩盆地总有机碳的含量值最高。根据钻井剖面和岩屑信息，Duvernay 岩层的孔隙度和渗透率平均分别为 6.5%（2%～10%）和 394 纳达西，有机质含量在 2%～5%，浅处欠压深处超压。由于

Duvernay 页岩的地质差异大，石油的成分和含量（volume and contents）因位置不同而不同，浅处富油深处富气，深浅之间有 NGL 和凝析油（图 4-2-22）。

　　Duvernay 油田可与德克萨斯南部的 Eagle Ford 页岩油田相媲美。2011 年以来，Duvernay Shale 开采阿尔伯塔省致密油和页岩气，其实，Duvernay Shale 还蕴藏着丰富的液化天然气和凝析油。

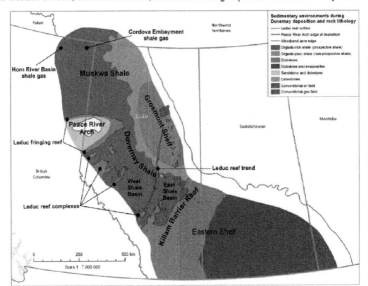

图 4-2-22　Duvernay 页岩沉积

　　资料来源：据 NEB（2017），Duvernay Resource Assessment http：//www. neb-one. gc. ca/nrg/sttstc/crdln dptrlmprdct/rprt/2017dvrn/index-eng. html

　　NEB 于 2017 年的 9 月和 11 月先后发布 Duvernay Resource Assessment 和 Duvernay Shale Economic Resources，对 Duvernay 页岩的地质资源量和经济可采资源量进行评估分析。

　　据 NEB 2017 年发布的 Duvernay Resource Assessment 报告显示，Duvernay 页岩技术可采资源量：原油为 5.42 亿 m^3（34 亿桶），天然气为 2.17 万亿 m^3（76.6 Tcf），NGLs 为 9.95 亿 m^3（63 亿桶）（表 4-2-3）。

表 4-2-3　Duvernay 页岩的技术可采资源量

	公制单位			英制单位		
	原油：MMm³，天然气：Tm³			原油：Bbbl，天然气：Tcf		
	低	预计	高	低	预计	高
原油	263.1	542.2	895	1.655	3.411	5.629
天然气	0.963	2.168	3.713	34.021	76.567	131.132
NGLs	446.7	994.6	1699.5	2.81	6.256	10.690

资料来源：据 NEB（2017），Duvernay Resource Assessmentwww. neb-one. gc. ca/nrg/sttstc/crd lndptrlm-prdct/rprt/2017dvrn/index-eng. html

根据 Duvernay Shale Economic Resources 的数据，如表 4-2-4 中所示，以 2017 年的轻质原油价格、天然气价格和井成本测算（价格和成本是经济可采资源最关键的敏感影响因素），Duvernay 页岩的经济可采石油资源（Economic resources）为 1.56 亿 m³（10 亿桶），约 30% 的技术可采资源（Marketable resources），经济可采天然气资源为 3390 亿 m³（12.0 Tcf），是技术可采资源 16%，Duvernay 页岩的经济可采 NGLs 资源为 2.16 亿 m³（14 亿桶），约 1/5 的技术可采资源。随着不断下降的井成本和缓慢回暖的油气价格，2018 年 Duvernay 页岩拥有石油经济可采资源 3.5 亿 m³（22 亿桶），占据了 2/3 的技术可采资源，天然气经济可采资源 9320 亿 m³（32.9 Tcf），占据了 40% 的技术可采资源，Duvernay 页岩拥有 NGL 经济可采资源 5.36 亿 m³（34 亿桶），占据了一半以上的技术可采资源。

表 4-2-4　Duvernay 页岩的经济可采资源

	C＄60/bbl and C＄2.50/GJ				C＄70/bbl and C＄3.00/GJ			
	2015	2016	2017	2018	2015	2016	2017	2018
原油（MMm³）	0.30	65.18	156.49	252.65	40.33	148.43	246.71	349.50
原油（Bbbl）	0.00	0.41	0.98	1.59	0.25	0.93	1.55	2.20
天然气（Bm³）	0.10	79.37	339.23	564.88	72.07	338.96	497.15	931.94
天然气（Tcf）	0.00	2.80	11.98	19.95	2.55	11.97	17.56	32.91
NGLs（MMm³）	0.10	58.44	216.15	354.63	49.95	214.65	357.68	535.83
NGLs（Bbbl）	0.00	0.37	1.36	2.23	0.31	1.35	2.25	3.37

资料来源：据 NEB，2017，www. neb-one. gc. ca/nrg/sttstc/crdlndptrlmprdct/rprt/2017dvrncnmcs/index- eng. html

NEB 2017 年 11 月发布的 Duvernay Shale Economic Resources 中，以供应成本（supply cost）来揭示 Duvernay 页岩的经济性。这里所谓的供应成本其实质

是指，在每平方英里的地质资源上开采石油、天然气和 NGL 时在完全回收全部成本之后仍能获取 10%利润的平衡价格。这里的全部成本包括水平井水力压裂钻完井费用、生产运营费用（每月固定 $2000+ $0.85/Mcf 的天然气和 $7.00/桶的原油）、Alberta 交易枢纽中心的运输费用（$0.25/GJ 或 $2/桶）、营业收入税（15%的联邦政府税和 12%的地方省税）、矿权使用费，以及石油行业的中上游征收的碳排放税（初始 $20/吨 5 年之间增至最大 $50/吨），甚至包括生产井生命期结束时的废弃费用 $100000；其他参数的假设为：贴现率 8%，每口井支撑剂 600 吨，水平进尺 2.5 公里且最大垂深为岩层厚度，40 年的生命期。前期的地质勘查成本、土地成本等计入沉没成本中不再包含。在测算石油供应成本时，天然气价格为固定的当前价格；同理在测算天然气供应成本时，石油价格为固定的当前价格。

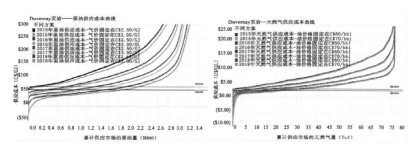

图 4-2-23　Duvernay 页岩供应成本曲线

资料来源：据 NEB（2017）Duvernay Shale Economic Resources http：//www.neb-one.gc.ca/nrg/sttstc/crdl ndptrlmprdct/rprt/2017dvrncnmcs/index-eng.html

如图 4-2-23 所示，供应成本曲线随着时间而下降，这是因为，随着时间的推移，技术不断进步，使得生产率不断提升、井成本不断削减。供应成本与油气价格、井成本、生产率等高度相关。

如图 4-2-24 所示，Duvernay 页岩的天然气 2017 年在原油价格为 60 C$/bbl 的供应成本范围为-8.86~48.05 C$/GJ，天然气 2018 年在原油价格为 70 C$/bbl 的供应成本范围为-22.71~29.31 C$/GJ，供应成本的下降幅度非常大。

如图 4-2-25 所示，Duvernay 页岩的石油 2017 年在天然气价格为 2.5 C$/GJ 的供应成本范围为 12.5~200 C$/bbl，天然气 2018 年在原油价格为 3 C$/GJ 的供应成本范围为-59.1~200 C$/bbl。

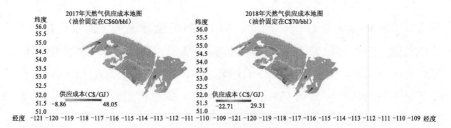

图 4-2-24　Duvernay 页岩天然气供应成本地图

资料来源：据 NEB （2017）, Duvernay Shale Economic Resources http：//www. neb-one. gc. ca/nrg/sttstc/crdlndptrlmprdct/rprt/2017dvrncnmcs/index-eng. html

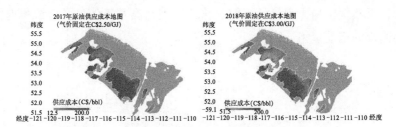

图 4-2-25　Duvernay 页岩原油供应成本地图

资料来源：据 NEB （2017）, Duvernay Shale Economic Resources http：//www. neb-one. gc. ca/nrg/sttstc/crdlndptrlmprdct/rprt/2017dvrncnmcs/index-eng. html

之所以供应成本的价格出现负值，是因为在测算供应成本时，是针对该区域内所有的页岩油、页岩气以及凝析油等共同来评价的。比如 Duvernay 页岩的天然气供应成本的价格为-8. 86 C$/GJ，意味着在这个区域，生产商在原油和NGL 中可以获取足够的收益以弥补天然气的开采损失。

2017 年 Duvernay Shale 区带继续见证了加拿大最大的页岩气钻井作业，共有 40 口钻井，而 Horn River Basin 仅有 5 口。

总部位于卡城的 Athabasca Oil Corporation 公司持有 Duvernay 最大的开采权，可开发面积达到了 64 万英亩。另外，Chevron 能源公司以及壳牌石油去年也开始砸钱在此开始页岩油气业务。2016 年 Duvernay 页岩气的日均年产量为5. 69$10^6$m³，预计到 2040 年为 23. 84 10^6m³，增长 3 倍，如图 4-2-26 所示。

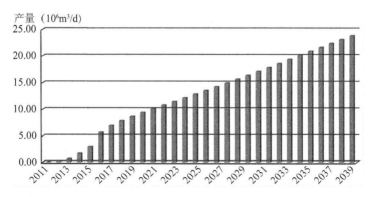

图 4-2-26 Duvernay 页岩气产量展望

资料来源：据 NEB（2017），整理 Canada's Energy Future 2017：Energy Supply and Demand Projections to 2040www. neb-one. gc. ca/nrg/ntgrtd/ftr/2017/index-eng. html

四、堪比 Marcellus 的 Montney 页岩

Montney 页岩，位于 British Columbia 和 Alberta 两省北部，占地 13 万平方公里，如图 4-2-27 所示。

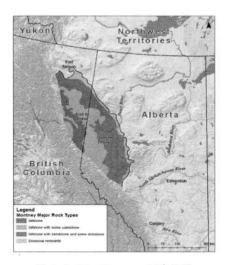

图 4-2-27 Montney 页岩位置

资料来源：据 NEB（2013），The Ultimate Potential for Unconventional Petroleum from the Montney Formation of British Columbia and Alberta http：//www. neb - one. gc. ca/nrg/sttstc/ntrlgs/rprt/ltmtptntlmntny-frmtn2013/ltmtptntlmntnyfrmtn2013-eng. html

在侏罗纪时期，东部沿海盆地形成之前，阿尔伯塔省西部和不列颠哥伦比亚省东北部的三叠纪地层沉积在被动陆缘海洋大陆架斜坡区环境上。下—中三叠纪蒙特尼岩层的岩相是由白云石化程度不同的页岩和粉砂岩组成。因此，蒙特尼岩层不是真正的页岩层。在粉砂岩为主的层序上方也出现了细密纹理的砂岩和贝壳灰岩。阿尔伯塔省和不列颠哥伦比亚省的蒙特尼岩层厚度都是自东向西从零增加到 300~400 米。同样，岩层埋深也是自东向西逐渐从 500 米增加到超过 4000 米。蒙特尼岩层的有机质由Ⅱ型和Ⅲ型类构成，总有机碳平均含量为 0.8%，变化范围在 0.1%~3.6% 之间。虽然相关砂岩的孔隙度高达 35%，但蒙特尼粉砂岩的孔隙度较低，低于 10%。

Montney 岩层厚度基本在 100~300 米之间，极厚的岩层包含巨大的油气资源和多个可供开采油气的不同层级（如图 4-2-28）。据 NEB 2017 年发布的 Duvernay Resource Assessment 报告显示，Montney 地层天然气技术可采资源 12.7 万亿立方米（449 Tcf），Montney 地层原油技术可采资源量 1.8 亿立方米（11 亿桶），Montney 地层的 NGLs 约 23 亿立方米（145 亿桶）。其中 B.C. 省 271 Tcf 的天然气、29 百万桶的原油和 126 亿桶的 NGL；Alberta 省 178 Tcf 的天然气、1096 百万桶的原油和 18 亿桶的 NGL（表 4-2-5）。

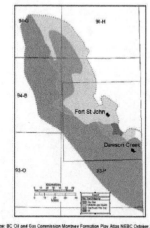

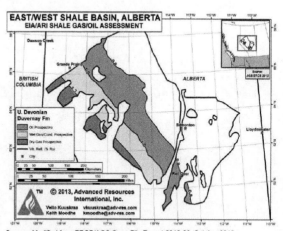

图 4-2-28 Montney 页岩油气分布（右图为阿尔伯达省）

资料来源：据 EIA（2015）https：//www.eia.gov/analysis/studies/worldshalegas/pdf/Canada_ 2013.pdf

表 4-2-5　Monteny 页岩资源量

类型	单位	区域	地质资源量			技术可采资源量		
			低	中	高	低	中	高
天然气	十亿方 Bm³	合计	90599	121080	153103	8952	12719	18257
	Tcf		3197	4274	5405	316	449	645
	十亿方 Bm³	B. C.	42435	55664	69630	5666	7677	10311
	Tcf		1498	1965	2458	200	271	364
	十亿方 Bm³	Alberta	48124	65415	83474	3286	5042	7946
	Tcf		1699	2309	2947	116	178	281
NGL	百万方 MM m³	合计	13884	20174	28096	1540	2308	3344
	百万桶 MM bbl		87360	126931	176783	9689	14521	21040
	百万方 MM m³	B. C.	11974	15310	19172	1418	2010	2760
	百万桶 MM bbl		7534	96332	120633	8920	12647	17366
	百万方 MM m³	Alberta	1910	4863	8924	122	298	584
	百万桶 MMbbl		12020	30599	56150	769	1874	3674
原油	百万方 MM m³	合计	12865	22484	36113	72	179	386
	百万桶 MM bbl		80949	141469	227221	452	1125	2430
	百万方 MM m³	B. C.	211	439	739	1	5	11
	百万桶 MM bbl		1328	2763	4652	8	29	70
	百万方 MM m³	Alberta	12654	22045	35373	71	174	375
	百万桶 MM bbl		79621	138706	222569	444	1096	2360

资料来源：据 NEB，2013，http：//www. neb-one. gc. ca/nrg/sttstc/ntrlgs/rprt/ltmtptntlmntnyfrmtn2013/ltmtptntlmntnyfrmtn 2013-eng. html

　　Monteny 页岩的能源储备非常可观，仅 B. C. 省的 Monteny 地层的页岩气资源就是 Horn River 盆地的 5 倍还多，仅 Monteny 页岩的石油可采资源，就能达到全加拿大油砂田可采资源的 50%。

2004 年，加拿大应用水平压裂技术的第一口生产井就在 B. C. 省的 Dawson Creek 附近的 Montney 地层。2017 年所有 901 口致密气井中 Montney 地层就有 544 口，Montney 页岩的致密气井主导了不断增长的钻机活动。

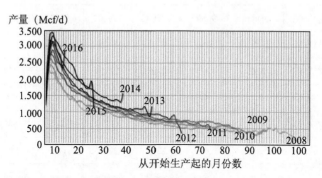

图 4-2-29　Montney 页岩不同年份的生产井的产量情况

资料来源：据 EIA（2017），http：//www. neb - one. gc. ca/nrg/ntgrtd/mrkt/snpsht/2017/01 - 08mntngswlls -eng. htm

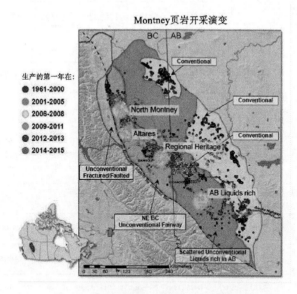

图 4-2-30　Montney 页岩开采演变历史

资料来源：据 Unconventional Gas Resources https：//www. sohu. com/a/220055076_ 661705

随着技术的不断进步，根据 2008 年和 2015 年之间钻探的 Montney 生产井平均产量情况，如图 4-2-29 所示，产量一般在第 2—4 月达到峰值，尽管峰值过后产量陡然下降，但是新井往往超越老井，比老井有着更高的产量峰值，比如，2008 年钻探的老井产量峰值平均在 2300 Mcf/d，而 2016 年新井产量峰值在 3400 Mcf/d。同时，如图 4-2-30 所示，近年来 Monteny 页岩的生产主要集中于非常规页岩气区带。

Montney 独特而可观的天然气资源，对能源开发者开说，是巨大的诱惑。当前的主要开采者包括 Progress Energy Canada Ltd. 隶属马来西亚石油公司，Painted Pony 能源公司，Shell 皇家荷兰/壳牌能源公司，Encana 公司，Murphy Oil 墨菲石油公司，ARC 能源公司，ConocoPhillips 康菲石油国际，Advantage Oil & Gas 公司、雪佛龙、Seven Generations 等。

Montney 页岩的致密气产量包括阿尔伯达省和 B. C. 省，如图 4-2-31 和图 4-2-32 所示，2016 年这两个省的日均年产量分别为 1.25 Tcf 和 3.28 Tcf，合计 4.53 Tcf，构成了加拿大整个天然气产量的 30%。预计天然气价格回升后 2040 年的日均年产量分别为 2.68 Tcf 和 5.19 Tcf，合计 7.86 Tcf，几乎占到未来加拿大天然气总产量的半壁江山（46%）。

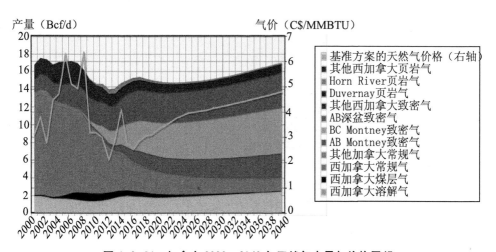

图 4-2-31　加拿大 2000—2040 年天然气产量与价格展望

资料来源：据 NEB（2018），http：//www.neb-one.gc.ca/nrg/ntgrtd/mrkt/snpsht/2018/02-02rssrrd-eng. html

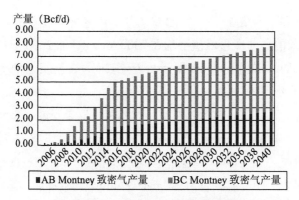

图 4-2-32 Montney 致密气产量展望

资料来源：据 NEB（2017），整理 Canada's Energy Future 2017: Energy Supply and Demand Projections to 2040www. neb-one. gc. ca/nrg/ntgrtd/ftr/2017/index-eng. html

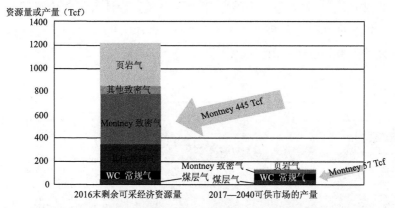

图 4-2-33 加拿大天然气产量中的 Montney 贡献

资料来源：据 NEB(2017)，http：//www. neb-one. gc. ca/nrg/ntgrtd/ftr/2017ntrlgs/index-eng. html

因此，Montney 页岩对加拿大的天然气做出了巨大贡献，如图 4-2-33 所示，从资源量上，截止到 2016 年末 Montney 页岩贡献了 445 Tcf 的剩余技术可采致密气资源量，从产量上，Montney 页岩致密气贡献了累积产量 57 Tcf，占 2017—2040 年总产量的 42%以上。

致密油和液态天然气逐步成为阿尔伯塔省未来能源行业的重要组成部分。但是必须要指出的是，天然气市场供应过剩导致价格低迷阻碍了开发，此外，由于 Montney 页岩地处偏远，额外运输成本以及有限的管道运输能力也影响了油田的开发。这使它们更难与美国东北部的 Marcellus 等页岩油田竞争。

第五章 北美非常规页岩油气资源开发经济性分析

第一节 北美页岩油气资源开发的经济参数

一、经济参数的数据来源

本书对北美页岩非常规油气资源开发的经济分析，其数据来源主要是 Hart Energy 发行的 NASQ 北美页岩季刊及 EIA 等相关网站。Hart Energy 发行的 NASQ 北美页岩季刊是基于北美正在开采的 18 个页岩区带开发商的数据。因此，本章采集的就是这 18 个页岩区带上 329 个页岩区块的 131 家生产商 2011—2014 年的开采数据（表 5-1-1）。

表 5-1-1　数据资料来源

时期	2011 第三季到 2014 年的第二季，共 12 个季度数据
区带	北美已实现商业开采的主要页岩区带，共 18 个区带
区块	329 个区块位置，比如 Eagle Ford 有 45 个在产区块
生产商	131 家开采的公司，比如 Eagle Ford 的公司有 27 家，Permian 的公司有 19 家

北美页岩区带的主要产区 18 个（图 5-1-1 和表 5-1-2），分别是加拿大的霍恩河（Horn River）页岩、蒙特尼（Montney）页岩、杜拉维（Dunervay）页岩、卡蒂姆（Cardium）页岩、阿尔伯塔巴肯（Alberta Bakken）页岩（主要位于加拿大）、美国的巴肯 Bakken 页岩、落基山 Rockies（尼奥布拉拉 Niobara）页岩、密西西比灰岩（Mississippi Lime）页岩、潘汉德（Panhandle）页岩、花岗岩冲积（Granite Wash）页岩、沃特福德（Woodfood）页岩、费耶特维尔（Fayetteville）页岩、海内斯维尔（Haynesville）页岩、巴尼特（Barnett）页岩、伊格尔福德（Eagle Ford）页岩、二叠纪（Permian）盆地、马塞勒斯（Marcellus）页岩和尤蒂卡（Utica）页岩。

表 5-1-2 北美主要页岩区带

	页岩区带	盆地	主要烃类	位置
1	Horn-river	Horn River 霍恩河盆地	气	加拿大不列颠哥伦比亚省
2	Cardium	Western Canada Sedimentary 西加拿大沉积盆地	油	加拿大亚伯达省
3	Duvernay	Western Canada Sedimentary 西加拿大沉积盆地	油/气	加拿大亚伯达省
4	Montney	Western Canada Sedimentary 西加拿大沉积盆地	气	加拿大不列颠哥伦比亚省、亚伯达省
5	Alberta Bakken	Williston 威利斯顿盆地	油	加拿大亚伯达省
6	Granite Wash	Anadarko 阿纳达科盆地	气	美国俄克拉荷马州
7	Marcellus	Appalachian 阿巴拉契亚盆地	气	美国宾夕法尼亚州、西弗吉尼亚州
8	Utica	Appalachian 阿巴拉契亚盆地	油	美国宾夕法尼亚州、西弗吉尼亚州、俄亥俄州、纽约州
9	Fayetteville	Arkoma 阿卡马盆地	气	美国阿肯色州
10	Haynesville	Arkoma 阿卡马盆地	气	美国路易斯安那州，得克萨斯州
11	Woodford	Arkoma 阿卡马盆地	气	美国俄克拉荷马州
12	Barnett	Fortworth 沃思堡盆地	气	美国得克萨斯州的中部和北部
13	Panhandle	Nadarko 纳达科盆地	油	美国俄克拉荷马州和得克萨斯州
14	Permian	Permian 二叠纪盆地	油	美国得克萨斯州和新墨西哥州
15	Niobrara	Powder River 粉河盆地	油	美国蒙大拿州、怀俄明州、科罗拉多州、内布拉斯加州、堪萨斯州
16	Eagle Ford	Western Gulf Coast 西部海岸盆地	油/气	美国得克萨斯州的南部
17	Bakken	Williston 威利斯顿盆地	油	美国蒙大拿州、北达科他州、萨斯克彻温省
18	Mississippi Lime		油	美国堪萨斯州、俄克拉荷马州

资料来源：据 Hart Energy 2011—2014 整理

北美页岩产区上的开采商众多，其中在 3 个及以上不同页岩同时进行开采的生产商如表 5-1-3 所示。比如，Chesapeake 公司分别在 Eagle Ford、Granite Wash、Haynesville、Marcellus、Mississippi Lime、Permian、Utica 和 Panhandle 开采，同时还分别与中国的中海油（CNOOC）、法国的道达尔（TOTAL）建立合资公司开采 Niobrara 和 Barnett 页岩。除了 Chesapeake 公司，还有 Devon Energy

公司、EOG Resources 公司、ExxonMobil 公司等等也同时投资于不同的页岩。

图 5-1-1　北美主要页岩区带

资料来源：据 Hart Energy 2014

表 5-1-3　同时开采多个页岩区带的生产商

公司名称	区块位置	公司名称	区块位置
Anadarko/KNOC（JV）	Eagle Ford		Bakken
Anadarko/Mitsui（JV）	Marcellus		Barnett
Anadarko Petroleum	Niobrara	EOG Resources	Eagle Ford
	Utica		Haynesville
Apache	Cardium		Niobrara
	Granite Wash		Panhandle
	Horn River		Permian
	Mississippilime	ExxonMobil	Bakken
	Panhandle		Barnett
	Permian		Fayetteville
BHP Billiton /ex-Petrohawk legacy	Eagle Ford		Haynesville
	Fayetteville		Woodford
	Haynesville	ExxonMobil/Imperial Oil（JV）	Horn River
	Permian	Hess	Bakken
Chesapeake/TOTAL（JV）	Barnett		Utica

公司名称	区块位置	公司名称	区块位置
Chesapeake/CNOOC（JV）	Niobrara	Hess/ZaZa Energy	Eagle Ford
Chesapeake	Eagle Ford	Marathon Oil	Bakken
	Granite Wash	Marathon Oil/Marubeni（JV）	Eagle Ford
	Haynesville	Newfield Exploration	Niobrara
	Marcellus		Bakken
	Mississippilime		Eagle Ford
	Panhandle		Granite Wash
	Permian	Pioneer Natural Resources	Woodford
	Utica		Barnett
Continental Resources	Bakken		Eagle Ford
	Niobrara	QEP Resources	Permian
	Woodford		Bakken
Devon Energy	Barnett		Haynesville
	Granite Wash		Niobrara
	Horn River	Quicksilver/Tokyo Gas（JV）	Woodford
	Panhandle	Quicksilver	Barnett
	Permian	Quicksilver/Shell（JV）	Horn River
	Woodford	Range Resources	Niobrara
	Haynesville		Marcellus
Devon Energy/Sinopec（JV）	Utica		Mississippilime
Devon Energy/Sinopec（JV）	Mississippilime		Permian
Devon Energy/Sinopec（JV）	Niobrara		Utica
Encana	Dunervay	Talisman Energy	Cardium
	Eagle Ford		Dunervay
Encana/ShellJoint Venture（JV）	Haynesville		Marcellus
Encana/Korea Gas/Apache（JV）	Horn River	Talisman Energy/Sasol（JV）	Montney
Encana/Mitsubishi（JV）	Montney		

资料来源：据 Hart Energy 2011-2014 整理

二、生产相关的经济参数

1. 产量参数

根据非常规油气资源生产特点，无论是页岩气还是致密油，初产率和递减率都非常高。产量的经济参数除了初产率、递减率外，还有最终采收量（EUR）。18 个页岩区带的页岩气井和致密油井的产量参数统计如下：

如表 5-1-4 和图 5-1-2 所示，致密油单井的 30 天初产率 IP 为 62~1973 桶/天，第一年递减率为 49%~95%，最终采收量为 83~1439 千桶。

表 5-1-4   北美致密油单井产量参数

区带名称	30 天单井初产率 桶/天		第一年递减率（%）		最终采收量 （千桶）	
	最小值	最大值	最小值	最大值	最小值	最大值
Alberta Bakken	142	573	69	75	106	484
Bakken	330	1394	68	93	235	878
Cardium	157	661	66	91	119	431
Dunervay	162	1730	70	88	334	1439
Eagle Ford	200	1973	67	95	104	1276
Mississippi Lime	161	859	51	90	204	777
Rockies （Niobara）	138	947	50	92	113	557
Panhandle	223	1729	74	94	116	579
Permian	62	1009	49	90	83	844
统计	62	1973	49	95	83	1439

资料来源：据 Hart Energy 2011—2014 整理

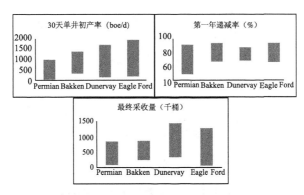

图 5-1-2   北美致密油单井产量参数

资料来源：据 Hart Energy 2011—2014 整理

如表 5-1-5 和图 5-1-3 所示，页岩气单井的 30 天初产率 IP 为 1.1~17.88 MMcfe/d，第一年递减率为 43%~94%，最终采收量为 0.62~13.7Bcfe。

表 5-1-5　北美页岩气单井产量参数

区带名称	30 天单井初产率（MMcfe/d）		第一年递减率（%）		最终采收量（Bcfe）	
	最小值	最大值	最小值	最大值	最小值	最大值
Barnett	1.2	5.22	61	88	1.82	5.48
Eagle Ford	4.9	11.8	76	82	2.9	6.6
Fayetteville	1.35	5.5	68	81	1.6	8.42
Granite Wash	4.96	17.88	68	87	2.2	7.3
Haynesville	3.9	16.55	50	94	2.75	13.6
Horn River	6.69	12.1	68	71	7.54	13.7
Marcellus	2.37	14.7	43	90.7	2.56	12.3
Montney	1.1	12.25	61	86	1.7	7.2
Utica	2.5	5.44	77	86	0.62	5.69
Woodfood	2.29	7.7	60	83	1.81	7.08
统计	1.1	17.88	43	94	0.62	13.7

资料来源：据 Hart Energy 2011—2014 整理

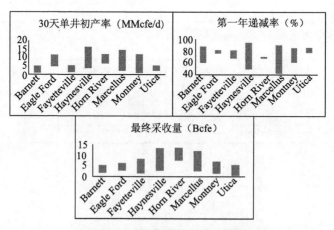

图 5-1-3　北美页岩气单井产量参数

资料来源：据 Hart Energy 2011—2014

从初产率来看，致密油的生产中，Eagle Ford 区带的初产率相对最高，Pan-handle、Dunervay 和 Bakken 区带产油初产率较高，而 Eagle Ford 区带的差异性也较大。而页岩气井中，Granite Wash、Haynesville 初产率相对最高，而紧随其后的是 Marcellus 和 Montney 页岩，而 Haynesville 和 Montney 页岩的差异性也较大。

从递减率来看，递减范围在 43%~95%，总的来说，非常规油气的递减率一般都在 70%~80% 之间，油气之间相差不大。

从单井的最终采收量来看，致密油井的 Dunervay 和 Eagle Ford 最高，而页岩气井中的 Haynesville 和 Horn River 最高。如图 5-1-4 所示，美国主要页岩的水平井的数量从 2008 年开始迅猛增加，到 2014 年之后陡然下降，平均每口井的 EUR 最终采收量却是在 2012 年达到顶峰，从 2011—2016 年一直维持在 20 万桶左右。

2. 生产井参数

除了初产率 IP、递减率和最终采收率 EUR 之外，生产井的参数包括有井深、水平井长度、压裂级数、井深及井距等。

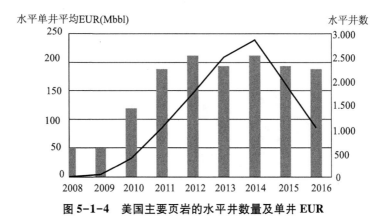

图 5-1-4　美国主要页岩的水平井数量及单井 EUR

资料来源：据 EIA，2018，Oil and Natural Gas Resources and Technology www. eia. gov/outlooks/aeo/pdf/Oil_ and_ natural_ gas_ resources_ and_ technology. pdf

根据 Hart Energy 的北美页岩季刊2011—2014 年中不同生产商在北美主要产区的不完全统计，水平井长度、压裂级数以及井距具体见表 5-1-6 和图 5-1-5。2014 年页岩井的水平井长度已达 13000 英尺（如 Bakken 页岩），压裂级数已达 42 次（如 Bakken 页岩），井距最小到 20 英亩（如 Barnett 页岩中戴文和 EOG 公司的井距只有 20 英亩/井）。

表 5-1-6　北美主要页岩区带的生产井参数（2011—2014 年）

页岩区带	井深（英尺）	水平井长度（英尺）	压裂级数（次）	井距（英亩/井）
Marcellus	1500 ~ 8000	2500 ~ 7500	8 ~ 34	60 ~ 122
Bakken	7000 ~ 11000	4500 ~ 13000	7 ~ 42	80 ~ 128
Barnett	5000 ~ 11000	1800 ~ 8000	6 ~ 16	20 ~ 80
Eagle Ford	3000 ~ 19000	3000 ~ 8000	13 ~ 25	40 ~ 160
Permian	4000 ~ 15000	3000 ~ 9500	8 ~ 40	20 ~ 320
Montney	5000 ~ 9800	4500 ~ 10000	8 – 36	54 ~ 280
Duvernay	8000 ~ 13100	3400 ~ 6500	8 ~ 31	80 ~ 330
Fayetteville	1500 ~ 8500	3000 ~ 6000	8 ~ 16	60 ~ 80
Haynesville	10000 ~ 14800	3000 ~ 10000	8 ~ 18	80 ~ 940
Utica	3000 ~ 10000	5000 ~ 8700	9 ~ 34	85 ~ 160

资料来源：据 Hart Energy 2011—2014 整理

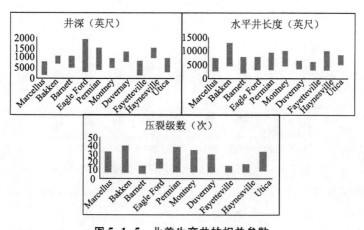

图 5-1-5　北美生产井的相关参数

资料来源：据 Hart Energy 2011—2014 整理

三、单井成本的经济参数

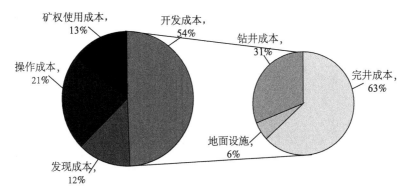

图 5-1-6 典型非常规油气开发的成本构成

资料来源：据 EIA2014 资料整理

对于油气资源的开发项目而言，完全成本包括开发成本、发现成本、运营操作成本、矿区使用成本等，而开发成本包括钻井成本、完井成本和地面设施费用。与常规资源不同的是，非常规油气资源的完全成本的构成比例是不同的，有其特点和规律，如图 5-1-6 所示：第一，开发成本是一项非常重要的现金流出项目，开发成本是完全成本中的最大支出；第二，钻完井成本在开发成本中所占比重甚至高达 90%，通常也以钻完井成本替代开发成本；第三，由于水平压裂增产的生产特点，非常规油气资源的生产井中，完井成本占比 60% 以上的单井成本，同时也是占据 1/3 以上的完全总成本；第四，多级压裂的生产需要导致压裂增产的成本构成了主要的完井成本。

1. 不同区带的单井成本

18 个页岩区带，其中 8 个区带（包括 Duvernay）以致密油为主，9 个区带以页岩气为主，1 个 Eagle Ford 区带油气并收。

根据对 9 个页岩区带油井的单井成本进行统计，北美页岩的单井投入在 120-1500 万美元之间（图 5-1-7）；根据对 10 个页岩区带气井的单井成本进行统计，北美气井的单井成本在 210-1350 万美元的范围之间（图 5-1-8），油气井之间差异性不大。

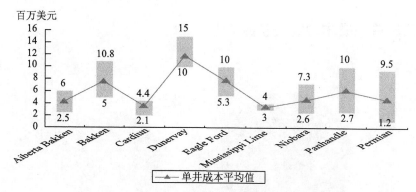

图5-1-7 北美不同致密油井的单井成本范围

资料来源：据 Hart Energy 2011—2014 资料整理

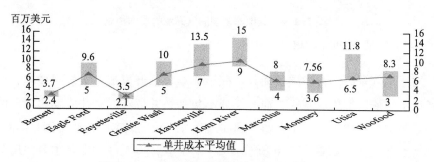

图5-1-8 北美不同页岩气井的单井成本范围

资料来源：据 Hart Energy 2011—2014 资料整理

Fayetteville、Mississippi Lime、Cardium 和 Barnett 页岩的单井成本比较低，这四个区带的单井最高单井成本不超过 500 万美元左右。而 Barnett 页岩的成本低，这与其已经经历 30 多年的开采进入成熟期有关。其次是 Alberta Bakken 、Marcellus、Rockies（Niobara）和 Montney，一般在 600 万美元左右。而 Dunervay、Horn River 和 Haynesville 单井开发成本最高（表5-1-7）。

表5-1-7 北美18个页岩区带的单井成本对比 单位：百万美元

区带名称	单井成本	区带名称	单井成本
Fayetteville	2.1~3.5	Panhandle	2.7~10
Barnett	2.4~3.7	Eagle Ford	油：5.3~10； 气：5~9.6
Cardium	2.1~4.4	Granite Wash	5~10
Mississippi Lime	3~4	Bakken	5~10.8

续表

区带名称	单井成本	区带名称	单井成本
Alberta Bakken	2.6~6	Woodfood	3~13
Rockies（Niobara）	2.6~7.3	Utica	4~12.1
Permian	1.2~9.5	Haynesville	7~13.5
Montney	3.6~7.6	Horn River	9~15
Marcellus	4~8	Dunervay	10~15

资料来源：据 Hart Energy 2011—2014 整理

2. 主要区带不同区域的单井成本

根据对主要页岩区带不同生产商在不同区块位置作业的单井成本统计，可以发现，Permian 盆地的 Avalon/Bone Spring 区块位置上单井投资最低的 Apache 公司仅仅为 120 万美元/井，Wolfberry 区块位置上的 Approach Resources 公司也是仅仅 120 万美元/井，可以说是整个北美页岩区块的最低单井投资（表5-1-8、图 5-1-9 和图 5-1-10）。且 Permian 盆地的单井成本变化大。

表 5-1-8　Permian 不同区块位置的单井投资　　单位：百万美元

区带位置	公司名称	单井投资	区带位置	公司名称	单井投资
Avalon/Bone Spring plays	Apache	1.2~1.6	Wolfberry play	Approach Resources	1.2
	Clayton Williams Energy	3.2~4.2		Pioneer Natuaral Resources	1.6~7
	EOG Resources	4.5~9.5		Apache	1.7~7.7
	Cimarex	5.5~7		Athlon Energy	1.8
	Devon Energy	5.6~7		Concho Resources	1.8~7.5
	Concho Resources	6~7		OXY	2
	OXY	6.5~7.8		Forest Oil	2
	Energen	7~7.5		Energen	2.1~9
	BHP Billiton	7.5xx		Laredo Petroleum	2.2
	Chesapeake	8		Clayton Williams Energy	2.4
				Devon Energy	2.9~2.5
				Range Resources	4.3~8
				EOG Resources	5.3~6
				Callon Petroleum	6.7

续表

区带位置	公司名称	单井投资	区带位置	公司名称	单井投资
Avalon/Bone Spring plays			Wolfberry play	Diamondback Energy	7.5
				EI Paso 改名为 EP Energy	7.5~8.2
				Cimarex	7~8.5

资料来源：据 Hart Energy 2011—2014 整理

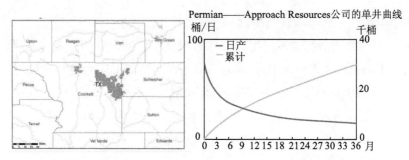

图 5-1-9　Approach Resources 公司在 Permian 的作业位置及产率

资料来源：据 NASQ 北美页岩季刊 2012

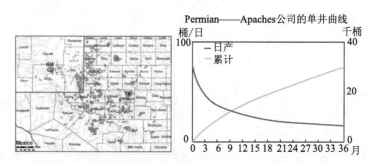

图 5-1-10　Apaches 公司在 Permian 的作业位置及产率

资料来源：据 NASQ 北美页岩季刊 2012

　　Barnett 页岩的单井投资最低的是 Quicksilver/Tokyo Gas 合资公司在核心区 Denton and Tarrant 和南部高 high BTU 的区块位置上，仅为 240 万美元/井。（表 5-1-9、图 5-1-11 和图 5-1-12）。

表 5-1-9　Barnett 不同区块位置的单井投资　　　　　单位：百万美元

生产商	区块位置	单井投资
Carrizo Oil and Gas	核心地区 Tarrant	3.00
ExxonMobil	核心区 Tarrant	3.00
EV Energy Parters	Tarrant and Parker	2.5~3
Chesapeake/TOTAL	核心区 Tarrant 以及 Tier1 的 Johnson	3.00
Quicksilver/Tokyo Gas JV	核心区 Denton and Tarrant（Alliance Leases）	2.4~3.1
Newark Energy	Jack，Palo Pinto，Parker，and Wise	2.50
Legend Natural Gas	核心区 Denton，Parker，Tarrant，Hood，Johnson and Hill	2.60
Williams	Denton 的核心区和 Tier 1	3.00
Devon Energy	Denton，Johnson，Parker，Tarrant and Wise	3.00
	Denton，Tarrant and Johnson	3.10
	新兴区 Jack，Parker，Hood and Hill	2.6~3
	富液核心区 Wise，Parker，Hood and Denton	3~3.1
EOG Resources	Combo（气液油几乎平分）：Montague（主要）、Cooke	3.1~3.7
Pioneer	Combo：Montague、Wise	2.9~3.5
Quicksilver/Tokyo Gas JV	（核心区之外 southern high BTU）Hood，Somervell and Bosque	2.4~3

资料来源：据 Hart Energy 2011-2014 整理

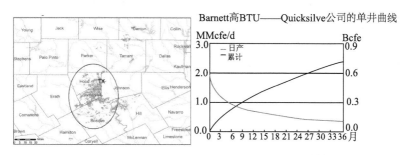

图 5-1-11　Quicksilve 公司在 Barnett 高 BTU 的作业位置及产率

资料来源：据 NASQ 北美页岩季刊 2012

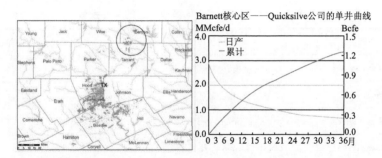

图 5-1-12　Quicksilver/ Eni 公司在 Barnett 核心区的作业位置及产率

资料来源：据 NASQ 北美页岩季刊 2011

表 5-1-10　Montney 不同区块位置的单井投资　　　单位：百万美元

生产商	位置		单井投资
Arc Resources	Alberta	Ante Creek	3.8~4
Arc Resources		Attachie 地区	6.5
Advantage Oil&Gas		Glacier	5.8
Progress Energy Resources/Petronas	British Columbia	Town South	6.3~6.4
Murphy Oil		Tupper West	4~6.6
Progress Energy Resources/Petronas		核心区 Altares, Lily and Kahta	6.3~6.4
Pace Oil&Gas		Farrell Creek	6
Bonavista Energy		Blueberry	6.5
Enerplus Corporation		Cameron/Julience Creek	5.7~6.5
Arc Resources		Dawson Creek	5.1~6.1
Talisman Energy/Sasol （JV）		Farrell Creek	6.4~7.5
Terra Energy		Farrell Creek	7
DG8mmPengrowth	British Columbia	Groundbirch	5.5
Arc Resources		Parkland&Tower 核心地区 （富液）	4.5~5.55
Encana		Sunrise 地区	5.5
Tourmaline Oil Corp		Sunrise 地区	3.6
Terra Energy		东北 Groundbirch	6.9
Shell/PetroChina （JV）		东部 Groundbirch	6.9
Encana/Mitsubishi （JV）		核心区 Cutbank Ridge, Swan and Saturn area	6.1
Canadian Natural Resources		南部 Septimus	5.7

资料来源：据 Hart Enegy2011—2014 整理.

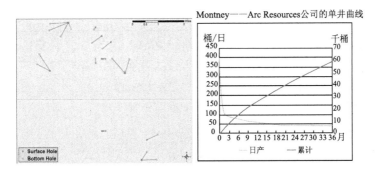

图 5-1-13　Arc Resources 公司在 Montney 的作业位置及产率

资料来源：据 NASQ 北美页岩季刊 2012

　　Montney 页岩区带单井投资最低的是 Alberta 的 Ante Creek 区块上的 Arc Resources 公司 380 万美元/井，以及 British Columbia 区块 Sunrise 地区上 Tourmaline Oil 公司的 360 万美元/井（表 5-1-10、图 5-1-13）。

　　Marcellus 页岩区带单井投资最低的是 PA 西南 Washington 的富液区块上 Range Resources 公司的 400 万美元/井和 Greene，Washington 的湿气窗上 Consol Energy/Noble Energy 合资公司的 410 万美元/井（表 5-1-11、图 5-1-14 和图 5-1-15）。

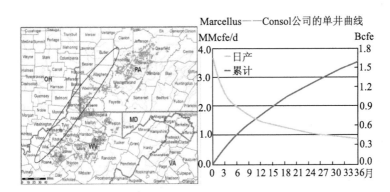

图 5-1-14　Consol 公司在 Marcellus 的作业位置及产率

资料来源：据 NASQ 北美页岩季刊 2011

表 5-1-11　Marcellus 不同区块位置的单井投资　　　　单位：百万美元

公司名称	区块	具体作业位置	单井投资
Chesapeake（干气）	PA 东北	Bradford, Lycoming, Sullivan, Susquehanna, Wyoming	5~6
Ultra Petroleum		Clinton-Lycoming	5~7.9
Range Resources		Lycoming	4.5~6
Ultra Petroleum		Potter-Tioga	5~7
Cabot Oil and Gas		Susquehanna	5.75~6.5
Southwestern		Susquehanna	7.1
Shell		Tioga, Lycoming, and Potter	5
National Fuel Gas		Tioga, Potter Lycoming, Pag	5.2~7
Talisman		Tioga, Bradford, Susquehanna,	5
Anadarko/Mitsui		Bradford, Clinton, Lycoming, Sullivan	5~7
Chesapeake	PA 西南	Washington, Greene, Allegheny（湿气）	6
Chevron/Reliance		Fayeete, Greene	4.5
EQT		Greene	6~6.7
Consol Energy/Noble Energy		Greene, Washington（湿气）	4.1~6.6
Rice Energy		Washington	8
Range Resources		Washington（富液区）	4~6.4
EQT	WV	Doddridge County	5.35~6.7
Noble Energy		Marshall County	8
Range Resources（湿气）		Marshall County	4.1~5.1
Chesapeake Energy-South		Ohio County	6.5
Antero Resources		Harrison County	8
Chesapeake（湿气）		Marshall County	6

资料来源：据 Hart Energy 2011—2014 整理

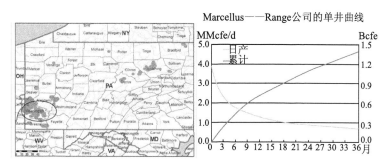

图 5-1-15 **Range 公司在 Marcellus 的作业位置及产率**

资料来源：据 NASQ 北美页岩季刊 2011

Eagle Ford 页岩区带单井投资最低的是核心区 Webb, La Salle and McMullen 湿气窗的 EOG 公司的 500 万美元/井。（表 5-1-12、图 5-1-16）。

表 5-1-12 **Eagle Ford 不同区块位置的单井投资**

作业位置	含油（气）率（%）	单井成本 $ mm	主要生产商
东部产油区	73~89	8~10	Sanchez Energy
北部产油区	50~95	5.3~8.6	Chesapeake, EI Paso, Murphy, Marathon, EOG, BHP Billiton, Penn Virginia, EXCO Energy
西部产油区	40~89	5.5~8	Newfield, Anadarko/KNOC
中部产油区	50~88	5.8-9.9	EOG, ConocoPhillips, Chesapeake, BHP Billiton, Encana, Plains E&P, Matador Resources, Freeport－McMoRan, Geo sou thern Energy, Matador Resources
干气区	67-98（气）	6.6-9.6	BHP Billiton, EOG, Murphy
湿气区	24-58	5-9	SM Energy, Statoil, Marathon, BHP Billiton, Chesapeake, EOG, Swift Energy, Rosetta Resources

资料来源：据 Hart Energy 2011—2014 整理

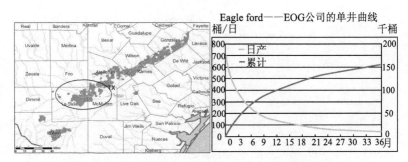

图 5-1-16　EOG 公司在 Eagle Ford 的作业位置及产率

资料来源：据 NASQ 北美页岩季刊 2011

Baken 页岩区带单井投资最低的是 North Dakota 的核心区 Dunn、Nesson 及远景区块上 ExxonMobil 公司的 500 万美元/井。（表 5-1-13、图 5-1-17 和图 5-1-18）。

表 5-1-13　Baken 不同区块位置的单井投资

作业位置		含油率（%）	单井成本 $ mm	主要生产商
North Dakota	Mountrail	80~94	5.5~9.8	Brigham/Statoil, Hess, Marathon, Whiting, EOG, Oasis
	Williams	73~94	6~10.5	Brigham/Statoil, Kodiaks, Marathon Oil, QEP, Oasis, Newfield, Hess
North Dakota	Dunn	80~94	5~11	ConocoPhillips, Mararthonl, QEP, Occidental, ExxonMobil
	McKenzie	78~91	6~10.8	Denbury, Enerplus, EOG, Kodiak, Williams, SM, QEP, Hess
	Stark, Golden Valley and Billings	85~92	6.5~7	Whiting
	Nesson	83~92	5~10	ExxonMobil, Newfield, Continental, Hess, Oasis
Montana	Sheridan, Richland	84~92	6~10.3	Marathon, Oasis, Continental

资料来源：据 Hart Energy 2011—2014 整理

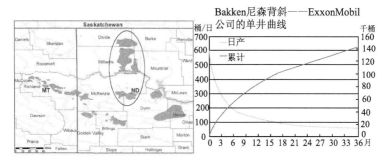

图 5-1-17　ExxonMobil 公司在 Bakken 尼森背斜的作业位置及产率

资料来源：据 NASQ 北美页岩季刊 2009

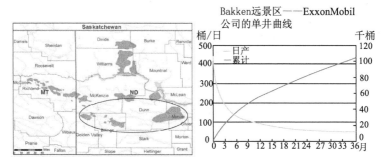

图 5-1-18 ExxonMobil 公司在 Bakken 远景区的作业位置及产率

资料来源：据 NASQ 北美页岩季刊 2009

　　Duvernay 页岩区带单井投资最低的是 Kaybob 区块的 Yoho Resources 公司的 1000 万美元/井，单井投资最高的是 Enerplus 公司和 Encana 公司在 Willesden Green 远景区的 1500 万美元/口，此外还有 Horn River 页岩上的 Storm Resources 公司也投入过 1500 万美元/口，整个北美页岩单井投资的最高值就是 1500 万美元/口（表 5-1-14、图 5-1-19）。

表 5-1-14　Duvernay 不同区块位置的单井投资

生产商	具体位置	烃类比例 油凝析油：气：天然气液	单井投资（百万美元）
Bellatrix Exploration	干气	0：97：3	13
Angle Energy	Edson and Ferrier area（wet gas window）	18：77：5	12
Bonavista Energy Corporation	Rocky Mountain House	40：55：5	11

续表

生产商	具体位置	烃类比例 油凝析油：气：天然气液	单井投资（百万美元）
Bellatrix Exploration	干气	0：97：3	13
Terra Energy	condensate/oil fairway	40：55：5	11
Enerplus Corporation	Willesden Green area（prospective）	40：55：5	12～15
Trilogy Energy	gas/condensate area and potentially oilier	35：60：5	12
Talisman Energy	Kaybob and Pembina	40：55：5	11～12
Athabasca Oil Corporation	Kaybob area（Condensate window）	40：55：5	11～12
Encana	Kaybob and Willesden Green	40：55：5	12～15
Yoho Resources	Kaybob	40：55：05	10

资料来源：据 Hart Energy 2011—2014 整理

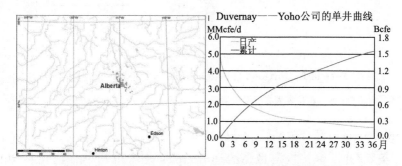

图 5-1-19　Yoho 公司在 Duvernay 的作业位置及产率

资料来源：据 NASQ 北美页岩季刊 2012

综上，不同页岩不同区块位置上不同作业公司的单井投资成本差异大，最低 120 万美元的单井投资位于 Permian 盆地，最高 1500 万美元的单井投资位于 Duvernay 页岩和 Horn-river 页岩，如表 5-1-15 所示。

表 5-1-15　北美不同页岩最低单井投资的区块位置及作业公司

区带	最低单井成本（万美元）	位置	作业公司
Permian	120	Avalon/Bone Spring plays	Apache
	120	Wolfberry play	Approach Resources
Barnett	240	Denton and Tarrant	Quicksilver/Tokyo Gas JV
	240	Hood，Somervell and Bosque	
Montney	380	Ante Creek，Alberta	Arc Resources
	360	Sunrise 地区	Tourmaline Oil Corp
Marcellus	400	Washington	Range Resources
	410	Greene，Washington	Consol Energy/Noble Energy
Eagle Ford	500	Webb，La Salle，McMullen	EOG
Baken	500	Dunn、Nesson 及远景区	ExxonMobil
Duvernay	1000	Kaybob	Yoho Resource

资料来源：据 Hart Energy 2011—2014 整理

3. 主要作业公司的单井成本

投资于北美不同页岩区带的公司众多（表 5-1-3）。各生产商在不同的页岩区带的单井成本不同，具体如表 5-1-16 所示。

表 5-1-16　不同生产商在不同区带上的单井投资—1　　　单位：百万美元

区带名称	Anadarko	Apache	BHP Billiton	Chesapeake	Continental	Devon	Encana	EOG
Alberta Bakken								
Bakken					6~9.2			6.0~8
Barnett				3		2.6~3.1		
Cardium		3.3						
Dunervay							12~15	
Eagle Ford	5.5~6		5.3~9.9	6.5~7.5			6.5	5~8
Fayetteville			2.1~3.5					
Granite Wash		8.2~9		6~8.5		7		

区带名称	Anadarko	Apache	BHP Billiton	Chesapeake	Continental	Devon	Encana	EOG
Haynesville			10~11.5	8~9.5		7.0~9	8~13.5	10.5
Horn River		13.1				9	9	
Marcellus	5~7			5~6.5				
Mississippi Lime		3.5		3.5~4		3.5		
Montney							5.5~6.1	
Niobrara	4~4.5			4~6	4.5	4.0~6		4
Panhandle		3.8~9.9		5~10		7		4.3
Permian		1.2~7.7	7.5	8		2.5~7		4.5~9.5
Utica	5.5			5.5~8		4~5.5		
Woodfood					3~12	6.5~8.1		

资料来源：据 Hart Energy 2011—2014 整理

表5-1-16 不同生产商在不同区带上的单井投资—2　　　单位：百万美元

区带名称	Exxon Mobil	Hess	Marathon	Newfield	Pioneer	QEP	Quicksilver	Range	Talisman
Alberta Bakken						10~11			
Bakken	5	6~10	6.5~10	8~9					
Barnett	3				2.9~3.5		2.4~3.1		
Cardium									4.35~4.4
Dunervay									11~12
Eagle Ford		10	7.6~8.5	7.5	7.5~8				
Fayetteville	2.1~3								
Granite Wash				6~10					
Haynesville	9					9			
Horn River	9						9		
Marcellus								4~6.4	5
Mississippi Lime								3.2~3.5	
Montney									6.4~7.5
Niobrara			4.3			7.3	2.6~5.5		

续表

区带名称	Exxon Mobil	Hess	Marathon	Newfield	Pioneer	QEP	Quicksilver	Range	Talisman
Panhandle									
Permian					1.6~7			4.3~8	
Utica		7.5						6.5	
Woodfood	5.5			5~13		8~8.3			

资料来源：据 Hart Eenrgy2011—2014 整理.

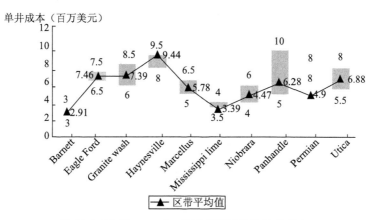

图 5-1-20 Chesapeake 公司不同区带的单井成本

资料来源：据 Hart Energy 2011—2014 整理

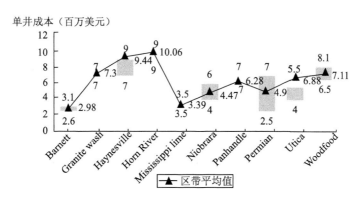

图 5-1-21　Devon 公司不同区带的单井成本

资料来源：据 Hart Energy 2011—2014 整理

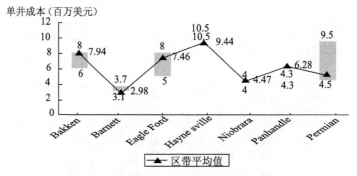

图 5-1-22 EOG 公司不同区带的单井成本

资料来源：据 Hart Energy 2011—2014 整理

　　其中投资多元化发展最多的是切萨皮克公司（图 5-1-20）和戴文公司（图 5-1-21），同时作业于 10 个北美不同页岩区带，且其在每一个区带的钻井成本，与整个页岩区带的平均值相比不高，这充分说明学习曲线的作用和技术的规模经济。比如，切萨皮克公司在 Eagle Ford 页岩上的单井成本低于整个区带的平均值，其单井成本的最高值约为区带平均值 746 万美元。而戴文公司和 EOG 公司更为突出，戴文公司在 Granite wash、Haynesville、Horn River、Utica 等页岩上的单井成本都比区带平均值要低，是成本控制的优秀公司。EOG 公司（图 5-1-22）和 Apache 公司（图 5-1-23）也分别在 6 个北美不同页岩区带投资开发。EOG 公司在 Bakken、Eagle Ford、Haynesville、Niobrara 和 Panhandle 页岩上的单井成本都比区带平均值要低。

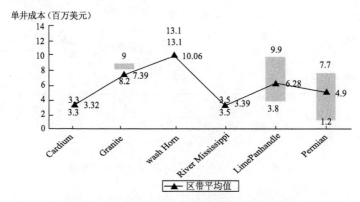

图 5-1-23　Apache 公司不同区带的单井成本

资料来源：据 Hart Energy 2011—2014 整理

对于北美主要的页岩区带来看，不同生产商的单井成本控制是有一定差异的。

如图 5-1-24 所示，Bakken 页岩整个区带的单井成本平均值为 794 万美元，那么低于平均值的生产商有 Continental、EOG、ExxonMobil、Hess 和 Whiting Petroleum 公司，其中 ExxonMobil 极为突出。

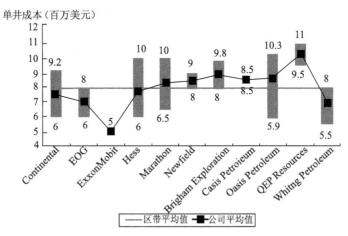

图 5-1-24　Bakke 页岩主要生产商单井成本对比

资料来源：据 Hart Energy 2011—2014 整理

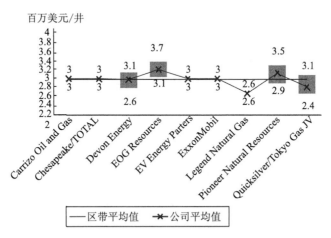

图 5-1-25　Barnett 页岩主要生产商单井成本对比

资料来源：据 Hart Energy 2011—2014 整理

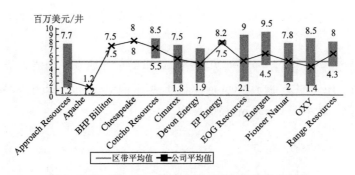

图 5-1-26　Permian 盆地主要生产商单井成本对比

据 Hart Energy 2011—2014 整理

如图 5-1-25 所示，Barnett 页岩整个区带的单井成本平均值为约 300 万美元，生产商们的单井成本都基本一致，比如 Carrizo Oil and Gas、Chesapeake/ TOTAL、Devon Energy、EV Energy Parters、ExxonMobil，表现突出的是 Legend Natural Gas 公司和 Quicksilver/Tokyo Gas JV。

如图 5-1-26 所示，Permian 盆地整个区带的单井成本平均值为约 490 万美元，但是差异性极大，要么属于最高的 700 万~800 万美元，要么属于最低的 120 万~220 万美元。只有 Approach Resources 公司的单井成本始终在保持在最低的 120 万美元，此外还有 Apache 公司、Pioneer Natuaral Resources、Concho Resources、Devon Energy 公司也有不到 200 万美元的单井投入。

如图 5-1-27 所示，Marcellus 页岩整个区带的单井成本平均值为约 578 万美元，Chevron/Reliance 公司，Range Resources 公司、Shell 公司、Talisman 公司的单井成本低于整个区带平均值，尤其是 Chevron 公司成本控制良好。

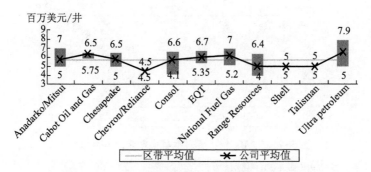

图 5-1-27　Marcellus 页岩主要生产商单井成本对比

资料来源：据 Hart Energy 2011—2014 整理

如图 5-1-28 所示，Eagle Ford 页岩整个区带的单井成本平均值为约 746 万美元，Anadarko 公司、Chesapeake 公司、Encana 公司、EOG 公司、Murphy Oil 和 SM Energy 公司的单井成本低于整个区带平均值，尤其是 Anadarko 成本控制良好。

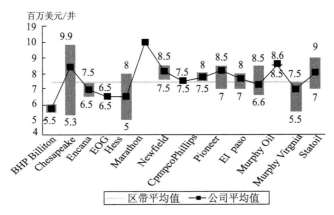

图 5-1-28　Eagle Ford 页岩主要生产商单井成本对比

资料来源：据 Hart Energy 2011—2014 整理

事实上，单井成本涉及的因素有很多。影响钻井成本的最主要因素是井深进尺，这又取决于页岩的页岩埋深，Bakken 页岩的垂深大，成本必然最高。近年来，水平井替代竖井扩展可采地层面积的同时不可避免地增加了水平井钻井成本上升压力，但技术的进步导致钻井速率（英尺/天）的提升和单位进尺成本的下降，抵消甚至打压了水平井钻井成本的增加。而完井成本受各种因素作用，如支撑剂、压裂液、压力、压裂级别等。比如支撑剂和压裂液的使用量和造价会直接提高完井成本。随着压裂级数的不断增加，每级压裂段长的不断缩短，必然使用更大量的支撑剂、钻井液等，但技术进步会使得完井方案可以接受更低廉的树脂合成支撑剂和更少量的水，单位支撑剂的成本不断下降。如表 5-1-17 所示，2014 年之后各生产商的单井成本几乎都已纷纷削减，比如 Chesapeake 公司 2014 年之前在 Barnett、Marcellus 和 Haynesville 的单井成本分别从 300 万美元、500 万~650 万美元和 800 万~950 万美元降低到 260 万美元、450 万美元和 750 万美元，分别下降了 13%、22% 和 12%。

表 5-1-17　北美生产商单井成本　　　　　　　　单位：万美元

公司	Barnett	Fayetteville	Marcellus	Woodford	Haynesville
XTO Energy	290	270	350	500	800
Deven Energy	290			530	
Chesapeake	260	300	450		750
Quicksilver	180				
Forest Oil	190~210				900
Williams	270				
Carrizo Oil&Gas	320				
Southwestern		290			
PetroQuest		180~340		410	
Petrohawk		260			850~950
EOG					900
Encana					900
Goodrich					750
Plains E&P					750
EI Paso					800
Penn Virginia					800~850
Cabot Oil and Gas			330~350		1000
Range			350		
Talisman			450		
Anadarko			400		
Newfield				500~700	
Cimarex				750-800	

资料来源：据 IHS2015

四、其他成本的经济参数

北美页岩开采的全周期完全成本可以分解为以下 5 项：

发现成本（F&D）：以公司为单位的平均勘探投入。

开发成本（Capex）：以单井为单位、以钻完井成本（D&C）为主，包括土地征用、设备、管道等其他费用的投入。对于非常规油气资源来说，钻完井成本显然远远高于常规资源。

操作成本（Opex）：生产作业成本、综合管理费（G&A）等。

矿区使用成本（Royalty）。

税收：采掘税（Severance Tax）、资产税（Property Tax 可忽略）、联邦政府收入所得税（Federal lncome Tax 35%~50%）。

由于开发成本已在前文中详细阐述，现在只针对发现成本、操作成本、矿权使用成本、税收等对北美页岩勘探开发投入进行分析。

1. 发现成本

针对能源公司在不同区带的勘探投入，根据不完全统计，北美页岩的发现成本只有有限的数据，页岩气不同区带发现成本如表 5-1-18 所列，大约在 0.69~2.4 $/Mcfe 之间。

表 5-1-18　北美页岩气不同区带的发现成本　　　　　　　　　　　单位：$/Mcfe

页岩区带	最小值	最大值
Fayetteville	0.69	1.65
Haynesville	1.24	2.16
Marcellus	0.7	2.3

资料来源：据 Hart Energy 2011—2014 整理

勘探投入发生巨大的一般都在早期的勘探阶段，随着勘查深入，发现成本在投资成本中所占的比重越来越小。在对油气开发项目进行经济评价时，勘探投入的发现成本一般也可作为沉没成本不予考虑，特别是对单井的经济风险，发现成本暂不计入，只有在进行全周期完全成本核算时才被计入。

2. 操作成本

操作成本，不同于勘探投入，是必须作为运营成本计入到经济评价的现金流出中。一般地，北美页岩的开发中，操作成本包括综合管理费（G&A）、生产成本（集气/燃料动力/材料/脱水等）和租赁作业费（LOE）。

表 5-1-19 典型二叠纪公司成本构成

项目	区间
套保前现实价格（Unhedged Realized Price）	50 美元油价下约为 25~50 美元/桶（与含油价比例相关）
税收：包括采掘税、生产税和资产税（Taxes：Severance，Production and Prperty）	3%~13%
操作成本：LOE，集输费（Operating Costs：LOE，Gathering）	LOE 大约 2.14 美元/桶，运输管道费 0.25~1.5 美元/桶，卡车 2~3.5 美元/桶
管理费用（G&A Costs）	1~4 美元/桶
现金盈余（Cash Margin）	5~35 美元/桶

资料来源：据 Bloomberg，光大证券研究所整理

如表 5-1-19 所示，二叠纪盆地的操作成本（包括集输费）为 4.39~7.14 美元/桶，若包括管理费用等，二叠纪盆地的运营成本为 5.39~11.14 美元/桶。

3. 矿权使用成本

探矿和采矿的与矿产所在土地的持有人（地方州政府、或者私人）签署矿产开采的油气租约合同中，许可费 Royalty 按照税前产量的一定比例进行提取。由于页岩区带所在各州的不同，因此，各区带许可费 Royalty 不同。如表 5-1-20 所示，同在得克萨斯州的 Barnett 页岩、Eagle Ford 页岩、Panhandle 页岩、Permian 盆地和 Haynesville 页岩，许可费 Royalty 基本一致不超过 25%。

表 5-1-20 北美页岩区带的矿权许可费 Royalty

	页岩区带	位置	最小值（%）	最大值（%）
1	Alberta Bakken	加拿大亚伯达省	10	40
2	Bakken	美国蒙大拿州、北达科他州、萨斯克彻温省	17	25
3	Barnett	美国得克萨斯州的中部和北部	11	26
4	Cardium	加拿大亚伯达省	11	26
5	Duvernay	加拿大亚伯达省	5	35
6	Eagle Ford	美国得克萨斯州南部	20	27
7	Fayetteville	美国阿肯色州	15	18

续表

	页岩区带	位置	最小值（%）	最大值（%）
8	Granite Wash	美国俄克拉荷马州	19	25
9	Haynesville	美国路易斯安那州、得克萨斯州	12	25
10	Horn River	加拿大不列颠哥伦比亚省	0	38
11	Marcellus	美国宾夕法尼亚州、西弗吉尼亚州	15	20
12	Mississippi Lime	美国堪萨斯州 、俄克拉荷马州	17	20
13	Montney	加拿大不列颠哥伦亚省、亚伯达省	9	40
14	Niobrara	美国蒙大拿州、怀俄明州、科罗拉多州、内布拉斯加州、堪萨斯州	8.3	20
15	Panhandle	美国俄克拉荷马州和得克萨斯州	15	25
16	Permian	美国得克萨斯州和新墨西哥州	15	25
17	Utica	美国宾夕法尼亚州、西弗吉尼亚州、俄亥俄州、纽约州	10	20
18	Woodfood	美国俄克拉荷马州	20	27

资料来源：据 Hart Energy 2011—2014 整理

第二节　北美页岩油气资源开发的经济评价

一、页岩油气区带的经济评价

选取 Hart Energy 发行的 NASQ 北美页岩季刊 2011—2014 年各能源公司在不同区带不同作业位置上的生产井（以中位数井的数据为测算口径）的数据资料，包括生产产率、单井成本、操作成本、矿权使用成本等经济参数，以当前的油气价格为准，以 30 年生产周期，以 7.5% 为贴现率，对非常规油气开采进行经济评价，从净现值 NPV 和盈亏平衡价格的经济效果和经济边界这不同 2 个视角进行测算评估。

1. 基于净现值 NPV 的经济评价

净现值法是目前应用最为广泛最基本的评价方法。当 NPV>0 时，表示项目除保证实现规定的收益外，尚可获得额外的收益。净现值法可以清楚地表明方案在整个寿命期内的绝对收益——NPV 值，因此这种量化指标可以视作是否取得经营效益的评判指标。

表 5-2-1　北美区带 NPV　　　　　　　　　　单位：百万美元

区带名称	最小值	最大值	平均值
Dunervay	−1	4.33	3.04
Haynesville	−2.11	5.75	2.93
Utica	−0.8	5.9	3.15
Montney	−0.26	5.86	3.19
Barnett	−0.28	6.44	3.1
Woodfood	−1.6	8.3	3.89
Mississippi Lime	0.57	7.18	3.89
Alberta Bakken	0.31	7.84	2.47
Fayetteville	−0.54	9	3.96
Permian	−0.22	8.89	3.33
Cardium	0.8	7.91	2.87
Bakken	1.78	14.9（高 NPV）	7.755
Horn River	−0.12	10.65	7.39
Granite Wash	1.5	13.2	7.85
Marcellus	−1.07	13.6	5.23
Eagle Ford	−3.24	16（高 NPV）	5.79
Panhandle	0.26	12.72	5.16
Niobara（Rockies）	0.93	15.39（高 NPV）	6.23

资料来源：据 Hart Energy 2011—2014 整理

表 5-2-1 和图 5-2-1 显示：所有区带 NPV 平均值>0，大致可以说明，北美的主要页岩在 2011—2014 年的整体效益是经济可观的。产油区比产气区效益高，因为 NPV 最小值<0 的区带基本都是产气区。从 NPV 的平均值来看，Granite Wash、Bakken 和 Horn River 属于第一方阵，Marcellus、Eagle Ford、Panhandle 和 Niobara（Rockies）属于第二方阵，其他的 Dunervay、Haynesville、Utica、Montney、Barnett、Woodfood、Mississippi Lime、Alberta Bakken、

Fayetteville、Permian 和 Cardium 属于第三方阵。

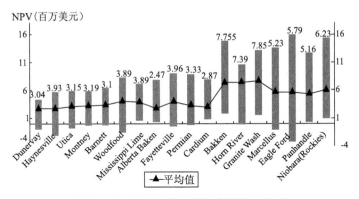

图 5-2-1　北美页岩区带经济评价 NPV 值

资料来源：据 Hart Energy 2011—2014 整理

2. 基于平衡油气价格（Breakeven Price）的经济评价

由于价格是最为敏感和直观的因素，因此通常用平衡油气价格来作为衡量是否经济可行的直接指标，这是应用了经济边界的原理，分析在现有的生产率、投资成本的条件下，能够保持盈亏平衡的最低价格。与净现值 NPV 法不同的是，净现值直接体现的是开发资源的经济效果和经济价值，而且是预期的额定收益之外的利润，是一种在模拟产量、价格情境下的确定性分析。而平衡油气价法，则是一种风险分析，测算安全保守的平衡点，是最低极限的标准。

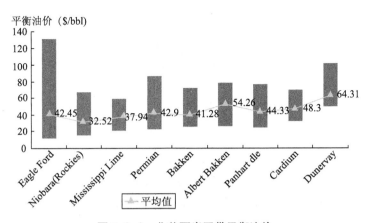

图 5-2-2　北美页岩区带平衡油价

资料来源：据 Hart Energy 2011—2014 整理

根据 NPV＝0 时的价格测算，得到北美各区带生产井的平衡油价。

表 5-2-2　北美区带 2011—2014 年平衡油价　　　　单位：$/bbL

区带名称	最小值	最大值	平均数
Eagle Ford	11.9（低平衡油价）	131.68	42.45
Niobara（Rockies）	15.71（低平衡油价）	67.12	32.52
Mississippi Lime	21.25（低平衡油价）	59.14	37.94
Permian	22.7（低平衡油价）	86.22	42.9
Bakken	25.8	72.38	41.28
Alberta Bakken	26.37	78.22	54.26
Panhandle	24.66	75.71	44.33
Cardium	32.5	70.4	48.3
Dunervay	50.27	102.25	64.31

资料来源：据 Hart Energy 2011—2014 整理

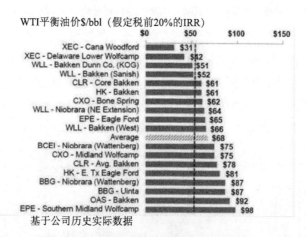

基于公司历史实际数据

图 5-2-3　北美页岩典型区块的平衡油价

资料来源：据摩根斯坦利证券研究

表 5-2-2 和图 5-2-2 说明：所有区带平均的平衡油价范围在 32~65 $/bbl 之间，大多数处于 40~50 $/bbl 之间，在 2014 年之前，所有北美页岩区带均具有较大的盈利空间。除了 Duneray 区带的平均平衡油价居高位 64.31 $/bbl、次高的 Alberta Bakken 的平衡油价为 54.26 $/bbl，这些区带显然必须更多地抵御价格风险；其他区带 Eagle Ford、Niobara（Rockies）、Mississippi Lime、

Permian、Bakken、Panhandle、Cardium 都有较好的价格优势，在合理的投资战略下，有着良好的经济效益。尤其是 Niobara（Rockies）对抗原油价格风险的能力最高，但最低的平衡油价出现在 Eagle Ford 页岩。

表 5-2-3　典型致密油产区盈亏平衡油价

致密油产区	盈亏平衡油价 （ $/bbl）	石油钻机开工数	
		12/12/2014	1/7/2015
Billings	44	2	1
BOT-REN	52	5	4
BOW-SLP	75	2	3
Burke	62	3	2
Divide	73	4	6
Dunn	29	28	26
Golden Valley	52	0	1
Mackenzie	30	64	59
MacLean	77	1	0
Mountrail	41	33	28
Stark	37	0	1
Williams	36	40	35
		182	166

资料来源：据北达科他州矿产源部
注：此盈亏平衡油价，意味着油价跌至此平衡价位后，产区将不再新增钻探活动

当然一些其他研究机构也对北美页岩进行了平衡油价的测算，如图 5-2-3 所示，据摩根斯坦利证券研究，以税前内部收益率 IRR 20% 来计，北美页岩的平衡油价平均为 68 $/bbl。如图 5-2-4 所示，据 Wood Mackenzie 伍德麦肯兹能源咨询公司的研究，以 WTI 价 5% 折算、税后 10% 的贴现率，北美页岩半周期的（生产商要想全周期的 10% 收益必然要得到半周期的 25%~30% 收益）平衡油价在 60~80 $/bbl。如表 5-2-3 所示，据北达科他州矿产资源部的数据显示，典型致密油产区在油价低于盈亏平衡油价 30-778 $/bbl 之下，不再新增钻机活动。

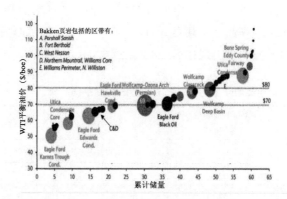

图 5-2-4　北美页岩半周期下的平衡油价

资料来源：据 Wood Mackenzie

根据 NPV=0 时的价格测算，得到北美各区带生产井的平衡气价。

表 5-2-4 和图 5-2-5 说明：各区带平衡气价的范围是在 2.4~4.2 $/Mcf 之间；Fayetteville 和 Marcellus 页岩气开发的价格优势更大；Haynesville、Utica 和 Montney 存在着一定的价格风险。

表 5-2-4　北美页岩区带 2011—2014 年平衡气价　　　　单位：$/Mcf

区带名称	最小值	最大值	平均值
Eagle Ford	0.28（低平衡气价）	9.8	2.99
Marcellus	0.55（低平衡气价）	5.25	2.4
Barnett	0.86（低平衡气价）	4.48	3.1
Fayetteville	1.26	5.11	2.43
Utica	1.28	6.8	4.2
Woodfood	2.05	6.54	3.18
Montney	2.35	4.9	3.7
Haynesville	2.42	6.18	3.81
Horn River	2.93	4.84	3.57
Granite Wash	2.5	4.9	3.31

资料来源：据 Hart Energy 2011—2014 整理

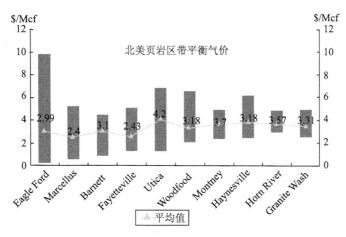

图 5-2-5 北美页岩区带平衡气价

资料来源：据 Hart Energy 2011—2014 整理

综上所述，从经济视角，按照不同页岩区带 NPV 和平衡价格的经济评价排序来看，总的来说，北美页岩具有较为可观的经济效益和价格韧性。油气价格不利环境下存在较大风险的是 Alberta Bakken，尽管 Duneray 和 Montney 储量资源丰富，还需要进行成本管理和成本控制，而 Niobara（Rockies）、Bakken、Marcellus、Eagle Ford、Mississippi Lime、Barnett 和 Permian 的经济性较好，可以抵抗一定程度的价格风险。

二、页岩油气区块的评价优选

从购买区块的角度看，采用 NPV 的方法比平衡油气价格更适用，因为可以评估未来在预期收益之外的盈利，更面向未来的收益；而从原持有区块是否放弃的角度看，采用平衡油气价格的方法更合理，因为可以直观地判断目前现在最低持有的经济边界，更关注当前风险。

1. 页岩气的区块选优

根据上述讨论结果，进一步针对有力区带目标 Eagle Ford、Barnett 和 Marcellus 进行经济性分析。分别对这 3 个区带页岩气开发的具体作业位置进行净现值和盈亏平衡气价的经济评价，见表 5-2-5。

Eagle Ford 页岩上经济效益最好的区块是，位于得克萨斯州 Karnes 和 De Witt 县郡上 Black Hawk 油窗的 BHP Billiton 公司区块，其 NPV 值最高 16 $ mm

（图 5-2-6）。同样，BHP Billiton 公司还有一个位于得克萨斯州 La Salle 和 Mc-Mullen 县郡的 Hawkville 气-凝析油窗的区块，原油价格的经济边界为整个 Eagle Ford 页岩区带上的最低 11.9 $/boe，具有极强的价格优势（图 5-2-7）。另一个天然气供应价格最低的是 SM Energy 公司在得克萨斯州 Webb、Dimmit 县郡上湿气窗的区块，其天然气价格的经济边界为 0.28 $/Mcfe，也具有极强的价格优势。

Marcellus 页岩上最具价格优势的是 EQT 公司在得克萨斯州 Doddridge 县郡的区块，平衡气价 0.55 $/Mcfe，具有极高的价格风险抵御能力（图 5-2-8），而 Marcellus 页岩上西南公司 2013 年 11 月宣布了在 Susqueha nna 县郡的一口产量峰值达 32.3 MMcf/d 的高产井，因此 NPV 值最大，是 Marcellus 页岩上经济效益最好的区块（图 5-2-9）。

Barnett 页岩上最具价格韧性的是，得克萨斯州 Wise 县郡上戴文能源公司的区块，平衡气价也同样低至 0.86 $/Mcfe（图 5-2-10）；Barnett 页岩上 EOG 公司在得克萨斯州 Montague 县郡的区块是 Barnett 页岩上 NPV 值最大经济价值最好的区块（图 5-2-11）。

从作业公司的另一个角度来说，BHP Billiton 公司、西南公司和 EOG 公司是页岩气投资取得最佳效益的公司。SM Energy 公司、EQT 公司、戴文能源公司是最具风险抵御能力的公司。

2. 致密油的区块选优

根据上述讨论结果，进一步针对有力区带目标 Niobara 页岩、Bakken 致密油、Permian 盆地和 Mississippi Lime 页岩进行经济性分析。分别对这 4 个区带致密油开发的具体作业位置进行净现值和盈亏平衡油价的经济评价，见表 5-2-5。

表 5-2-5　北美页岩经济评价的有力区块

页岩区带	公司	区块位置	30日 IP boe/d 或 MMcfe/d	30年 EUR Mboe 或 Bcfe	油(凝析):NGL:气	第一年递减率(%)	深度(ft)	水平长度(ft)	水平压裂级数	井距 英亩/井	单井投资 $ mm	生产井 NPV $ mm	平衡气价 $/Mcfe	平衡油价 $/boe
Eagle Ford 页岩	BHP Billiton	Hawkville气-凝析油窗 TX, La Salle 和 McMullen 县郡	1351.0	838	48:27:29	84	10500-12500	5000-7000	18	80	8.5-9	6.6	3.50	11.90
	BHP Billiton	Black Hawk 油窗 TX, Karnes 和 De Witt 县郡	1532.0	817	28:21:51	78	12000-13500	5500	18	80	9.5	16	2.50	14.30
	SM Energy	湿气窗 TX, Webb, Dimmit 县郡	621.3	860.2	31;31;38	82	6000-9000	5500	–	60-120	5.5	4.81	0.28	

续表

页岩区带	公司	区块位置	30日IP boe/d 或 MMcfe/d	30年EUR Mboe 或 Bcfe	油(凝析):NGL:气	第一年递减率(%)	深度(ft)	水平长度(ft)	水平压裂级数	井距英亩/井	单井投资 $mm	生产井NPV $mm	平衡气价 $/Mcfe	平衡油价 $/boe
Marcellus页岩	EQT Corp.	WV, Doddridge县郡	5.50	3.40	0:27:73	84	7000-8000	4500-5500	15-24	122	5.35	3.82	0.55	
	Southwestern Energy	PA, Susquehanna县郡	14.7	12.3	0:7:93	84		6194	20	80	7.1	13.6	1.55	
Barnett页岩	Devon Energy	TX, Wise县郡	1.88	3.60	5:28:67	73	7500	4000.00	—	80	3	1.71	0.86	
	EOG Resources Combo	TX, Montague县郡	3.51	3.4	33:33:34	72	5000-9000	1800-3500	8-12	20-80	3.3	6.44	2.39	

续表

页岩区带	公司	区块位置	30日 IPboe/d 或 MMcfe/d	30年 EUR Mboe 或 Bcfe	油(凝析):NGL:气	第一年递减率(%)	深度(ft)	水平长度(ft)	水平压裂级数	井距 英亩/井	单井投资 $mm	生产井 NPV $mm	平衡气价 $/Mcfe	平衡油价 $/boe
Niobara (Rockies) 页岩	PDC Energy	Wattenberg field, DJ盆地	CO, Weld县郡	298	557	68:13:19	72	-	4,000-6,000	16-20	80	4.20	6.15		15.71
	Noble Energy	DJ盆地	CO, Weld县郡	607	494	87:7:6	84	-	4,000-9,000	18-38	160	4.5	15.39	-	16.61
Bakken 页岩	EOG Resources	Nesson - Little Knife area	ND, Mc Kenzie县郡东部	991	647	80:10:10	82	-		-	320	6	11.5		25.8
	QEP Resources	South Antelope Area	ND, Mc Kenzie	729	878	84:9:7	79	-	5000-12500	-	160	10.8	14.9		38.65

续表

页岩区带	公司	区块位置	30日 IPboe/d 或 MMcfe/d	30年 EUR Mboe 或 Bcfe	油(凝析):NGL:气	第一年递减率(%)	深度(ft)	水平长度(ft)	水平压裂级数	井距 英亩/井	单井投资 $mm	生产井 NPV $mm	平衡气价 $/Mcfe	平衡油价 $/boe
Permian 盆地	Devon Energy Bone Springs/Delaware Basin	TX 和 NM	545	531	85:5:10	63	8000—10500	-	-	80	7	8.89		34.70
	Wolfberry/Midland Basin	TX	208	255	70:15:15	73	7400—10400	-	20—40	2	3.67		22.70	
Mississippi Lime 页岩	Sandridge Energy	OK 的 Grant 县郡	605.00	426.00	34:17:49	77	-	4500	6—12	160	3.10	7.18		21.25

从经济的视角分析，无疑 Niobara 页岩位于科罗拉多州 Weld 县郡的区块是投资者追捧的区块，因为其在 DJ 盆地 Wattenberg 油田上的至少 PDC Energy（图 5-2-12）和 Noble Energy 公司（图 5-2-13）的 2 个区块，最低的经济边界平衡油价位于低位在 15~17 $/boe，而且 Noble Energy 公司在 DJ 盆地的区块其经济效果 NPV 值也是非常高 15.39 $ mm。

Bakken 页岩北达科他 McKenzie 县郡也是经济评价最佳的区块。EOG Resources 公司位于 Nesson-Little Knife 地区的区块（图 5-2-14）、QEP Resources 公司位于 South Antelope 地区的区块（图 5-2-15），无论是 NPV 还是平衡油价都是效益高（11~15 $ mm 的净现值）、风险低（25~39 $/boe 平衡油价）的有力区块。

Devon Energy 公司在 Permian 盆地的 2 个区块分别是经济效益高（8.89 $ mm 的净现值）、价格风险低（22.7 $/boe 平衡油价）的有力区块，分别位于 Delaware 盆地的 Bone Springs（图 5-2-16）和 Midland 盆地的 Wolfberry（图 5-2-17）。

Mississippi Lime 区带的 SandRidge 能源公司位于 Grant 县郡的区块（图 5-2-18）是有力区块，同时具备价格优势和经济优势，其平衡油价为 21.25 $/boe，NPV 为 7.185 $ mm。

从作业公司的另一个角度来说，PDC Energy、Noble Energy、EOG Resources、QEP Resources、Devon Energy 都是既能抵御价格风险又能获取最高收益的优秀公司。

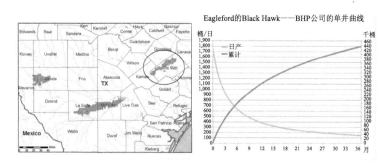

图 5-2-6　Eagle Ford 区带的 BHP 公司的 Black Hawk 区块

资料来源：据 Hart Energy 2011—2014

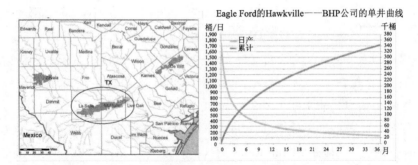

图 5-2-7　Eagle Ford 区带的 BHP 公司的 Hawkville 区快

资料来源：据 Hart Energy 2011—2014

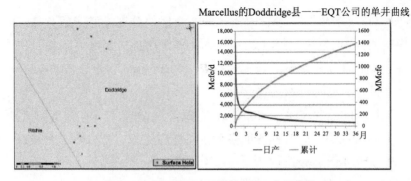

图 5-2-8 Marcellus 区带的 EQT 公司区块

资料来源：据 Hart Energy 2011—2014

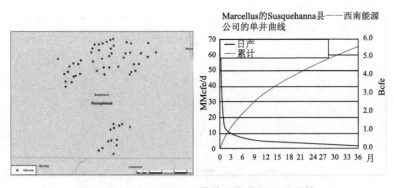

图 5-2-9　Marcellus 区带的西南能源公司区块

资料来源：据 Hart Energy

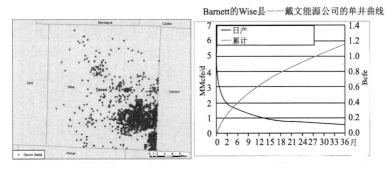

图 5-2-10　Barnett 区带的戴文能源公司区块

资料来源：据 Hart Energy 2011-2014 整理

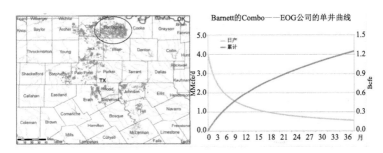

图 5-2-11　Barnett 区带的 EOG 公司区块

资料来源：据 Hart Energy 2011—2014

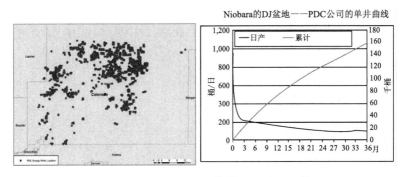

图 5-2-12　Niobara 区带的 PDC 公司区块

资料来源：据 Hart Energy 2011—2014

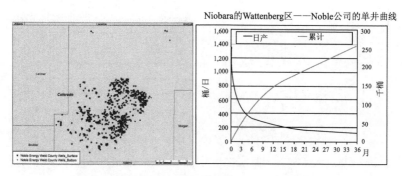

图 5-2-13　Niobara 区带的 Noble 公司区块

资料来源：据 Hart Energy 2011-2014

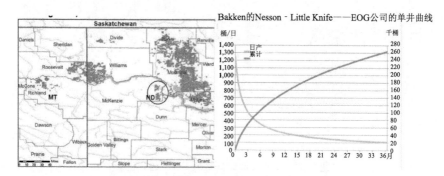

图 5-2-14　Bakken 区带的 EOG 公司区块

资料来源：据 Hart Energy 2011—2014

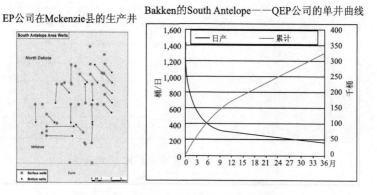

图 5-2-15　Bakken 区带的 QEP 公司区快

资料来源：据 Hart Energy 2011—2014

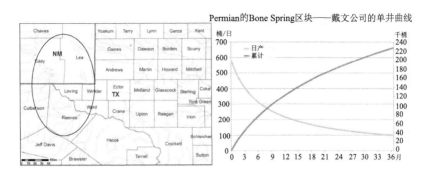

图 5-2-16　Permian 区带的戴文公司 Bone Spring 区块

资料来源：据 Hart Energy 2011—2014

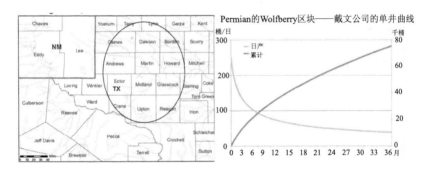

图 5-2-17　Permian 区带的戴文公司 Wolfberry 区块

资料来源：据 Hart Energy 2011—2014

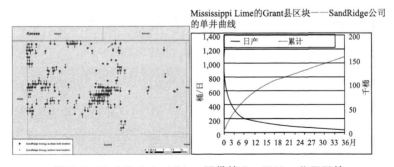

图 5-2-18　Mississippi Lime 区带的 SandRidge 公司区块

资料来源：据 Hart Energy 2011—2014

第三节　Permian 盆地经济性分析

前述是对整个北美地区页岩开发的经济评价分析，其经济参数来源于 Hart Energy 发行的 NASQ 北美页岩季刊 2011—2014 年生产商开采数据，因此可以说是对北美页岩蓬勃发展时期的经济分析，事实上，在原油价格环境良好的这层保护伞下，一定程度上未必能真正展示其经济实力，或者说，生产商们只有在价格压力的逼迫下，才能全力提高效率压缩成本，取得最佳经济效果。由此，有必要在 2014 年之后油价下挫又逐步回暖的原油环境下，真实揭示和评估北美页岩的经济性。

北美页岩开发一路走来，从领头羊 Barnett 页岩开始，在历经 2014 年原油价格暴跌的惨痛之后，终于迎来了 Permian 二叠纪盆地的页岩时代。这是因为 Permian 盆地是低油价扼杀之时唯一屹立不倒、逆势而行的致密油产区，Permian 盆地自 2007 年开始增产以来一直保持着上涨势头，目前产量已然翻番于另两个原油主产区 Eagle Ford 页岩和 Bakken 页岩；同时，目前 Permian 盆地活跃着一半的北美水平井钻机数，Permian 盆地集中 41% 以上的全美原油的 DUC 井，不久的将来，正处于生命周期中早期的二叠纪盆地的原油，产量将占美国产量的 1/3，助推北美原油产量再创历史新高。

因此，下面以 Permian 盆地为例进行经济分析。

一、Permian 盆地页岩油气开采背后的经济分析

1. 钻机活跃数

经过 2014 年原油价格暴跌的洗礼之后，北美页岩的钻机数起起伏伏，截止到 2018 年 5 月，全美钻机数达 798 台，其中 Permian 盆地占到了 58% 以上，二叠纪盆地的钻机数远远高于 Eagle Ford 和 Bakken 之和。如图 5-3-1 所示。

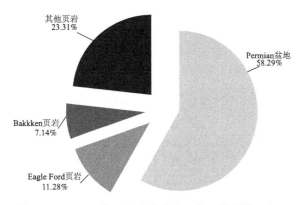

图 5-3-1　2018 年 5 月全美主力页岩区带的钻机占比

资料来源：据 EIA2018 整理

如果把 2014 年之后的钻机变化规律放大来看，EIA 公布的美国原油地区活跃钻机台数变化如下，据表 5-3-1 所示：美国钻机整体的峰值为 2014 年 10 月的 1309 台，谷值为 2016 年 5 月的 262 台，然后逐渐回升到 2018 年 5 月底的 798 台。三大主力油区的钻机峰值时间相近都是 2014 年 9—11 月，Permian 的峰值为 2014 年 11 月的 565 台，Eagle Ford 的峰值为 2014 年 10 月的 268 台，Bakken 的峰值为 2014 年 9 月的 194 台。三大主力油区的钻机与整体的谷值时间完全一致，均为 2016 年 5 月，Permian、Eagle Ford 和 Bakken 的钻机台数分别减少到 137 台、32 台和 24 台。

表 5-3-1　2014 年 6 月至 2018 年 5 月美国三大主力油区的钻机台数对比

重要时间节点	Permian 盆地	Eagle Ford 页岩	Bakken 页岩	全美油区
2014 年 6 月 油价暴跌时	550	261	174	1255
2016 年 2 月 油价最低时	171	59	38	351
峰值时	2014 年 11 月 565	2014 年 10 月 268	2014 年 9 月 194	2014 年 10 月 1309
谷值时	2016 年 5 月 137	2016 年 5 月 32	2016 年 5 月 24	2016 年 5 月 262
2018 年 5 月	465	90	57	798

资料来源：据 EIA 整理 2018

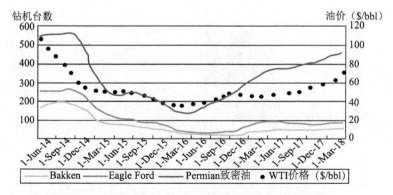

图 5-3-2　美国三大主力油区钻机台数与原油价格关系

资料来源：据 EIA2018 资料整理

美国页岩钻机活跃性上升的启动油价为 WTI 油价 46.71 美元。如图 5-3-2 所示，三大主力油区的钻机活跃都是从 2016 年 5 月 46.71 美元左右开始回升，不同的是，Eagle Ford 和 Bakken 的钻机台数在起伏波动中缓慢上升，而 Permian 的钻机台数则一直几乎直线上升。这充分说明，45 美元以下的油价逼压之下，对 Permian 生产商而言，并未太大受损，因此突破 45 美元之后钻机表现活跃，生产迅猛提升，而与此同时，45 美元的油价挤压对其他的 Bakken 和 Eagle Ford 的生产商来说，就大伤元气。

Permian 产区的平均盈亏价格可能在 45 美元之下，而 Eagle Ford 和 Bakken 产区的平均盈亏价格则在 50 美元上。

2. 完钻且未完井数 DUCs

表 5-3-2　2014 年 6 月至 2018 年 5 月美国三大主力油区的 DUCs 井数对比

重要时间节点	Permian 盆地	Eagle Ford 页岩	Bakken 页岩	全美油区
2014 年 6 月 油价暴跌时	784	1087	702	4611
2016 年 2 月 油价最低时	1181	1527	894	6349
峰值时	2018 年 5 月 3203	2018 年 1 月 1541	2016 年 4 月 918	2018 年 5 月 7772
谷值时	2014 年 6 月 784	2014 年 12 月 1025	2014 年 10 月 700	2014 年 6 月 4611
2018 年 5 月	3203	1485	750	7772

资料来源：据 EIA 整理 2018

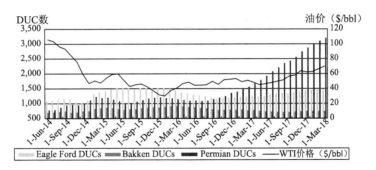

图 5-3-3　美国三大主力油区 DUCs 与原油价格关系

资料来源：据 EIA2018 资料整理

如表 5-3-2 和图 5-3-3 所示，全美油区的 DUCs 增长，除了 Bakken 页岩稍逊，Permian 盆地和 Eagle Ford 页岩的 DUCs 都在增长，不仅表现在油价暴跌之后的 2014 年末，也发生在 2016 年后油价的回暖之后，尤其是 Permian 盆地，其 DCU 数仍在大幅增长，2018 年 5 月 Permian 盆地的 DUCs 已达历史新高，与 2014 年 6 月相比增长了 308%，占到当前全美油区 DUCs 的 41% 以上。

DUC 库存数量的增长，首先意味着生产商钻机活动活跃，生产商对未来的前景展望看好，认为正处于一个产量稳定价格增长的良好环境中；其次，如果把钻井投资作为沉没成本考虑的话，DUCs 井的盈亏平衡价格必然低很多，因此可以预测，不仅近期，甚至在未来的两三年内即使油价再度下滑，高水平的 DUC 库存数量，都可以成为 Permian 盆地石油产量下跌的巨大缓冲器；第三，油价一旦上升，DUCs 井的投产速度也会大幅增长。油价越高，对应的产量越大。

总之，正是由于 Permian 盆地高库存的 DUCs，充分说明 Permian 盆地盈亏平衡原油价格在 DUCs 下比正常钻完井下要低，由于完井成本占约整个单井投资的 60%~70%，因此大致推算 Permian 盆地盈亏平衡原油价格也只是正常钻完井情形下的 70%。

3. 产量数

2014 年的原油价格下挫对 Permian 盆地自 2007 年以来的增产没有造成实质影响，且一直在持续增产中。对三大致密油产区的产量变化进行对比（图 5-3-4，表 5-3-3），可以发现：Permian 盆地自 2007 年一直以来都在增产，2014 年 6 月油价暴跌前产量为 96 万桶/天，2016 年 2 月油价最低时的产量为 137 万桶/天，截至 2018 年 5 月产量为 258 万桶/天，并仍在增产中；Eagle Ford 在 2014 年 6 月的产量为 138 万桶/天，在 2015 年 3 月达到峰值 162 万桶/天，后产量持续减少，在 2017 年 8 月触到低点 97 万桶/天，现回升到 119 万桶/天；Bakken 的产量曲线和 Eagle Ford 类似，2014 年 6 月的产量为 108 万桶/天，2014 年 12 月达到峰值 122 万桶/天，后持续减少，2016 年 12 月触到低点 93 万桶/天，现在回升到 121 万桶/天。从峰值和谷值的时间顺序来看，Eagle Ford 页岩和 Bakken 页岩的峰值早于谷值，可见是经历了下挫后缓慢回升的，而 Permian 盆地的峰值是最后的当前时间，可见产量一直在攀升，即使遭到原油价格的重创。

表 5-3-3   2014 年 6 月至 2018 年 5 月美国三大主力油区的产量对比

单位：万桶/日

重要时间节点	Permian 盆地	Eagle Ford 页岩	Bakken 页岩
2014 年 6 月油价暴跌	96	138	108
2016 年 2 月油价最低	137	131	111
谷值	2014 年 6 月 96	2017 年 8 月 97	2016 年 12 月 93
峰值	2018 年 5 月 258	2015 年 3 月 162	2014 年 12 月 122
2018 年 5 月	258	119	121

资料来源：据 EIA 整理 2018

也就是说，面对 2016 年 2 月的 30 美元低迷油价，Permian 盆地是唯一依然坚挺的致密油产区，这种逆势的韧性说明，即使在 30 美元、40 美元的低价通道，Permian 盆地依然可以存活，其部分地区盈亏平衡油价甚至低于 30 美元。

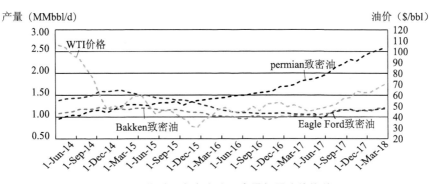

图 5-3-4　美国三大主力油区产量与原油价格关系

资料来源：据 EIA2018 资料整理

二、Permian 盆地典型开采商的经济分析

1. 开采商在二叠纪盆地的资源性

Permian 盆地中专注于页岩开采的典型公司有：先锋资源（PXD）、加拿大能源（ECA）、DiamondBack（FANG）、Parsley Energy（PE）、康丘资源（CXO）和 SM Energy（SM）公司，如表 5-3-4 所示。

表 5-3-4　Permian 盆地典型页岩公司的资产

公司	特点	采油油层或区块	证实探明储量
先锋资源（PXD）	领头羊，面积 最大储量最多	Spraberry/Wolfcamp	5.56 亿桶
加拿大能源（ECA）	多点布局	Eagle Ford、Permian、 Montney 和 Duvernay	3.94 亿桶（北美）
DiamondBack（FANG）	持续并购优质资产	6 个核心区块	2.1 亿桶
Parsley Energy（PE）	快速扩张		2.22 亿桶
康丘资源（CXO）	深耕 Delaware 次盆	Delaware 次盆北部，Delaware 次盆南部和 Midland 次盆	7.2 亿桶
SM Energy（SM）	聚焦 Howard	Midland 次盆的 Howard 县郡。 主力产油层为 Wolfcamp A， Wolfcamp B 和 Lower Spraberry。 还有 Eagle Ford 和 Rocky Mountain	0.54 亿桶

资料来源：据光大证券，2017，http：//futures. hexun. com/2017-08-15/190443423. html

（1）先锋资源公司（PXD）

先锋资源公司是最大的 Spraberry/Wolfcamp 油层开发商，先锋资源的页岩资产除了在 Permian 盆地的 Spraberry/Wolfcamp 油层拥有 5.56 亿桶的探明储量资源之外，还分布在在 Raton、Eagle Ford 及其他，如表 5-3-5 所示。

表 5-3-5 先锋资源的页岩资产

页岩资产	证实探明储量 Proved Reserves（MMboe）
Spraberry/Wolfcamp	556
Raton	85
Other	40
Total	726

资料来源：据光大证券，2017http：//futures. hexun. com/2017-08-15/190443423. html

（2）加拿大能源（ECA）

加拿大能源（ECA）公司多元布局，在北美 Permian 拥有 12000 个井位，Eagle Ford 有 800 个井位，在加拿大 Montney 有 9600 个井位，在 Duvernay 有 1000 个井位。截至 2016 年底，公司在北美有 155.5 万英亩油田，净权益 124.2 万英亩，其中在 Eagle Ford 有 4.2 万英亩净权益，在 Permian 有 13.6 万英亩油田（图 5-3-5）、12.7 英亩净权益（图 5-3-6）。在北美的证实储量为 3.94 亿桶。

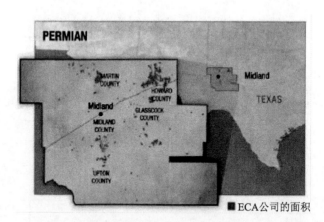

图 5-3-5 加拿大能源（ECA）公司在 Permian 的区块

资料来源：据光大证券，2017，http：//futures. hexun. com/2017-08-15/190443423. html

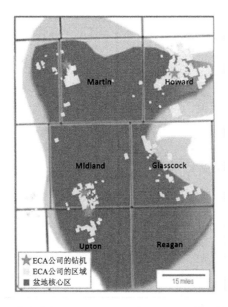

图 5-3-6　加拿大能源（ECA）公司在 Permian 的区块和钻机活跃

资料来源：据光大证券，2017

（3）DiamondBack（FANG）公司

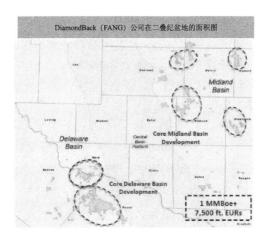

图 5-3-7　DiamondBack（FANG）公司在二叠纪盆地的 6 个核心区块

资料来源：据光大证券，2017 http：//futures. hexun. com/2017-08-15/190443423. html

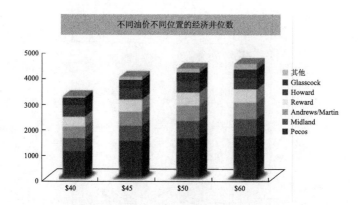

图 5-3-8　DiamondBack（FANG）公司在 Permian 的经济井位数

资料来源：据光大证券，2017 http：//futures. hexun. com/2017-08-15/190443423. html

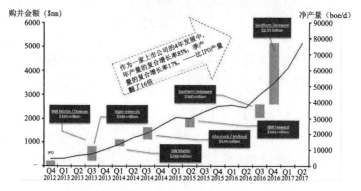

图 5-3-9　七次并购中壮大的 DiamondBack（FANG）公司

资料来源：据光大证券，2017 http：//futures. hexun. com/2017-08-15/190443423. html

DiamondBack（FANG）公司在二叠纪盆地有 6 个核心区块（图 5-3-7），约 19.1 万英亩净土地权益。在 Midland 次盆北部有 8.7 万英亩，在 Delaware 次盆南部有 10.4 万英亩。截至 2016 年底，拥有 2.1 亿桶油当量 1P 储量。在 50 美元油价、3 美元气价下，经济水平井井位 4300 个（图 5-3-8）。DiamondBack 通过并购成长壮大，2012 年上市以来完成 7 次并购，实现每年 85% 的产量复合增长率（图 5-3-9）。

（4）Parsley Energy 公司（PE）

Parsley Energy 公司在二叠纪盆地有约 23.1 万英亩净土地净权益，在 Midland 次盆有 17.9 万英亩，在 Delaware 次盆有 5.2 万英亩。拥有证实储量 2.22 亿桶（图 5-3-10）。

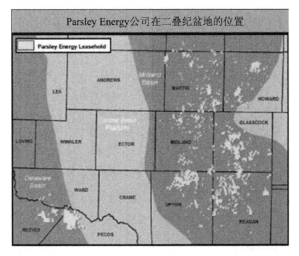

图5-3-10　Parsley Energy 公司在二叠纪盆地的区块位置

资料来源：据光大证券，2017 http：//futures. hexun. com/2017-08-15/190443423. html

Parsley Energy 公司在二叠纪盆地的快速扩张（图5-3-11），是从 2015 年开始，历经剥离、期满以及 5 次收购直至 2017 年拥有了现在的面积。

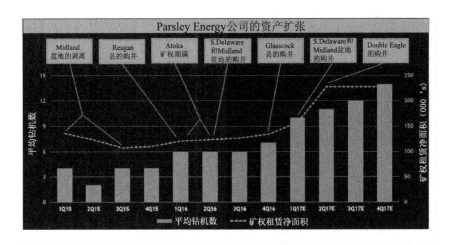

图5-3-11　Parsley Energy 公司在二叠纪盆地的 7 次快速扩张

资料来源：据光大证券，2017 http：//futures. hexun. com/2017-08-15/190443423. html

（5）康丘资源（CXO）公司

截至 2016 年底，康丘资源（CXO）公司在二叠纪有 58.7 万英亩净权益，证实储量 7.2 亿桶，含油比例 60%。主要分布于 Delaware 次盆北部，Delaware 次盆南部和 Midland 次盆（图 5-3-12）。

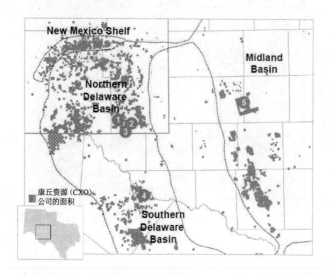

图 5-3-12 康丘资源（CXO）公司在二叠纪盆地的区块

资料来源：据光大证券，2017 http：//futures. hexun. com/2017-08-15/190443423. html

（6）SM Energy（SM）

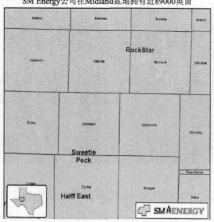

图 5-3-13 SM Energy 公司在二叠纪盆地的区块位置

资料来源：据光大证券，2017 http：//futures. hexun. com/2017-08-15/190443423. html

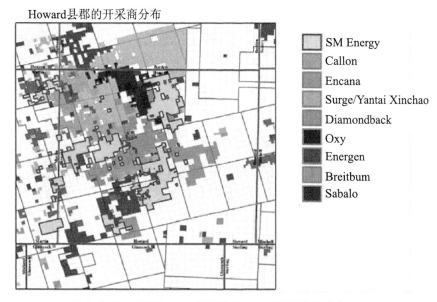

Howard县郡的开采商分布

SM Energy
Callon
Encana
Surge/Yantai Xinchao
Diamondback
Oxy
Energen
Breitbum
Sabalo

图 5-3-14　SM Energy 公司是 Howard 县郡的开采商之一

资料来源：据光大证券，2017 http：//futures. hexun. com/2017-08-15/190443423. html

SM Energy（SM）公司在 Midland 次盆有 8.9 万英亩净权益，主力产油层为 Wolfcamp A，Wolfcamp B 和 Lower Spraberry（图 5-3-13）。截至 2016 年底，公司在二叠纪的证实储量为 0.54 亿桶。公司在 Midland 次盆的资产主要集中在 Howard 县郡，是最主要的该县郡页岩开采商之一（图 5-3-14）。此外，公司在 Eagle Ford 还有 16.75 万英亩净权益，在 Rocky Mountain 有 46.5 万英亩净权益。

2. 开采商在二叠纪盆地的经济性

先锋资源公司整体的生产成本已经降至 8.38 美元/桶，油田折旧大约 14 美元（图 5-3-15），在 2017 年第二季度 WTI 油价 48 美元的环境下，整个公司实现的现金盈余为 24 美元/桶。其中二叠纪盆地水平井的现金盈余在 30 美元以上（表 5-3-6）。基于 47.5 美元/桶和 3 美元/Mcf 的套保和现实油气价格，公司 2017 年能够实现的经营性现金流为 19 亿美元（图 5-3-16）。公司未来 10 年将保持 15%以上复合增速，实现到 2026 年达到 100 万桶/天。

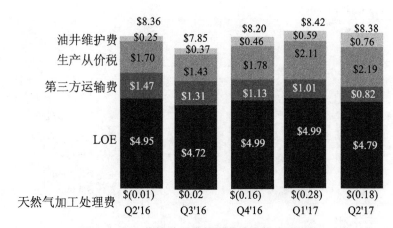

图 5-3-15　先锋公司整体经营成本构成及变化

资料来源：据光大证券，2017，http：//futures. hexun. com/2017-08-15/190443423. html

表 5-3-6　先锋公司 2017 年第二季度每桶现金盈余

	Permian 水平井	Permian 竖井	Eagle Ford	其他资产	整个公司
套保前现实价格 realized price （ex-hedges）	$ 34. 92	$ 3	$ 3	$ 3	$ 3
生产成本	(2. 23)	(15. 92)	(12. 30)	(10. 26)	(6. 19)
生产税等	(2. 44)	(2. 41)	(1. 07)	(1. 01)	(2. 19)
现金盈余 （cash margin）	$ 30. 25	$ 15. 06	$ 13. 29	$ 9. 59	$ 24. 18

资料来源：据光大证券，2017，http：//futures. hexun. com/2017-08-15/190443423. html

基于价格的现金流敏感性分析（$mm）

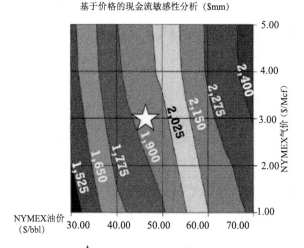

图 5-3-16　先锋公司现金流敏感性分析

资料来源：据光大证券，2017，http：//futures.hexun.com/2017-08-15/190443423.html

　　先锋资源公司一方面通过采用更长的水平井、更小的簇间距离、更多的钻井沙量、更多的水量来提升产量，2014—2016 年两年时间里先锋公司在二叠纪盆地的单井产量增长了 40%，另一方面则通过缩短钻完井的时间周期、减少服务成本、集中钻探于 3 号层和 8 号层等，从而削减钻井成本，这两年先锋公司在二叠纪盆地的钻完井的成本下降了 35%（图 5-3-17）。

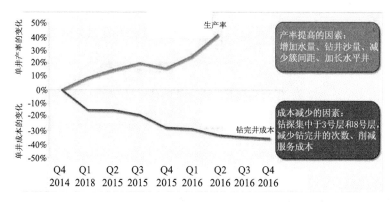

图 5-3-17　先锋公司在二叠纪盆地的井效

资料来源：据先锋公司，2017，http：//futures.hexun.com/2017-08-15/190443423.html

加拿大能源（ECA）公司在二叠纪的操作成本低于7美元/桶。平均单井费500万美元，单井长度8100英尺。加拿大能源公司在二叠纪盆地的钻井效率不断提升，钻探一口16000英尺的水平井，钻井时间从2014年的20多天缩短到现在的不到10天（图5-3-18）。

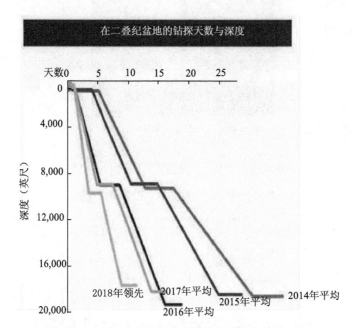

图 5-3-18　加拿大能源公司的钻井周期和钻井深度

资料来源：据光大证券，2017，http：//futures. hexun. com/2017-08-15/190443423. html

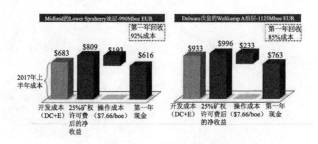

图 5-3-19　FANG 公司现金回收分析

资料来源：据光大证券，2017，http：//futures. hexun. com/2017-08-15/190443423. html

DiamondBack（FANG）公司区块主要位于二叠纪核心区域，以2017年

Q2 为例，现金流回收情况较好，核心区块能在 1 年内收回大部分的钻完井成本和运营操作成本，如图 5-3-19 所示，在 50 美元/桶的原油价格下，公司在二叠纪盆地的操作成本为 7.66 美元/桶。位于 Midland 县郡 Lower Spraberry 油层，总收益 809 美元可回收 92% 以上的总成本（683+193=876 美元），同样，在 Delware 次盆的 Wolfcamp A 油层，总收益 996 美元可回收 85% 以上的总成本（933+233=1166 美元）。在此价格下 FANG 公司现金盈余也高于 30.53 美元，如图 5-3-20 所示。FANG 公司 Midland 次盆 7500 英尺水平井需要花费 500 万~550 万美元，Delaware 次盆 7500 英尺水平井需要花费 600 万~800 万美元。

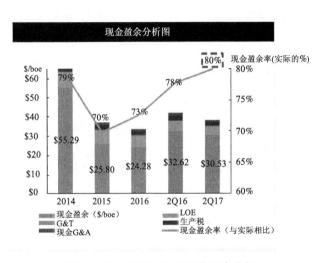

图 5-3-20　FANG 公司现金盈余分析

资料来源：据光大证券，2017 http：//futures. hexun. com/2017-08-15/190443423. html

2017 年第一季度，Parsley Energy 公司的生产成本为 7.59 美元/桶（LOE 低至 3.57 美元/桶，G&A 为 4.02 美元/桶），在 40.48 美元的现实油价下实现 30 美元以上的现金盈余，如图 5-3-21 所示。

康丘资源（CXO）公司在 50 美元油价下，在实现产量增长的同时，实现了经营性现金流高于用于钻井完井的资本开支，如图 5-3-22 所示。

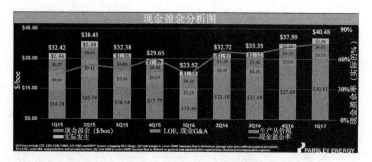

图 5-3-21　Parsley Energy 公司现金盈余分析

资料来源：据光大证券，2017，http：//futures. hexun. com/2017-08-15/190443423. html

图 5-3-22　康丘资源（CXO）公司现金流分析

资料来源：据光大证券，2017，http：//futures. hexun. com/2017-08-15/190443423. html

　　SM Energy（SM）公司在 Howard 县郡的单井峰值 1000 桶/天超过平均产率（图 5-3-23），含油量在 90%附近，压裂级数在 43~84 级，水平井长度为 7500~10500 英尺（表 5-3-7）。7600 英尺井的成本为 560 万~590 万美元，10000 英尺的成本为 680 万~700 万美元，在 50 美元下的单井 IRR 高达 60%（图 5-3-24）。尽管水平井越来越长，SM Energy 公司的单井单位钻井费用从 2012 年到 2017 年一直持续下降，但完井成本在下降之后的 2017 年又上涨，可能是因为为了增产而加大了压裂剂量（图 5-3-25）。

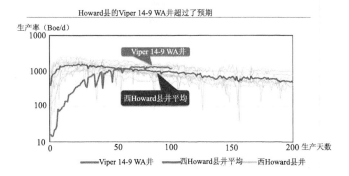

图 5-3-23　SM 公司单井产率

资料来源：据光大证券，2017 http：//futures. hexun. com/2017-08-15/190443423. html

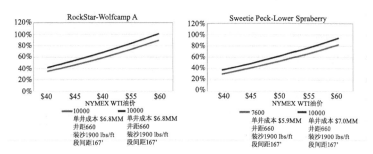

图 5-3-24　SM 公司单井 IRR

资料来源：据光大证券，2017 http：//futures. hexun. com/2017-08-15/190443423. html

表 5-3-7　Howard 县郡 SM 公司新井数据

井名	地层小层	水平井长度	IP峰值(Boe/d)	IP天数	IP/每1000ft	24小时IP峰值	段数	簇/每段	支撑剂(lbs/ft)	原油占比%
Tackleberry 43-42 A 1LS	LS	7,873'	1,286	30-day	163	1,426	50	5	1,912	89
Tackleberry 43-42 A 1WA	WCA	7,861'	2,262	30-day	288	2,639	49	5	1,883	90
Tackleberry 43-42 A 2WB	WCB	7,885'	1,412	30-day	179	1,655	50	5	1,728	86
Rambo 3848WA[4]	WCA	7,546'	1,130	30-day	150	1,253	48	5	1,946	89
Rambo 3848WA[5]	WCA	7,590'	1,118	30-day	147	1,228	48	5	1,935	88
Venkman 26-35 B 1WA	WCA	7,700'	1,274	30-day	165	1,329	49	5	1,935	91
Top Gun 1632LS[6]	LS	7,711'	1,270	30-day	165	1,308	44	5	2,018	88
Top Gun 1652WA[7]	WCA	7,596'	1,655	30-day	218	1,839	43	5	2,380	90
Guitar North 2722LS[3]	LS	9,692'	1,497	30-day	154	1,515	59	5	1,958	89
Guitar North 2742WA[4]	WCA	9,696'	1,949	30-day	201	2,542	59	5	1,997	90
Guitar North 2762WB[5]	WCB	9,693'	1,639	30-day	169	1,981	59	5	1,994	87
Papagiorgio 33-40 B 1WA	WCA	10,369'	1,275	30-day	123	1,606	62	5	1,886	92
Zissou 32-41 A 15WA	WCA	10,315'	1,351	30-day	131	1,736	62	5	1,861	90
Viper 14-09 1WA	WCA	10,422'	1,266	30-day	121	1,316	84	5	1,960	91

资料来源：据光大证券，2017，http：//futures. hexun. com/2017-08-15/190443423. html

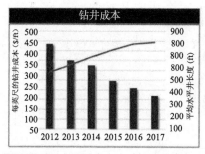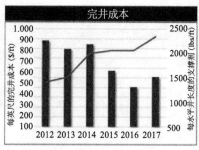

图 5-3-25　SM 公司钻完井成本变化趋势

资料来源：据光大证券，2017 http://futures.hexun.com/2017-08-15/190443423.html

综上，各开采商在二叠纪盆地的经济性表现如表 5-3-8 所示。

表 5-3-8　二叠纪盆地开采公司的经济性

开采商	操作成本	钻井参数	经济性
先锋资源（PXD）	8.38 美元/桶		48 美元油价下实现现金盈余 30 美元
加拿大能源（ECA）	低于 7 美元/桶	单井成本 500 万美元，水平井长 8100 英尺。井深 16000 英尺的钻井周期不到 10 天	
DiamondBack（FANG）	7.66 美元/桶	单井成本：Midland 500 万~550 万美元，Delaware 600 万~800 万美元。水平井长：7500 英尺	50 美元油价下实现现金盈余 30 美元
Parsley Energy（PE）	7.59 美元/桶		40.48 美元/桶油价下实现现金盈余 30 美元
康丘资源（CXO）			在 50 美元油价下，产量增长的同时，实现了经营性现金流高于用于钻井完井的资本开支
SM Energy（SM）		7600 英尺井的成本为 560 万~590 万美元，1000 英尺的成本为 680 万~700 万美元	在 50 美元下的单井 IRR 高达 60%

资料来源：据光大证券，2017

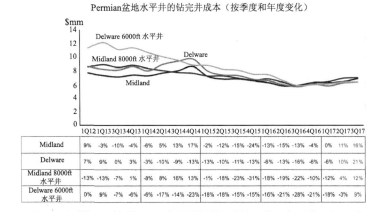

图 5-3-26　Permian 盆地钻完井成本曲线

资料来源：据 Rystad Energy，2017 www. eia. gov/petroleum/workshop/crude_ production/pdf/2017111 6_ RystadEnerg y_ EIA_ Permian. pdf

与 SM Energy（SM）公司钻完井成本变化规律一致，整个二叠纪盆地的钻完井成本在自从 2013 年以来持续下降之后的 2017 年又开始抬头（图 5-3-26），完井费用的绝对值和相对值都不断增长，可能的一个原因是其中不少低廉一些的钻完井服务合同，已经截止到 2017 年。

Rystad Energy 公司对排名前 30 的开采商生产井中的几十口井到近 500 口井的生产数据进行分析，以确定 Permian 盆地的平衡油价。这一平衡油价所涵盖的成本包括钻井成本、完井成本、操作费 LOEs、生产税、矿权使用费、运输成本以及价格差，同时 10% 的收益率也计入在内。如图 5-3-27 所示，Rystad Energy 公司的研究发现，这些前 30 开采商生产井中值的平衡油价在 20～60 美元/桶之间，且大多数集中于 40 美元/桶上下，约为 42.4 美元/桶。但是若是在全生命周期下，除了上述费用之外，还需包括设备设施成本、综合行政管理成本 G&A、矿区使用购并费等所有成本，因此，全生命周期下的平衡价格是：42.4+ 8+3.2＝53.6 美元/桶，如图 5-3-28 所示。

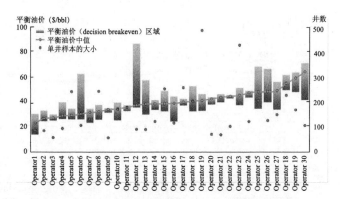

图 5-3-27　Permian 盆地前 30 开采商的平衡油价

资料来源：据 Rystad Energy，2017 www. eia. gov/petroleum/workshop/crude_ production/pdf/2017111

6_ RystadEnergy_ EIA_ Permian. pdf

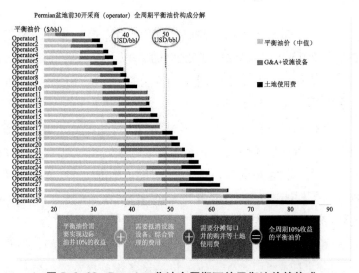

图 5-3-28　Permian 盆地全周期下的平衡油价的构成

资料来源：据 Rystad Energy，2017 www. eia. gov/petroleum/workshop/crude_ production/pdf/2017111

6_ RystadEne rgy_ EIA_ Permian. pdf

三、Permian 盆地与其他页岩的经济对比分析

1. 各产油层经济边界普遍优于其他页岩

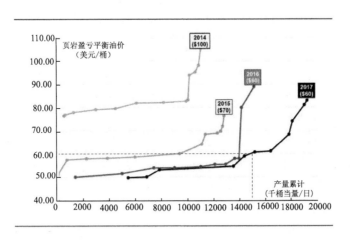

图 5-3-29　北美主要产油区块的所需油价

资料来源：据长江证券研究所，2018 https：//xueqiu.com/2701143866/90963519/1620499848/1073 80855

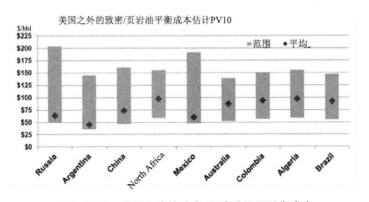

图 5-3-30　美国之外的致密/页岩油盈亏平衡成本

资料来源：据 EIA，2014 https：//www.eia.gov/conference/2014/pdf/presentations/webster.pdf

据长江证券研究所的研究，如图 5-3-29 所示，美国整体的致密油盈亏平衡油价从 2014 年的 100 美元/桶，降到了 2017 年的 60 美元/桶，这是由于部分致密油井成本极高，实际上约 75% 的致密油盈亏平衡点 BEP 是低于该平均值

的；甚至过半数的致密油 BEP 仅位于 50 至 55 美元/桶之间。美国整体的致密油盈亏平衡油价也是明显低于包括中国在内的许多国家（图 5-3-30）。

目前 Permian 盆地的平均盈亏平衡油价（WTI）在 45 美元以下。成本特别低的典型代表有 Midland 次盆位于 Deep Basin 的 Wolfcamp 次层，Delaware 次盆的 WF 和 NE 区和 BoneSpring 的核心区域等，这些区域的盈亏平衡油价都在 40 美元以下；而成本高的页岩油层完全成本在 50~75 美元之间。如图 5-3-31、图 5-3-32 所示，根据光大证券的研究分析，致密油其他的产油区 Bakken、Niobrara 页岩的盈亏平衡油价在 60 美元左右（其中最低的 Bakken Core 的平衡油价为 42.74 美元，最低的 Niobrara DJ 盆地 Wattenberg XRL 的平衡油价为 44.31 美元）；Eagle Ford 页岩的盈亏平衡油价在 50 美元左右（其中最低的 Eagle Ford-Karnes Trough 的平衡油价为 45.14 美元），而 Permian 二叠纪盆地盈亏平衡油价则在 40 美元以下，其中 Midland 次盆位于 Deep Basin 的 Wolfcamp 次层、Delaware 次盆的 BoneSpring 核心区域都是在 35~40 美元之间。如表 5-3-9 所示，即使 Permian 二叠纪盆地的不同页岩层和位置的差异也比较大，最高的如 Delaware-NM Bone Spring 平衡油价为 48.77 美元，最低的如 W. Howard-WCA 平衡油价为 31.92 美元。

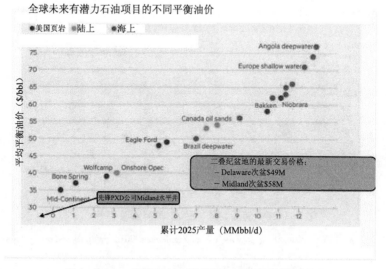

图 5-3-31　全球未来有潜力石油项目的平衡油价

资料来源：据光大证券，2017 http：//futures. hexun. com/2017-08-15/190443423. html

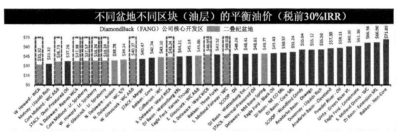

图 5-3-32　北美不同盆地不同区块（油层）的平衡油价

资料来源：据光大证券，2017 http：//futures. hexun. com/2017-08-15/190443423. html

表 5-3-9　Permian 二叠纪盆地不同地层的平衡油价

产油地层	平衡油价	产油地层	平衡油价
W. Howard-WCA	$31. 92	Core Midland-WC A&B	$36. 73
S. Delaware-Reeves WCA	$37. 38	Core Midland-Lr. Spraberry	$37. 57
W. Howard- Lr. Spraberry	$38. 24	W. Glasscock- Lr. Spraberry	$38. 24
N. Delaware-Avalon	$38. 78	N. Delaware-WC X/Y	$39. 24
W. Glasscock- WC A&B	$40. 27	Culberson-WC	$43. 10
S. Delaware-Ward WCA	$43. 24	E. Glasscock- WC A&B	$45. 86
S. Delaware-Ward WCB	$46. 95	S Midland-Fairway-WC	$48. 01
Delaware-NM Bone Spring	$48. 77		

资料来源：据光大证券，2017http：//futures. hexun. com/2017-08-15/190443423. html

根据美国南卫理工会大学的研究，无论二叠纪盆地在 2014 年成本模式下的平衡油价取中值还是平均值，Permian 盆地的主要油层的平衡油价都在 50 美元之下，明显低于 Eagle Ford 页岩和 Bakken 页岩，如图 5-3-33 所示。同理，根据长江证券研究所的研究，二叠纪盆地的主要核心区块的油层，获得 15% 内部收益率的所需价格在 40 美元以下，明显低于 Eagle Ford 和 Bakken 页岩，如图 5-3-34。

根据 Rystad Energy 的研究，不同产油区块如 Delaware TX、Delaware NM、Midland South、Midland North、Central Platform 和 Permian（non-core），在"向前看"把钻井费用视为沉没成本的情况下，测算平衡价格的成本包括完井成本、操作费 LOEs、生产税、矿权使用费、运输成本以及价格差，同时 10% 的收益率也计入在内，这些区块的那些已钻且未完井的 DUCs 库存中，除了 Permian 非核心区的一半 DUC 井的平衡价格必须高于 50 美元/桶，其他区块的 DUC 井大部分（最少 74%以上）的平衡价格不必高于 50 美元/桶，如图 5-3-35 所示。

图 5-3-33　北美主要页岩区块 2014 年平衡油价（中值和均值）

资料来源：据南卫理工会大学，2017 www. eia. gov/workingpapers/pdf/elasticity_ shale_ oil. pdf

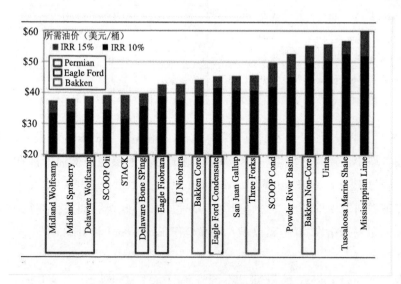

图 5-3-34　北美主要产油区块的所需油价

资料来源：据 Raymond James，长江证券研究所，2018 https：//xueqiu. com/2701143866/90963519/
16204998 48/107380855

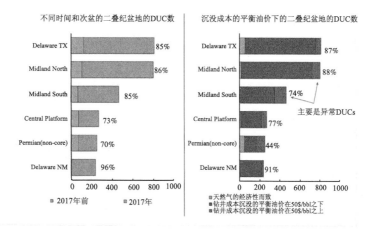

图 5-3-35　Permian 盆地不同油层 50 美元下经济开采比例

资料来源：据 Rystad Energy，2017 www.eia.gov/petroleum/workshop/crude_ pro 的 duction/pdf/2017 1116_ RystadEnergy_ EIA_ Permian.pdf

2. 各开采商二级市场表现普遍优于其他页岩

从二级市场股票的表现来看（表 5-3-10），Permian 地区公司在 2016 年的一整年油价上涨期间，涨幅明显高于其他产油区 Eagle Ford 和 Bakken 页岩的公司；同时在 2017 年上半年油价回调的跌幅也略高于其他地区，表现出更高的对油价弹性。

表 5-3-10　北美典型页岩典型公司的股票涨跌

典型页岩	典型公司	2016.1.1—2016.12.31	2017.1.1—2017.6.30
Permian	PXD.N 先锋公司	54.80%	-20.50%
	CXO.N 康丘公司	39.70%	-11.10%
	FANG.O Diamondback	34.40%	-12.30%
Eagle Ford	EOG.N EOG 资源公司	31.20%	-10.30%
	EPE.N EP 能源公司	2.20%	-2.90%
	DVN.N 戴文公司	14.40%	-13.60%
Bakken	WLL.N Whiting 石油公司	2.60%	-6.50%

资料来源：据光大证券，2017 http：//futures.hexun.com/2017-08-15/190443423.html

如表 5-3-11 所示，从 2017 年净利润指标来看，显然收益为正的几乎都是二叠纪盆地的开采商，比如 PXD 先锋公司、CLR Continental 大陆公司、CXO 康丘公司、FANG.O DiamondBack 公司、XEC Cimarex 公司 、PE Parsley 公司等。

表 5-3-11　美国主要页岩生产商财务状况

生产商	2017 原油产量（万桶/日）	资本开支（亿美元）			净利润（亿美元）			自由现金流量（亿美元）		
		2015	2016	2017	2015	2016	2017	2015	2016	2017
EOG EOG 公司	33.7	50.1	25.8	41.2	-45.2	-11	25.8	-14.2	-2.2	1.4
PXD 先锋公司	15.9	23.9	20.6	27	-2.7	-5.6	8.3	-11.4	-5.6	-6.1
CLR Continental 大陆公司	13.8	30.8	11.6	19.5	-3.5	-4	7.9	-12.2	-0.4	1.3
CXO 康丘 Concho 公司	11.9	25.1	24.6	25.3	0.7	-14.6	9.5	-9.8	-10.7	-8.4
WLL Whiting 公司	8	25	5.5	8.6	-22.2	-13.4	-12.4	-14.5	0.4	-2.8
WPX WPX 公司	6.1	11.2	5.8	11.6	-17.4	-6.4	-0.3	-3.1	-3.1	-6.5
FANG.O DiamondBack 公司	5.9	9	11.9	32.3	-5.5	-1.7	4.8	-4.9	-8.6	-23.5
XEC Cimarex 公司	5.7	10.5	7.2	12.8	-24.1	-4.1	4.9	-3.6	-1	-1.8
EGN Energen 公司	4.6	11.5	4.5	9.1	-9.5	-1.7	3.1	-4.4	-1.5	-3.4
EPE EP 公司	4.6	14.3	5.3	5.4	-37.5	-0.3	-1.9	-1.1	2.5	-1.7
PE Parsley 公司	4.5	4.8	18.9	33.4	-0.5	-0.7	1.1	-3	-16.6	-26.4
SM SM 公司	3.7	15	28.1	9.8	-4.5	-7.6	-1.6	-5.2	-22.6	-4.6
CRZO Carrizo 公司	3.4	6.8	6.3	13.5	-11.6	-6.8	0.8	-3	-3.6	-9.3

生产商	2017 原油产量（万桶/日）	资本开支（亿美元）			净利润（亿美元）			自由现金流量（亿美元）		
		2015	2016	2017	2015	2016	2017	2015	2016	2017
LPI Laredo 公司	2.6	6.3	5	5.6	−22.1	−2.6	5.5	−3.2	−1.4	−1.8
SN Sanchez 公司	2.3	6.7	3.2	15.6	−14.7	−1.6	−0.4	−4	−1.4	−12.7
CPE Callon 公司	1.8	2.3	1.9	4.1	−2.5	−1	1.1	−1.4	−0.7	−1.9

资料来源：据 Bloomberg，SEC，长江证券研究所（2018）https：//xueqiu.com/2701143866/90963519/1620499848/107380855

　　从 EV/EBITDA 的指标来看，2016—2018 年 Permian 产区的公司估值溢价如表 5-3-12 所示，即使在 40~45 美元油价的 2016 年，二叠纪核心区块仍能够依靠回收的现金流覆盖维持产量增长的资本开支；当然过低的油价会导致资本回报率较低，资本投入变得谨慎。相比 Bakken、Niobara、Eagle Ford 及大陆中部的其他产油区，Permian 产区的公司享有更高的估值溢价。如图 5-3-36 所示，能够实现 30 美元现金盈余的企业享有 10~13 倍的 EV/EBITDAX 估值，能够实现 20 美元现金盈余的公司只能享受 5~10 倍的估值，而能够现实 30 美元现金盈余的公司基本位于 Permian 产区，其中现金盈余=不考虑对冲的现实油价-LOE-生产税-操作管理费用。事实上，二叠纪区域的现金运营成本普遍降至 5 美元附近，在 50 美元油价下能够产生 30 美元以上的现金盈余，扣除折旧后仍有较高回报（IRR>40%），但不少运营商由于仍存在运营部分高成本区块，拖累整体盈利能力。

表 5-3-12　Permian 盆地开采公司财务状况-1

开采商	市值（亿美元）	EV 企业价值（亿美元）	面积（万英亩）	储量（亿桶）	产量（万桶/天）	净利润（百万美元）	EV/EBITDA		
							2016	2017	2018
PXD	94	110	134	7.3	23.4	−54	14	11	8
ECA	93	109	359	7.9	35.3	621	18	13	9
FANG	2	6	11	2.1	4.3	141	13	10	9

续表

开采商	市值（亿美元）	EV 企业价值（亿美元）	面积（万英亩）	储量（亿桶）	产量（万桶/天）	净利润（百万美元）	EV/EBITDA		
							2016	2017	2018
PE	89	98	14	2.2	3.8	22	12	9	7
CXO	30	43	59	7.2	15.1	110	11	10	8
RSPP	95	133	6	2.4	2.9	-7	10	9	6
LPI	230	236	14	1.7	5	113	13	11	8
EGN	49	53	25	3.2	5.9	-131	16	9	6
SM	17	40	108	4	15.1	-348	7	6	5

资料来源：据光大证券，2017 http：//futures. hexun. com/2017-08-15/190443423. html

表 5-3-12 Permian 盆地开采公司财务状况-2

开采商	经营性现金流（百万美元）		投资性现金流（百万美元）		融资性现金流（百万美元）		DEBT/EBITDA	营业毛利 Operating Margin	循环系数 Recycle Ratio
	2016	2017Q1	2016	2017Q1	2016	2017Q1			
PXD	1498	364	-3820	-298	2049	-521	1.5	19.9	0.7
ECA	625	106	-29	-387	-33	-30	3	10.5	1.3
FANG	332	176	-1310	-1825	2625	20	1.9	25.3	1.2
PE	228	42	-1885	-761	1447	2502	3.1	26.4	1
CXO	1384	407	-2225	330	665	-19	1.6	21.5	0.8
RSPP	166	107	-1029	-735	1411	-8	3.5	25.7	1.2
LPI	356	64	-564	-54	210	-12	3.3	17.8	0.2
EGN	292	56	-66	-343	159	-10	1.6	14.7	1
SM	553	135	-1871	517	1327	-3	5.1	10.5	0.1

资料来源：据光大证券，2017 http：//futures. hexun. com/2017-08-15/190443423. html

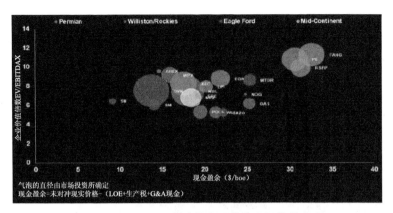

图5-3-36 Permian盆地的公司估价高于其他产油区

资料来源：据 Bloomberg Intelligence，光大证券，2017 http：//futures. hexun. com/2017 - 08 - 15/190443423. html

综上所述，Permian 二叠纪盆地，之所以能成为成本最低的原油产区，除了因为具有多、厚的产油层地质结构、完善的基础设施、优越的地理位置和发达的油服之外，尤为重要的是，开采商们持续创新技术，一方面通过采用水平井的压裂不断提升产量（图 5-3-37），另一方面则通过削减钻井费用和缩短钻井周期来提高效率降低成本。因此，就单个运营商来说，其二叠纪区块每年的产量增长预期普遍在 25%～30% 以上，且剩余井位充足，降本增效仍具空间。

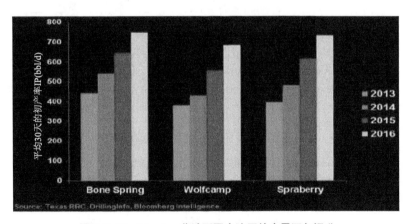

图5-3-37 Permian盆地不同产油层的产量逐年提升

资料来源：据 Bloomberg Intelligence，光大证券，2017 http：//futures. hexun. com/2017 - 08 - 15/190443423. html

从全球原油供给曲线来看，致密油整体上可以成为"Swing Producer"可调节生产能力的角色，致密油企业的资本开支计划和产量对油价的反应非常灵敏，能快速启动增产或减产，承担了原油供应的灵活边际调节者角色。在 50 美元油价下可以维持产量增长，但厂商压力较大，而 Eagle Ford 和 Bakken 产量只能维持。Permian 区块处于全球原油供给曲线的中部位置，在低油价下有持续增产能力，将成为越来越重要的原油供应者。

四、Permian 盆地并购活动的经济分析

1. Permian 盆地成为资本并购的主战场

随着"页岩革命"的风暴席卷，非常规油气资源逐步成为全球油气生产商的投资热点。如图 5-3-38 所示，2017 年，全球非常规油气资源并购交易金额大幅增长，全年累计约 783 亿美元，占当年全球并购交易市场总额的近 50%，非常规并购交易稳居"半壁江山"。

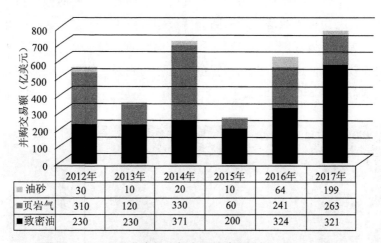

图 5-3-38 北美非常规油气资源并购交易额（2012—2017）

资料来源：据 Wood Mckenzie ，2017 侯明扬，2017 年全球油气资源并购市场特点及前景展望

其中，致密油、页岩气和油砂等相关并购交易金额分别达到 321 亿美元、263 亿美元和 199 亿美元。2017 年油砂并购频发且交易金额骤然放大，页岩气的并购交易额在 2015 年落入低谷又骤升，而致密油的并购一直活跃，总的来说，2017 年是非常规油气资源并购交易在近 5 年来的最高峰，突破 700 亿美元。

二叠纪 Permian 盆地是油价暴跌下唯一逆势而行的页岩、是原油产量持续

增长的页岩，也是能源业经济回报最佳的页岩，资本抱团不断涌入，其上游并购交易额占全美上游并购交易额的比例逐年上升，交易宗数和交易金额都在逐年增长。如图 5-3-39 所示，二叠纪盆地是致密油并购交易最密集区域，二叠纪盆地从 2014 年开始炙手可热，2016 年共实现交易金额 242 亿美元，发生并购交易 66 宗，占全球当年并购交易总金额的 1/5，从 2011 年的 7%上升到占全美当年并购交易总金额的 40%，占所有致密油并购交易额的 75%，年内超过 10 亿美元的 8 宗致密油并购交易全部发生在该地区；2017 年二叠纪盆地的并购交易额数据为 217 亿美元，发生并购交易 51 宗，占北美致密油交易金额的 2/3 以上。此外，受二叠纪盆地等主力页岩区带投资"外溢效应"的影响，部分石油公司 2017 年也加大了对 Eagle Ford、Bakken、Powder River 盆地等其他页岩区带油气资产的投资。

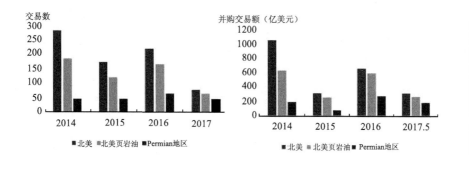

图 5-3-39　北美油田交易数（左图）和交易金额（右图）

资料来源：据光大证券，2017 http：//futures. hexun. com/2017-08-15/190443423. html

　　Midland 次盆被认为是美国二叠纪盆地中基础条件最好、风险最小的地区，基本成海相沉积。如表 5-3-13 所示，截至 2016 年第三季度，有 2/3 的补强型并购以及 3/4 的中小型并购交易（4000 万~1 亿美元）发生在该地区，该地区也是并购交易价格最高的地区。2016 年该地区区块平均交易价格为 3.4 万美元/英亩，2016 年年底部分区块交易价格甚至超过 5 万美元/英亩，每英亩土地的交易价也比年初上涨近一倍。如表 5-3-14 所示，Delaware 次盆开发程度要小于 Midland 次盆，开发潜力要大于 Midland 地区。从 2016 年第二季度 Delaware 盆地的交易价格低于 Midland 盆地的一半以上，因此更具价格优势，2016 年全年至 2017 年一季度 Delaware 地区金额超过 5000 万美元的交易数量已经超过 Midland，成为交易的重点区域，引发资本的热捧价格飙涨，直追 Midland 盆地，价差幅度已从54%缩小到了13%。但是，由于二叠纪盆地多层产油的特殊地质结构，其有效油区的面积可扩大数倍，因此同美国其他产油区相比，折算后每桶油当量的交易价格仍存在低估，未来仍存在上行空间。

表 5-3-13　2016 前三季度二叠纪盆地 Midland 和 Delaware 次盆并购情况

次盆名称	并购类型	并购数量	总价值（亿美元）	平均单价（亿美元）	面积（万英亩）	价格（万美元/英亩）
Midland	补强型并购	6	15.18	2.53	6.05	2.51
	扩张型并购	2	22.78	11.39	4.94	4.61
	购买新区	2	12.81	6.41	3.89	3.3
Delaware	补强型并购	3	7.85	2.62	5.6	1.4
	扩张型并购	1	24.68	24.68	18.6	1.33
	新进入并购	2	20.73	10.37	7.62	2.72

资料来源：据徐玉高等，2017，IHS

表 5-3-14　二叠纪盆地 Delaware 和 Midland 次盆并购价格对比

时间	Delaware				Midland		
	并购数量	总价（亿美元）	价格（万美元/英亩）	与 Midland 价差幅度	并购数量	总价（亿美元）	价格（万美元/英亩）
2016Q1	2	6.5	2.54	—	0	0	0
2016Q2	2	4.25	0.98	−54%	7	24.74	2.14
2016Q3	4	62.76	2.79	−32%	6	35.65	4.07
2016Q4	8	91.4	3.5	−23%	1	16.19	4.53
2016 全年	16	164.91	2.73	−24%	14	76.57	3.59
2017Q1	9	137.6	2.99	−13%	7	43.86	3.43

资料来源：据徐玉高等，2017，IHS

表 5-3-15　二叠纪盆地部分要购并交易

年份	交易内容	交易金额（亿美元）
2012	壳牌收购美国切萨皮克位于二叠纪盆地部分区块	20
2013	兰州海默科技股份有限公司从美 Waymon Pitchford, Inc. 及 I-20 OIL & GAS, LLC 公司购买 Permian 盆地工作权益	0.01

2014	海默科技从 DMK 油气公司购买油气区块的工作权益	0.0714
2013	中化石油美国有限合伙公司（Sinochem Petroleum USA LLC），收购先锋资源在二叠纪南部区域 40% 的权益	17
2014	美国能源合伙公司（American Energy Partners LLP）购买位于二叠盆地以及 Marcellus 和 Utica 等页岩资产	54
2014	加拿大能源公司（ECA）收购美得州致密油供应商速龙能源在二叠纪盆地约 14 万英亩的勘探土地以及每日 3 万桶的油气产量	71
2015	诺贝尔公司并购在二叠纪盆地和 Eagle Ford 页岩区带资产丰富的 Rosetta 资源公司	39
2015	山东新潮能源战略性抄底通过鼎亮汇通美国子公司（Moss Creek Resources LLC）收购得州油田从而多步骤获得 Permian 盆地核心区域的 Midland 油田，矿区面积 8.5 万英亩。该区块证实储量（1P）为 1.73 亿桶，2016 年平均产量为 1.0 万桶/日，现实油价为 38.5 美元/桶，桶油成本（不考虑折旧）为 15.5 美元/桶	人民币 83 亿元（约合 13.1 亿美元）
2015	WPX Energy 公司收购 RKI 公司二叠纪盆地致密油资产	28
2016	SM 能源公司分别二次购得 2.5 万英亩和 3.6 万英亩二叠纪盆地资产，总计已拥有了 8.2 万英亩的二叠纪可开采面积	9.8+16
2016	EOG 能源公司收购 Yates 石油公司二叠纪盆地 32.4 万亩的土地	25
2016	QEP 获得 Permian 盆地油气资产	6
2017	Parsley energy 公司购买了 7.1 万英亩的二叠纪地块，使总面积达到近 23 万英亩	28
2017	马拉松石油公司分别二次收购二叠纪盆地 7 万和 2.1 万英亩土地	11+7
2017	诺贝尔公司收购克莱顿威廉斯能源公司，令其拥有业内在二叠纪盆地拥有超过 4200 个钻机位	32
2017	埃克森美孚并购 BOPCO 巴斯家族公司二叠纪盆地资产	66
2018	美国康丘资源（CXO）宣布收购 RSP Permian	95

　　在美国"页岩革命"过程中，中小石油公司一直处于主导地位，采取快速、灵活、弹性的策略，通过高度杠杆举债融资，边开采边探索，逐渐掌握了致密油开采的关键技术并陆续取得成功；大石油公司则初始态度消极而谨慎，待时机成熟大举进入，未来致密油的商业模式将融合大石油公司严格资本管控的谨慎原则与中小石油公司勇于探索的积极创新精神，实现更为科学理性的发

展。二叠纪盆地的资本进入模式也是如此。如表5-3-15所示，从2012年以来，二叠纪盆地的潜在价值就一直引起许多独立石油公司和私人公司的注意，2018年康丘资源（CXO）收购RSP Permian，成为美国6年来最大一笔油气收购交易，也是二叠纪盆地迄今最大一笔收购案。除了雪佛龙，其他大石油公司在2000年初不约而同地出售了二叠纪盆地资产，但现在不同，近年来巨头石油公司纷纷抢滩二叠纪盆地。比如埃克森美孚2014年以来八次收购二叠纪盆地的土地，2017年以66亿美元并购巴斯家族公司将其在二叠纪盆地的油气资源储量翻番至60亿桶石油当量。雪佛龙和壳牌公司也大举增持二叠纪盆地的业务。雪佛龙原本就是二叠纪盆地最大的区块所有者，拥有200万英亩土地权益，过去开发较少，计划将在2018年投资大约40亿美元提高其在二叠纪盆地的原油产量，将原油产量提高到40万桶/日以上。壳牌预计到2018年把其在二叠纪盆地的产量从14万桶/日提高到15万桶/日。继收购BOPCO公司之后，2017年10月，埃克森美孚从Genesis Energy公司手中收购了Delaware次盆的一个原油终端，投资200多亿美元建油气运输设施，以支持二叠纪盆地的油气开采。资本雄厚的大石油公司的强势介入，必将抬高并购价格，而碎片化的区块所有权则提供了大量潜在的可并购资源，对二叠纪的并购热潮产生了推波助澜的作用。

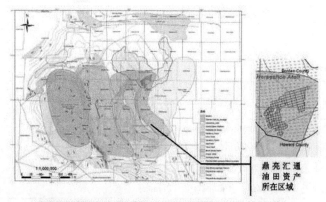

鼎亮汇通所持有油田资产在Permian盆地位置与地质概况图

图5-3-40　鼎亮汇通在Permian盆地的页岩资产位置与地质概况

资料来源：据光大证券，2017 http://futures.hexun.com/2017-08-15/190443423.html

此外，掘金二叠纪盆地的中资企业也有3家。一家是中化石油于2013年2月通过其美国有限合伙公司（Sinochem Petroleum USA LLC），以17亿美元收购先锋资源在二叠纪南部区域 40% 的权益。该区域位于 Spraberry Trend 油田南部 Wolfcamp 油层约 20.7 万英亩净开采面积，合作区域包括得克萨斯州 Upton、Reagan、Irion、Crockett 和 Tom Green 等县郡的指定区域，先锋资源将继续作为运营方，在合作区域开展所有租赁、钻井、完井、运营和营销活动，2016 年，先锋资源在合作的南部区域打了 41 口水平井，在 50 美元左右油价下能够实现盈利。另一家是山东新潮能源上市公司于 2015 年通过购买宁波鼎亮汇通 100% 股份，战略性持有鼎亮汇通美国子公司 Moss Creek Resources LLC 在 Permian 盆地核心区域的 Midland 页岩油藏资产（图 5-3-40），位于得克萨斯州 Midland 盆地东北角 Howard 县郡、Borden 县郡，矿区面积 8.5 万英亩，该区块证实储量（1P）为 1.73 亿桶，该区域含油量高，是二叠纪盆地的核心区块。2016 年平均产量为 1.0 万桶/日，现实油价为 38.5 美元/桶，桶油成本（不考虑折旧）为 15.5 美元/桶。截至 2017 年 6 月底，该油田拥有总井数 121 口，2017 年上半年油田平均产量约为 2.0 万桶/天。第三家是兰州海默科技股份有限公司，以 10008 万、714 万美元先后购得得克萨斯州 Permian 盆地的 Irion 县郡的 1112 英亩（约合 4.5 平方公里）、Howard 县郡的 23.1 平方的油气区块 100% 的工作权益。

2. Permian 盆地被资本追逐的经济原因

据赵前（2016）、徐玉高等（2017）的研究，在并购市场整体萧条的大环境下，二叠纪盆地并购的热潮主要除了油气资源禀赋极佳之外，基于下面几个方面的经济原由。

油价复苏与成本下跌使得二叠纪盆地的经济风险更低。一方面，很多投资者认为市场正逐步走出油气行业周期的低谷，纷纷未雨绸缪抢占先机，超过 50 美元的国际油价正在为油气资产收购和企业兼并购煽风点火；另一方面，油价下跌的抗衡努力导致二叠纪盆地技术进步成本下降，从 2014 年开始，整个二叠纪盆地单井水平压裂段数增加近 30%，压裂支撑剂和液体注入量翻了一番，核心区平均每口油井的产量提高 35%，康休（Concho）资源公司从 2015 两年间已将每英尺油井成本降低了 40%，先锋公司的单井产量在两年时间里增长 40%，钻井完井成本下降 35%，加拿大能源公司（En Cana）钻 1 口 16000 英尺的水平井，钻井时间从 2014 年的 20 多天缩短到现在的不到 10 天，几年前，二叠纪盆地还需要油价在 70 美元/桶以上才能开发，但目前 Delaware 和 Midland 的核心区块开发成本甚至不到 30 美元/桶，成本低于 Bakken 和 Eagle Ford 的核心区块，而且受油价下跌的影响远小于 Bakken 和 Eagle Ford。总之，未来油价的上涨使得二叠纪盆地潜在经济可采区块将呈大幅度上升趋势，因此，在目前二叠纪盆地的部分并购中，每英亩土地的交易价格甚至高于此前油价 100 美元/桶时的水平（约为 2.5 万至 3.5 万美元/英亩）。

二叠纪盆地未来增长潜力巨大、经济井位丰富。美国独立油气勘探及生产商阿帕奇公司（Apache）在 2016 年 9 月宣布，在得克萨斯州西部二叠纪盆地的西南角的 Delaware Basin 发现了一处储量超过 30 亿桶和 75 万亿立方英尺天然气的新油田，这可能成为过去十年最重大的能源发现之一，更是标志着二叠纪盆地的储量和产量上升潜力巨大。从开发潜力上看，二叠纪盆地还处于生命周期的开发中早期，相比于 Eagle Ford 和 Bakken 更年轻，如图 5-3-41 所示。而且二叠纪盆地的经济剩余井位丰富，根据 Wood Mackenzie 出具的报告，Permian 产区在 50 美元油价条件下，经济剩余井位有 6 万余口，Midland 和 Delaware 次盆各占一半，Wolfcamp 产油层占 2/3，如图 5-3-42 所示。即使按照 7000 口/年的速度估算（假设一台钻机钻一口井需要 20 天，按 400 台钻机算），也足够开发 8~9 年。

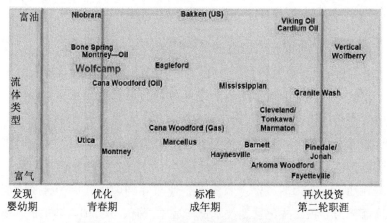

图 5-3-41　北美非常规区带的生命周期阶段

资料来源：据 HIS，光大证券，2017 http：//futures. hexun. com/2017-08-15/190443423. html

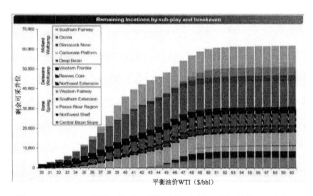

图 5-3-42　二叠纪盆地不同平衡油价下的剩余可采井位

资料来源：据 Wood Mackenzie，光大证券，2017 http：//futures. hexun. com/2017-08-15/190443423. html

美国页岩革命是一场技术革命，同时也是一场金融革命，资本市场以前所未有的力度和风险承担支持非常规油气资源的发展。能源公司可以发行股票、债券、重组债务等融资，这是美国页岩公司屹立不倒的重要原因。

由于公司营收主要由原油销售业务贡献，与原油价格明显挂钩；为规避油价大幅波动，特别是快速下跌时给公司带来的损失，油气生产商往往采用套期保值的方式来对冲油价大幅波动带来的风险和损失。从某种程度上来说，套保策略为公司提供类似于保险般的服务，不难发现在 2015 年及 2016 年油价大幅下跌时，其为多数页岩油公司贡献了较高的超额收益，提供了稳定的现金流；而在 2017 年油价稳中有升且整体位居中位的情况下，其作用反而并不明显。

2017—2018 年页岩企业在手套保的比例非常高，价格在 50 美元附近，2017年比例普遍在 75% 以上（图 5-3-43）。当油价回升至 50 美元/桶附近时，大量的页岩公司成功进行了套期保值交易。如果按照 2 年左右的升水曲线对未来产量进行套期保值的话，美国普通原油产区的部分公司已经在 50 美元/桶以下开始增加开采预算，并且极有可能在套期保值合同的保护下在未来一到两年按照既定预算增加支出。这对于开采成本更低的美国二叠纪页岩产区的公司而言，无疑更为有利，必将通过大量钻井增加产量获取套期保值收入。近期，二叠纪盆地钻机的大量增加也证明了这一点，由此可以推断致密油的再度加速发展将吸引更多的资本进场。

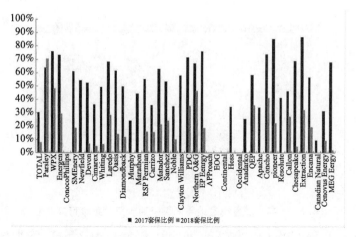

图 5-3-43　页岩公司的套保比例

资料来源：据光大证券，2017 http：//futures. hexun. com/2017-08-15/190443423. html

　　Pioneers 是石油公司中保值操作最好的公司，采取相对激进的套保策略，套保覆盖 2017 年 90% 的原油产量和 80% 的天然气产量，覆盖 2018 年 50% 的原油产量和 15% 的天然气产量，采用 Three-way Collars，锁定 48~49 美元/桶油价和 2.9~3.0 美元/MMbtu 天然气售价。加拿大能源公司 ECA 的通过 Fixed Price Swap、Costless Collar 和 3-way Option 做套保，套保覆盖了 2017 年 70%~75% 的油气产量，套保锁定约 50 美元/桶原油和 3 美元/MMbtu 天然气售价。Diamond-Back（FANG）公司 2017 年套保比例约为 85%，2018 年约为 40%，原油套保价格在 50 美元附近。Parsley Energy（PE）公司套保策略比较激进，截至 2017 年第二季度，已经对 2018 年 70% 的产量做了套保，套保油价在 50 美元附近。康丘资源（CXO）公司 2017 年套保比例约 90%，2018 年约 60%，原油套保的价格在 51 美元附近。SM Energy（SM）公司 2017 年下半年的套保为原油 60%、天然气 75%、NGL 80%，2018 年的套保为 50%。

　　如图 5-3-44 所示，从收入端的角度来看，2017 年油价同比上涨提升了公司的营收水平，利好公司业绩提升；而多数公司依旧采用套保策略，虽然难以在油价稳中有升的情况下提供超额收益，但仍可有效对冲未来原油价格大幅波动的风险，为公司经营保驾护航。

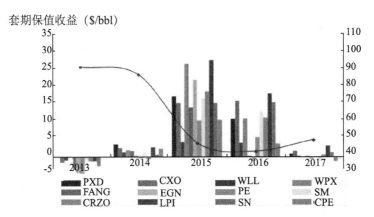

图 5-3-44　套期保值策略在不同油价为公司带来的超额损益

资料来源：据 Bloomberg，SEC，长江证券研究所，2018 https：//xueqiu.com/2701143866/9096351
9/1620499 848/107380855

第六章　借鉴北美成功经验，开发中国页岩气

自 2005 年起，中国就踏上了页岩气勘探开发历程。以区域富有机质页岩筛查评价为起步，以页岩气藏形成、富集有利区带和有利层位评价优选为目标，积极开展页岩气勘探开发先导性试验，快速步入页岩气工业化生产建设阶段。至 2017 年，历经十余年的探索，通过引进吸收、自主创新，实现了中国页岩气工业突破，初步进入页岩气规模化生产，创新建立了中国页岩气地质理论，基本形成了适合四川盆地下古生界海相超高演化、超高压力地质特征的页岩气成藏富气理论，有效攻克了复杂海相页岩气勘探开发关键工程技术与配套装备，初步实现了目的层埋深 3500 米以浅海相页岩气勘探开发关键技术与装备国产化。在四川盆地、鄂尔多斯盆地、贵州安场、湖北宜昌等多个盆地或地区发现了含气页岩地层，在四川盆地探明页岩气地质储量超 9200 亿立方米，年产页岩气 90 余亿立方米，坚定了中国页岩气勘探开发信心。但中国页岩气勘探开发工作刚起步，仍处在理论创新发展、关键技术攻克突破、主体工艺装备和地面管网设施全面发展的起步阶段。

第一节　中国页岩气资源及分布

一、中国页岩气资源量

中国富有机质页岩层系多、分布广，页岩气形成富集条件有利，页岩气资源总体较为丰富。2009 年以来，国内外许多机构采用类比法、体积法等不同方法对中国页岩气资源潜力做了大胆预测。结果表明（表 6-1-1），中国页岩气地质资源量为 $80.45 \times 10^{12} \sim 144.5 \times 10^{12}$ m³，技术可采资源量为 $11.5 \times 10^{12} \sim 36.1 \times 10^{12}$ m³。

表 6-1-1　中国页岩气资源量预测结果统计表　　　　单位：10^{12} m³

机构	评价时间	资源类型	合计
美国能源信息署（EIA）	2011	地质	144.50
		可采	36.10
原国土资源部	2012	地质	134.42
		可采	25.08
中国工程院	2012	可采	11.50
美国能源信息署（EIA）	2013	地质	134.40
		可采	31.57
中国石油勘探开发研究院	2015	地质	80.45
		可采	12.85
中国石化勘探开发研究院	2015	可采	18.60
原国土资源部	2015	地质	121.86
		可采	21.81
合计	2011—2015	地质	80.45~144.50
		可采	11.50~36.10

　　美国能源信息署（EIA）分别于 2011 年和 2013 年对中国页岩气资源量做了估算，地质资源量为 134.4×10^{12} ~ 144.50×10^{12} m³，可采资源量为 31.57×10^{12} ~ 36.10×10^{12} m³，评价结果分别位列当期全球页岩气资源量的第一位和第二位。2012 年中国原国土资源部评价认为，中国陆上（不含青藏区）页岩气地质资源为 134.4×10^{12} m³，技术可采资源量为 25.08×10^{12} m³。原国土资源部估算的地质资源量与 EIA（2013）的估算相同，但可采资源量相差较大。2012 年，中国工程院重点以南方海相页岩气资源为主，估算的页岩气可采资源量为 11.50×10^{12} m³。2015 年，中国石油勘探开发研究院以重点地区页岩气资源为对象，预测中国重点地区页岩气地质资源量期望值为 80.45×10^{12} m³，技术可采资源量期望值为 12.85×10^{12} m³。同期（2015 年），中国原国土资源部以中国页岩气勘探开发进展为基础，对中国页岩气资源开展了动态评价，结果（不含青藏区）认为中国页岩气地质资源量为 121.86×10^{12} m³，技术可采资源量为 21.81×10^{12} m³。

　　以下按中国原国土资源部 2015 年的评价，论述中国页岩气资源分布特征。

二、中国页岩气资源分布特征

1. 中国页岩气地质资源分布特征

中国页岩气资源主要分布在四川省、重庆市、湖北省、贵州省、河南省、新疆维吾尔自治区、湖南省等 7 个省（区、市），占中国页岩气总资源量的 78.37%。其中，四川省地质资源量 44.32×10^{12} m^3，占总量的 36.37%；重庆市地质资源量 15.05×10^{12} m^3，占总量的 12.35%；湖北省地质资源量 9.77×10^{12} m^3，占总量的 8.02%；贵州省地质资源量 8.67×10^{12} m^3，占总量的 7.12%；新疆维吾尔自治区地质资源量 6.59×10^{12} m^3，占总量的 5.41%；河南省地质资源量 6.51×10^{12} m^3，占总量的 5.34%；湖南省地质资源量 4.58×10^{12} m^3，占总量的 3.76%；其他依次为安徽省、陕西省、广西省、浙江省、内蒙古自治区、江苏省、福建省、甘肃省、云南省、吉林省、山东省、黑龙江省、青海省、江西省、宁夏回族自治区、广东省、河北省、辽宁省、山西省（表 6-1-2，图 6-1-1）。

表 6-1-2　中国陆上页岩气地质资源量分省统计表

序号	省份	地质资源概率分布（占比%）		
		P25	P50	P75
1	四川	38.03	36.37	35.57
2	重庆	11.36	12.35	12.26
3	湖北	7.37	8.02	7.65
4	贵州	6.00	7.11	7.76
5	新疆	5.05	5.41	6.30
6	河南	6.80	5.34	4.13
7	湖南	3.48	3.76	3.71
8	安徽	2.92	2.95	2.86
9	陕西	4.11	2.77	3.19
10	广西	2.28	2.52	2.68
11	浙江	2.08	2.36	2.36
12	内蒙古	2.38	2.20	2.22
13	江苏	1.40	1.58	1.59

序号	省份	地质资源概率分布（占比%）		
		P25	P50	P75
14	福建	1.27	1.43	1.43
15	甘肃	1.57	1.40	1.60
16	云南	0.57	0.72	0.85
17	吉林	0.53	0.60	0.64
18	山东	0.40	0.49	0.58
19	黑龙江	0.42	0.48	0.51
20	青海	0.37	0.44	0.40
21	江西	0.38	0.43	0.43
22	宁夏	0.31	0.41	0.53
23	广东	0.25	0.29	0.29
24	河北	0.25	0.24	0.20
25	辽宁	0.20	0.18	0.16
26	山西	0.23	0.13	0.14
合计		100.0	100.0	100.0

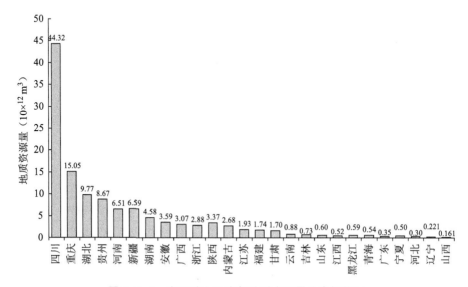

图 6-1-1　中国陆上页岩气地质资源量分省柱状图

2. 中国页岩气技术可采资源分布特征

中国页岩气技术可采资源量主要分布在四川、重庆、湖北、贵州、河南、新疆、湖南等7个省（区、市），占中国页岩气总资源量的82.20%。其中四川省可采资源量$7.58×10^{12}$ m^3，占总量的34.95%；重庆市可采资源量$2.86×10^{12}$ m^3，占总量的13.21%；湖北省可采资源量$1.87×10^{12}m^3$，占总量的8.60%；贵州省可采资源量$1.70×10^{12}$ m^3，占总量的7.82%；河南省可采资源量$1.30×10^{12}$ m^3，占总量的5.99%；新疆维吾尔自治区可采资源量$1.00×10^{12}$ m^3，占总量的4.60%；湖南省地质资源量$0.89×10^{12}$ m^3，占总量的4.09%；其他依次为安徽省、广西省、浙江省、陕西省、内蒙古自治区、江苏省、福建省、甘肃省、云南省、吉林省、山东省、江西省、黑龙江省、青海省、广东省、宁夏回族自治区、河北省、辽宁省、山西省（表6-1-3，图6-1-2）。

表6-1-3　中国陆上页岩气技术可采资源量分省统计表

序号	省份	可采资源概率分布（占比%）		
		P25	P50	P75
1	四川	36.33	34.75	34.18
2	重庆	12.26	13.11	13.01
3	湖北	7.96	8.57	8.16
4	贵州	6.62	7.79	8.55
5	河南	7.67	5.96	4.59
6	新疆	4.17	4.59	5.36
7	湖南	3.82	4.08	4.02
8	安徽	3.12	3.12	3.00
9	广西	2.55	2.80	2.93
10	浙江	2.48	2.75	2.81
11	陕西	2.99	1.97	2.36
12	内蒙古	1.97	1.88	1.91
13	江苏	1.66	1.88	1.85
14	福建	1.50	1.70	1.72
15	甘肃	1.21	1.01	1.02
16	云南	0.60	0.78	0.89

续表

序号	省份	可采资源概率分布（占比%）		
		P25	P50	P75
17	吉林	0.51	0.60	0.57
18	山东	0.45	0.55	0.64
19	江西	0.45	0.50	0.51
20	黑龙江	0.35	0.41	0.45
21	青海	0.29	0.37	0.32
22	广东	0.29	0.32	0.32
23	宁夏	0.25	0.32	0.38
24	河北	0.16	0.18	0.13
25	辽宁	0.13	0.12	0.11
26	山西	0.16	0.09	0.10
合计		100.0	100.0	100.0

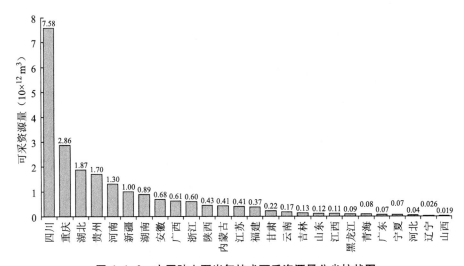

图 6-1-2　中国陆上页岩气技术可采资源量分省柱状图

第二节 中国页岩气勘探开发进展

中国是世界上发现页岩气较早的国家之一，20世纪60年代在四川盆地下寒武统九老洞组（亦称筇竹寺组）富有机质页岩地层发现过页岩气，当时未将其作为勘探开发目标。2000年以来，美国页岩气勘探开发取得重大突破，形成了一场席卷全球的黑色"页岩革命"。自2005年，中国在四川盆地威远气田开启页岩气勘探开发历程以来，中国页岩气发展跨越了借鉴北美经验阶段、探索潜力评价阶段和规模产能建设阶段3大发展阶段，初步实现了海相页岩气勘探开发"理论、技术、生产"突破。

一、中国页岩气发展阶段

2005年，以中国石油勘探开发研究院为代表的中国石油企业研究团队，借鉴北美成功经验，从页岩气地质条件研究、"甜点区"评选、评价井钻探、勘探开发前期准备，到页岩气工业化开采先导试验、页岩气规模有效开发（图6-2-1），初步实现了中国海相页岩气勘探开发"理论、技术、生产"创新，逐步推动页岩气"成本"革命，初步建立起了中国页岩气有效发展模式。

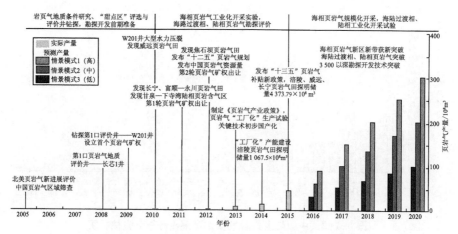

图6-2-1 中国页岩气勘探开发发展阶段划分示意图

1. 借鉴北美经验（2005—2009 年）

这一阶段，中国科研院所有关学者专家纷纷引入页岩气基本概念，油气行业逐渐将页岩气作为一种有效资源并日益予以重视，重点借鉴北美页岩气成功开发经验，开展了页岩气地质条件研究、"甜点区"评选与评价井钻探和勘探开发前期准备。实际上，20 世纪 90 年代，原中国石油天然气总公司借鉴美国东部几个盆地页岩地层油气成功开发经验，引入页岩油气藏概念，并对中国页岩裂缝油气成藏前景做了评价和勘探。2005 年以来，中国油气企业进一步借鉴美国页岩气成功开发经验，针对不同地质背景、不同页岩类型，开展页岩气形成、富集、赋存地质条件研究、页岩气资源潜力评价、页岩气勘探开发前景评估和页岩气资源"甜点区/层"优选。2008—2009 年在四川盆地及周边钻探了长芯 1、渝页 1 两口页岩地质评价井和威 201 井页岩气评价井，初步落实了中国南方寒武系、奥陶系—志留系、石炭系—二叠系、三叠系—侏罗系页岩地层发育分布特征、页岩气形成基本条件、页岩气资源潜力，评价优选出了四川盆地及周缘页岩气勘探开发有利区带和层系，提出了威远、长宁、昭通、富顺—永川、涪陵、巫溪等一批页岩气有利目标。

2. 探索潜力评价（2010—2013 年）

这一阶段是中国海相页岩气开采先导试验、页岩气开发前景评价阶段。主要是各石油公司通过钻探评价落实了页岩气资源潜力和开发前景，确立了上-中扬子地区海相五峰组—龙马溪组页岩气主体开发地位，发现了四川盆地蜀南和涪陵两大页岩含气区，为页岩气规模开发奠定了基础。

2010 年，威 201 井五峰组—龙马溪组、筇竹寺组页岩压裂获工业页岩气流，证实了中国页岩气的存在。2010—2013 年先后在四川盆地威远—长宁、富顺—永川、昭通、涪陵等区块发现高产页岩气流，由国家能源局设立了 3 个海相页岩气工业化生产先导示范区，在鄂尔多斯盆地发现了三叠系页岩含气区，由原国土资源部设立了陆相页岩气工业化生产先导示范区。4 个页岩气先导试验区重点在页岩气"甜点区"评价方法、水平井优快钻进、分段体积压裂改造、安全与环保、"工厂化"平台井组生产模式、页岩气生产有效组织与管理等方面开展大规模理论创新、技术攻关和生产试验。

针对中国富有机质页岩地质特点，探索形成了适用的地质认识和评价方法。通过五峰组—龙马溪组、筇竹寺组钻井岩心分析，第一次在中国海相页岩中发现了孔径为 5~700 nm 的页岩纳米孔隙（邹才能等，2010）。针对上-中扬子地区海相页岩气成藏特点，提出了超压页岩气成藏理论（刘洪林等，2016），建立了页岩气成藏富集的稳定区"连续型甜点区"和改造区"构造型甜点"两种富集模式（邹才能等，2015），归纳五峰组-龙马溪组页岩气成藏特征，总结出四因素控藏规律（董大忠等，2014）或二元富集规律（郭旭升，2015）。经过引进吸收，初步形成了 3500 m 以浅页岩气水平井钻完井及多段压裂关键技术和配套装备。

自 2010 年以来，国家探索制定了系列鼓励、扶持页岩气发展政策。2010年，国家能源局设立了"国家能源页岩气研发（实验）中心"，重点开展页岩气勘探、开发、钻完井、增产改造和实验测试等理论创新和技术研发。2011年，原国土资源部将页岩气矿权设定为 172 号新矿种，并规定页岩气矿权以竞争性方式获取，当年采取竞争性方式出让 2 个页岩气矿权。2012 年，国家发改委、财政部、原国土资源部和国家能源局联合发布了《页岩气发展规划（2011—2015 年）》（发改能源〔2012〕612 号），提出到 2015 年页岩气产量达到 65×10^8 m^3。2012 年国家财政部和国家能源局颁布了《关于出台页岩气开发利用补贴政策的通知》（财建〔2012〕847 号），对 2012—2015 年开发利用的页岩气实行财政补贴 0.4 元/m^3。2012 年原国土资源部累计公开向 17 家企业招投标出让 21 个页岩气矿权区块。

3. 规模产能建设（2014 年—现今）

2014 年以来，各页岩气开发企业在前期探索潜力评价基础上，纷纷启动了页岩气生产规模建产。中国石油以蜀南页岩气区为重点，实现了长宁、威远和昭通页岩气田的有效开发。中国石化以涪陵页岩气区为重点，实现了焦石坝等页岩气田的有效开发。与此同时，中国还在南方的湘鄂西、北方的鄂尔多斯盆地等地区开展了海陆过渡相、陆相页岩气勘探评价。中国页岩气产量逐步形成规模，呈现快速增长趋势（图 6-2-2）。

目前，四川盆地实现页岩气规模、有效开发，累计设置页岩气矿权 43 个、面积 54×10^4 km^2，实施二维地震勘探 25000 km、三维地震勘探 4000 km^2，钻井 1100 余口，投产页岩气井 700 口。在四川盆地及鄂尔多斯盆地建立页岩气生产示范区 4 个，它们是长宁-威远、昭通、涪陵、延长陆相，在四川盆地发现并开发 5 个千亿立方米级以上页岩气气田，它们是涪陵、威远、威荣、长宁和昭通页岩气田，累计探明页岩气地质储量约 10500×10^8 m^3，2018 年页岩气产量预计

超过 $100×10^8\ m^3$。这使中国成为世界四个实现页岩气商业开发的国家之一，且是全球第二大页岩气生产国。

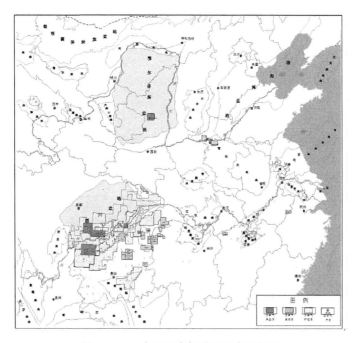

图 6-2-2　中国页岩气勘探开发形势图

资料来源：据董大忠等，2015 年修改

二、中国页岩气勘探开发主要进展

中国率先在四川盆地取得页岩气勘探突破，发现了蜀南、川东两个大型页岩含气区、五个页岩气田（表 6-2-1），探明首个千亿方整装页岩气田，勘探开发技术基本实现国产化，开始进入规模化开发阶段。通过中国石油和中国石化近年来的不断勘探，中国页岩气探明地质储量如表 6-2-2 所示，共计 10456 亿方，截止到 2017 年页岩气产量如表 6-2-3 所示，中国石油 30 亿方，中国石化 60 亿方，累计预测到 2018 年开采页岩气共 340 亿方。

表6-2-1 四川盆地五峰组—龙马溪组页岩气田特征表

页岩气田	高产层段厚度（m）	孔隙度（%）	含气量（m³·t⁻¹）	地层压力系数	脆性指数（%）	弹性模量（GPa）	泊松比	地表条件	气层埋深（m）
威远—荣威	18~30	3.3~7.0	1.9~4.8	1.10~1.50	37~70	13.0~21.0	0.18~0.21	丘陵	2300~4300
黄金坝	30~40	3.4~7.4	2.4~4.5	1.05~1.96	55~63	10.7~26.9	0.18~0.25	山地	2300~4000
长宁	32~44	3.4~8.4	2.4~5.5	1.25~2.10	55~65	20.7~25.0	0.19~0.22	山地	2300~4000
涪陵	38~60	3.7~7.8	4.7~7.2	1.35~1.55	50~67	25.0~40.0	0.20~0.30	丘陵	2100~3500

表6-2-2 中国页岩气探明地质储量统计表　　　　单位：亿方

年份	2014	2015	2016	2017	2018	合计
中国石油		1635.31		1565.44		3200.75
中国石化	1067.5	2738.48		2202.16	1246.78	7254.92
全国	1067.5	4373.79		3767.6	1246.78	10455.67

表6-2-3 中国页岩产量统计表　　　　单位：亿方

年份	2012	2013	2014	2015	2016	2017	2018（预测）	累计
中国石油	0.25	0.58	2.19	13.04	27.80	30.21	50	124.07
中国石化		1.5	10.83	31.68	50.38	60.04	60	214.43
全国	0.25	2.08	13.02	44.72	78.82	90.25	110	339.14

1. 四川盆地蜀南页岩气开发示范区

四川盆地蜀南地区是中国最早研究、勘探开发页岩气最早、最成功的地区之一，2006年率先寻找、研究页岩气富集区，威远区块、长宁区块、昭通区块成为首先开发区域。2009年开展先导试验，同年12月，钻成我国第一口页岩气井——威201井，并压裂获气；2012年7月，钻成国内第一口具有商业价值的页岩气井——宁201-H1井；2013年1月，开钻国内第一座"工厂化"试验平台——长宁 H3 平台；2014 年 2 月，国内第一条页岩气长输管道投入运行。

经过十年的实践，在蜀南地区形成了页岩气勘探开发主体技术，包括六项：

① 综合地质评价技术：建立资源评价方法、技术体系，发现可供工业开发的区域、储层，指明勘定井位的方向。

② 平台+长水平段+分段体积压裂开发优化技术：大量节省土地，为"工厂化"作业创造条件。

③ 水平井优快钻井技术：水平段长度从 1000 米提高到 2500 米，钻探深度从 2500 米增加到 4300 多米，平均钻井周期从 175 天降至 76 天。

④ 分段体积压裂技术：显著提高单井产量和施工效率，关键工具、压裂液国产化，大幅降低成本。

⑤ 水平井组"工厂化"作业技术：包括"双钻机作业、批量化钻进、标准化运作"的工厂化钻井技术、"整体化部署、分布式压裂、拉链式作业"的工厂化压裂技术，实现了钻井、压裂工厂化布置、批量化实施、流水线作业。

⑥ 高效清洁开采技术：钻井泥浆不落地，水基钻屑无害化处理，油基钻屑常温萃取处理，压裂液用水循环利用。

威远区块、长宁区块的井均测试日产量分别从 11.6 万立方米、10.8 万立方米增至 20.1 万立方米、29.1 万立方米；一个平台的压裂作业时间，从 100 天降为 60 天；一口水平井的成本从 1.3 亿元降至 5000 万元以内。

2012 年 3 月，国家能源局在四川盆地蜀南地区批准设立四川长宁-威远、昭通两个国家级页岩气示范区，面积 6567 平方公里，地质资源量 6318 亿立方米。截至 2014 年 8 月，中国石油在长宁-威远页岩气示范区采集二维地震数据 6076 公里，三维地震 751 平方公里；完成井 30 口、获气井 22 口，井均测试产量 3.6 万方/天，其中水平井 17 口、井均测试产量 7.9 万方/天，投入试采井 14 口，日产气超过 90 万方，累计产气约 1 亿立方米。经过前期勘探与试采，确定长宁区块宁 201 井区、威远区块威 202 井区和威 204 井区为有利核心区，面积 615 平方公里，进行优先开发。2014—2015 年总投资 112 亿元，累计钻井 154 口，建成年产能 20 亿立方米，2015 年产量超 20 亿立方米。滇黔北昭通示范区，面积 15078 平方公里，资源量 3820 亿立方米。截至 2015 年 8 月，完钻 28 口井，其中直井 8 口、水平井 20 口。压裂 26 口获气 21 口，YS108H1-1 井初始最高产量 20.8 万方/天，总日产约 5 万方。2015 年建成年产能 5 亿立方米。中国石油计划 2014—2015 年在长宁、威远及昭通 3 个建产区块新钻井 153 口，老井利用

10 口，2015 年投入生产井 163 口，实现页岩气产量 25 亿立方米。2015 年四川盆地长宁、威远、昭通北等区块的 N201 井区、威 202 井区、昭通北 YS108 井区新增含气面积 207.87 平方公里，探明页岩气地质储量 1635.31 亿方、技术可采储量 408.83 亿方，已建成 25 亿方产能，累计投产 50 口，2014 年产量 1.08 亿方，累计产量 6.87 亿方。

（1）长宁—威远页岩气示范区

长宁—威远页岩气是分布在中国四川盆地南部的大型页岩气田（图 6-2-3），主要集中在长宁镇珙县、上罗以及威远、荣县、内江等地区，是中国国家发改委和能源局批复的页岩气示范区之一，主要产层段为奥陶系五峰组—志留系龙马溪组，2016 年建成产能 20 亿方/年。长宁—威远页岩气又称长宁—威远页岩气田或长宁—威远页岩气示范区。

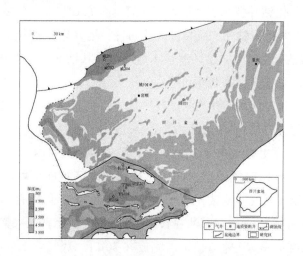

图 6-2-3　长宁—威远页岩气田地理位置

长宁构造和威远构造的油气勘探与开发工作均始于 20 世纪 30 年代至 90 年代，对于页岩气的勘探开发，由于受到北美页岩气开发风暴的影响，2005 年原国土资源部油气资源战略中心开始在全国范围内进行调查与研究工作。2008 年，中国石油勘探开发研究院在长宁背斜西北翼钻探了中国第一口页岩气地质评价井——长芯 1 井，在长宁构造奥陶系宝塔组完钻，明确了奥陶系五峰组—志留系龙马溪组页岩具有厚度大、有机碳（TOC）含量高、脆性强、含气性好等主要特点，并明确了五峰组—龙马溪组底部约 30 m 高 TOC 含量页岩段为最有利页岩气层段。2009 年 12 月 18 日，在威远地区开钻了中国第一口页岩气专层井威 201 井，2010 年在五峰组—龙马溪组压后测试获气 0.26 万方/天，揭示了该页岩具有较好的页岩气前景，一举发现了威远页岩气区（田），并设立了第一个页岩气矿权。与此同时，长宁构造宁 201 井的钻探发现了长宁页岩气区（田）。2011 年又在威远地区钻探了中国第一口水平井威 201-H1，经水力压裂后获商业性气流。2012 年在长宁页岩气区钻获了中国第一口商业性页岩气水平井宁 201-H1 井，水力压裂后获得高产气流。2013 年，国家发改委和能源局批准成立长宁—威远页岩气示范区。2016 年长宁—威远页岩气田累产页岩气 20.09 亿方，探明地质储量 1635.31 亿方。

长宁—威远页岩气田位于四川盆地的川南低陡构造带，地表地形相对平坦，海拔 200~750 m，长江干流及直流贯穿整个地区，水资源丰富，是四川盆地常规天然气主产区，地面设施和油气管网完善。页岩气产层为上奥陶统五峰组—下志留统龙马溪组，岩性以灰黑色富有机质页岩为主，常含有分散的海绵骨针等化石以及草莓状黄铁矿等，厚度 26~100 m，有机碳含量为 1.5%~6%，镜质体反射率主体为 1.5%~3%，热演化程度相对较高。产层埋深 900~4500 m，平均深度为 3000 m，孔隙度变化较大，介于 3%~10%，渗透率主体为纳达西，微纳米孔隙和微裂缝发育为页岩气提供了良好的储集空间。长宁—威远页岩储层脆性矿物含量一般为 30%~85%，平均 56.3%，其中，石英含量 21%~56%；黏土矿物含量一般为 25.6%~51.5%，平均 42.1%，以伊利石、绿泥石为主，易于压裂。

与北美页岩气田相比，中国页岩气田的勘探开发尤其需要注意寻找构造相对稳定、保存条件好或地层超压的区域。自震旦纪以来，四川盆地周边经历多期构造活动，导致盆地周缘下古生界地层大面积抬升剥蚀，断裂发育，改造区页岩气聚集条件遭到破坏，而长宁—威远页岩气田位于盆地内构造相对稳定区域，保存条件良好，有利于页岩气富集。保存条件体现在产层段的地层压力系数上，经钻探证实，五峰组—龙马溪组普遍见气，在确定的核心区内，压力系数大，为 1.4~2.2，长宁—威远页岩气田含气量平均为 4.1 m^3/t，而在盆地边缘区域，含气量只有 2.3~2.92 m^3/t，甚至存在无气流显示的可能，如图 6-2-4 所示。

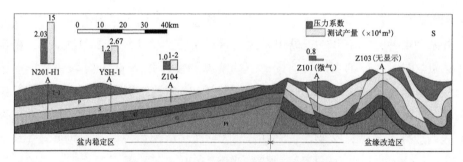

图 6-2-4　长宁—威远页岩气田保存条件

长宁—威远页岩气田的发现，丰富了中国页岩气成藏与富集规律的认识，指导后续的页岩气勘探开发工作。但也需清醒地认识到，中国页岩气勘探与开发不可能一蹴而就，需在扎实工作基础上明确不同地区、不同层系页岩气的特性，总结能够实现页岩气商业勘探与开发的共性，围绕基础理论、工程技术、装备体系等重点方向，集中优势力量，强化协同攻关，发展与中国地质和环境条件相适应的地质理论、工程技术和装备，争取早日在南方更广泛的地区实现页岩气勘探开发的突破。

（2）昭通页岩气示范区

昭通勘探开发示范区位于四川省和云南省交界地区，目的层为志留系龙马溪组富有机质页岩，作业者为中国石油。目前已落实四个有利区，面积 1430 平方千米，地质资源量 4965 亿立方米。目前年产能 5.5 亿立方米。

（3）富顺—永川页岩气合作开发区

富顺—永川勘探开发示范区主体位于四川省境内，为中国石油与壳牌的合作勘探开发区块。目的层为志留系龙马溪组富有机质页岩，已初步落实有利区面积约 1000 平方千米，地质资源量约 5000 亿立方米。2009 年，中国石油与壳牌公司合作开展富顺—永川区块页岩气联合评价，2013 年 3 月 PSC 合同获得国家商务部批复，是中国首个正式获批页岩气产品分成合同。富顺—永川对外合作区面积约 3500 平方公里，目前已完钻页岩气井 23 口，完成井 20 口，经过大型水力压裂后测试获气井 18 口，单井日产 0.3~43.0 万方，平均 11.6 万方/日，2013 年产气 0.4 亿立方米。累计投产 22 口井，累计生产页岩气量 2.5 亿立方米。

2. 涪陵页岩气田示范区

涪陵页岩气为产自中国四川盆地川东地区涪陵区块焦石坝的大型整装页岩

气田（图6-2-5），产层为上奥陶统五峰组—下志留统龙马溪组，又称涪陵焦石坝页岩气田。

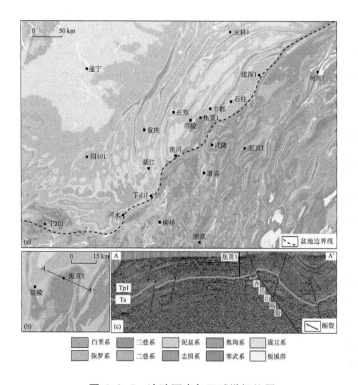

图6-2-5 涪陵页岩气区域勘探位置

涪陵页岩气田油气勘探始于20世纪50年代开展的地面石油调查工作，油气勘探工作经历了4个重要阶段。①常规天然气勘探阶段（1950—2009年）：20世纪50年代到90年代，原地质矿产部开展石油普查和地质详查，实施二维地震、MT测线和CEMP测线，发现和落实了焦石坝、大耳山、轿子山等背斜构造。中国石化自2001年开始在四川盆地涪陵、綦江等区块从事油气地质条件诸方面针对下组合油气勘探的区带评价，但由于勘探潜力不明确，在此期间内无实物工作量投入。②选区评价、优选目标钻探阶段（2009—2012年）：2009年，中国石化以四川盆地及周缘为重点展开页岩气勘探选区评价，完成了四川盆地及周缘丁山1井等40余口老井复查、习水骑龙村等25条露头剖面资料研究，进行了大量分析测试，在四川盆地威远构造威201井海相页岩气取得成功的启示下，初步明确了川东地区海相页岩气形成地质条件，提出了川东复杂构造区高演化海相页岩气"二元富集"地质认识,建立了三类18项评价参数的页岩气目标评价体系与评价标准,优选出焦石坝、丁山、屏边等一批有利勘探目标。2012年2月中国石化开钻了焦页1井,涪陵页岩气勘探从此拉开序幕。③勘探突破、评价阶段(2012—2015年):2012年5月钻探了焦页1HF井,2012年9月水平井完钻,完钻井深3653.99 m,水平段长1007.90 m。2012年11月,焦页1HF井水平段2646.09~3653.99 m分15段进行大型水力压裂,2012年11月28日,测试获日产20.3×10^4 m^3工业气流,宣告涪陵页岩气田发现。焦页1HF井获得商业发现后,焦页2井、焦页3井、焦页4井3口评价井实现了焦石坝构造主体控制。④勘探开发一体化阶段(2013年—):在焦页1HF~4HF井获得商业发现基础上,为加快涪陵页岩气田"增储上产"步伐,2013年初在焦页2井、焦页3井、焦页4井钻探的同时,为探索气田开发方式、评价气藏开发技术指标,优选焦页1井区部署开发试验井组进行产能评价,部署钻井平台10个,钻井26口。截至2017年12月31日,涪陵页岩气田累计开钻290口井(图6-2-6),完井256口,投产180口,累计探明储量达$6008 \times 10^8 m^3$,2017年产页岩气60.04×10^8 m^3,标志着涪陵页岩气田完成100×10^8 m^3/a产能建设目标。

图6-2-6 涪陵页岩气田 x 开采平台图

涪陵页岩气田主要地质特征:晚奥陶世-早志留世,四川盆地川东南地区为浅水—深水陆棚沉积环境,沉积了一套厚度较大的富有机质页岩。焦页1井等5口井钻探表明五峰组—龙马溪组下部富有机质泥页岩分布稳定,厚度为50~100

m；深水陆棚优质页岩（TOC≥2.0%）位于五峰组-龙马溪组的底部，厚度为38~43.5 m，具有粉砂质含量低、炭质含量高、笔石生物富集、页理缝发育等特点。五峰组-龙马溪组一段1亚段深水陆棚优质页岩（TOC≥2.0%）除具有厚度较大、有机质类型好（Ⅰ型）、热演化程度适中（R。值2.22%~2.89%，平均2.58%）外，相对于整个页岩气层（TOC≥1.0%），优质页岩气层还具有"高TOC、高孔隙度、高含气量、高硅质含量"的四高特征。优质页岩气层TOC 1.04%~5.89%，平均3.77%；孔隙度2.78%~7.08%，平均4.65%；总含气量3.52~8.85 m³/t，平均6.03 m³/t；脆性矿物以硅质矿物为主，31.0%~70.6%，平均44.8%。优质页岩气层电性特征则表现"高自然伽马、高铀、高声波时差、高电阻率，低密度、低中子、低无铀伽马"的四高三低的测井响应特征。

涪陵页岩气田开发坚持清洁生产、绿色开发，严格实行"废水循环用、废气减排放、废渣严处理"，创新形成"井工厂"施工模式、网电钻机推广应用、钻井岩屑资源化利用等适合页岩气开发特点的系列清洁生产实用技术，部分技术取得了国家专利，获得了显著经济效益，促进了"节能、降耗、减污、增效"的气田勘探开发全过程清洁生产。

气田开发实现核心技术自主和关键装备国产。涪陵页岩气田开发面对页岩气开发这一世界级难题，创新集成，形成页岩气藏综合评价、水平井组优快钻井、长水平井分段压裂试气、试采开发和绿色开发为主的五大具有涪陵页岩气开发特色的技术体系。针对涪陵页岩气田二期产建区构造复杂、断裂发育、埋深较大等新挑战，加大攻关力度，使埋藏3500米以深页岩气水平井优快钻井关键技术和深层压裂工艺取得重要进展。加强关键装备工具研发攻关，实现了导轨式钻机、3000型压裂车、易钻复合材料桥塞等钻井、压裂关键装备和配套工具的全部国产，并在气田批量推广应用，有效打破国外垄断，降低了生产成本，提高了生产效率。焦页1HF井安全生产1779天，焦页6-2HF井累计产气2.57亿方，分别创造了国内页岩气开发单井生产时间最长、累计产量最高的纪录；焦页81-5HF井测试日产气量62.84万方，已投产的250多口井均可实现井口超压自动关断，有效提高生产效率，降低开发成本。

继如期建成年产能100亿立方米后，近年来，涪陵页岩气田在技术、装备、工艺等方面取得的新突破层出不穷。2017年以来，涪陵页岩气公司在页岩气采掘中成功应用4500马力电驱动压裂泵系统，从理念上颠覆了过去的柴油机车驱动方式，并在变频传动及控制方面，采用了全数字变频多相控制技术，将目前最先进的通信网络技术与之结合，实现了远程操作与智能化控制。此举标志着我国页岩气开采核心技术装备在绿色智能方面取得实质性突破。

3. 四川盆地及周缘其他区块

除了以上重点建设区外，我国也正加快其他地区的页岩气勘探开发工作，并争取在 2020 年实现宣汉-巫溪、荆门、川南、川东、美姑-五指山等区块勘探开发突破。

（1）宣汉-巫溪勘探开发区

位于重庆市北部，目的层为志留系龙马溪组富有机质页岩，埋深小于 3500 米有利区面积 3000 平方千米，地质资源量约 2000 亿立方米。

（2）荆门勘探开发区

主体位于湖北省中西部，目的层为志留系龙马溪组-五峰组富有机质页岩，已在远安等地初步落实有利区面积 550 平方千米，地质资源量 3240 亿立方米。

（3）川南勘探开发区

位于四川盆地南部，包括荣昌-永川、威远-荣县两个区块，目的层为志留系龙马溪组富有机质页岩，已初步落实埋深小于 4500 米有利区面积 270 平方千米，地质资源量 2386 亿立方米。

（4）川东南勘探开发区

位于四川盆地东南部，目的层为志留系龙马溪组富有机质页岩，已在丁山、武隆、南川等地初步落实埋深小于 4500 米有利区面积 3270 平方千米，地质资源量 9485 亿立方米。

（5）美姑-五指山勘探开发区

位于四川盆地西南部，目的层为志留系龙马溪组富有机质页岩，初步落实埋深小于 4500 米有利区面积 1923 平方千米，地质资源量 1.35 万亿立方米。

4. 湖北宜昌地区

2016—2018 年，中国地质调查局武汉地质调查中心等单位，在油气地质调查程度较低的湖北宜昌地区黄陵隆起南缘斜坡区（图 6-2-7），以寒武系水井沱组、震旦系陡山沱组含气泥页岩层为调查重点，部署地球物理勘查和参数井钻探工程，取得了震旦系陡山沱组最古老页岩气藏、寒武系水井沱组页岩气、岩家河组和灯影组致密气等一系列重要发现。

钻获迄今全球最古老页岩气层，实现新元古代、早古生代页岩气勘查重大突破。震旦系陡山沱组形成于距今 635~550 Ma，鄂宜页 1 井在井深 2244~2389 m 钻获震旦系陡山沱组页岩 145 m，该段气测录井全烃从 0.16% 上升至 1.8%，岩心置于水中气显强烈，解析气点火可燃，对泥质白云岩、白云质泥岩做现场解析，总含气量为 0.394~2.00 m³/t，平均为 1.08 m³/t，其中 2268~2347 m 段页岩含气量为 0.58~2.00 m³/t，平均为 1.13 m³/t，为迄今已知最古老含气页岩。在井深 1786~1872 m 钻获寒武系水井沱组连续含气页岩 86 m，现场解析总含气量为 0.579~5.48 m³/t，平均为 2.047 m³/t，随深度增加，含气量有增高趋势，下部岩心浸水实验气泡强烈。总含气量连续超过 2 m³/t 的页岩厚度为 35 m（1837~1872 m），总含气量连续超过 3 m³/t 的页岩厚度为 18 m（1854~1872 m），平均值高达 3.86 m³/t。

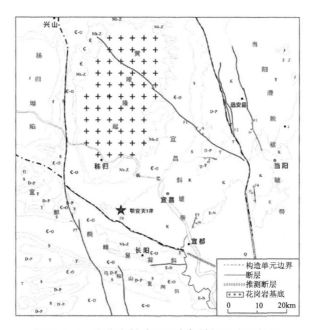

图 6-2-7　湖北宜昌地区页岩气勘探开发形势图

查明了宜昌地区寒武系页岩气多源混合成因，指示页岩气核心区分布。水井沱组页岩气具有干气和轻烃碳同位素倒转两个显著特征，与四川盆地筇竹寺组高成熟页岩气相似，主要来源于原油裂解气和干酪根裂解气的混合气。气体组成分析表明，CH₄ 含量介于 81.90%~95.48% 之间，平均超过 90%，C₂H₆ 含量介于 0.78%~3.95%之间，含微量丙烷；非烃气体中 N_2 含量低于 8%，CO_2 含量低于 1%，不含 H_2S，属于典型的干气。水井沱组 8 块岩心的干酪根碳同位素值为 $-29.325‰±1.935‰$，页岩解析气表现出 $\delta^{13}C_{org} \geq \delta^{13}C_1 > \delta^{13}C_2 < \delta^{13}C_3$ 的特点，符合碳同位素分馏方向，表明水井沱组烃源岩为页岩气的源岩。鄂宜页 1 井目的层页岩气干燥系数（C_1/C_{1-5}）大于 0.9852，处于过成熟阶段（R_o = 2.37%），且 $\delta^{13}C_1 > \delta^{13}C_2 < \delta^{13}C_3$（$\delta^{13}C_1 > \delta^{13}C_3$），发生了明显的甲烷、乙烷碳同位素倒转。勘探经验表明，具有轻烃碳同位素倒转的产气区往往对应着页岩气富集区，宜昌地区寒武系页岩气多源混合成因，指示该区为页岩气核心区域，对页岩气勘查具有指导作用。

评价认为水井沱组页岩气资源量大，是中扬子地区寒武系页岩气的重大发现。鄂宜页 1 井水井沱组 TOC 大于 2%的富有机质页岩厚 35.2 m，矿物组成中石英+长石含量平均为 32.9%，黏土含量平均为 33.1%，碳酸盐含量平均为 29.1%。有效孔隙度约 3%，总含气量高，页岩储层品质及完井品质较好，地表施工条件便利，适合后期钻探水平井及压裂改造获取产能。地震和钻探成果表明，寒武系水井沱组页岩有利区主要集中在黄陵隆起东南部，地震资料品质为 Ⅰ 类，厚度 20~86 m，埋深 1000~4500 m，有利范围为 1200 km²。页岩密度参照恩页 1 井，为 2.65 g/cm³，含气量参照鄂宜页 1 井，86 m 页岩含气量平均为 2.047 m³/t，采用体积法计算宜昌区块资源量，寒武系 4500 m 以浅的页岩区带资源量为 5624.2 亿方。

实现了天然气新层系、新类型发现，揭示了宜昌斜坡区良好的非常规天然气勘探前景，将扩展中扬子地区油气勘查领域。除寒武系水井沱组、震旦系陡山沱组外，鄂宜页 1 井在井深 1874~1925 m 的寒武系岩家河组中上部、井深 2040~2148 m 的寒武系灯影组下部均见明显气测异常。岩家河组气测录井全烃为 0.6%~1.07%，对 9 块钙质泥岩、泥质灰岩现场解析获得的含气量为 0.795~1.38 m³/t，平均为 1.06 m³/t，岩心浸水实验气泡剧烈。岩家河组泥质灰岩渗透率为 0.009~0.171 mD，平均 0.02 mD，属于非常规灰岩致密气。灯影组气测录井全烃为 0.477%~1.741%，平均为 1.028%，全烃含量大于 1%的深度段在 2102~2148 m 之间，对应灯影组下部深灰色纹层状泥质灰岩、白云质灰岩，属局限台地边缘斜坡相沉积，灯影组储层上覆岩家河组—水井沱组泥页岩可作为良好盖层。

初步建立了古隆起区斜坡带页岩气成藏模式。通过对鄂宜页 1 井寒武系水井沱组页岩含气性、沉积相、有机地化、孔渗结构的研究，初步建立了黄陵隆起南缘斜坡带页岩气成藏模式。自隆起区向斜坡-盆地过渡，页岩品质和顶底板封存条件均变好，坳陷区富有机质页岩厚度大、TOC 值高、有机孔发育，而隆起区页岩品质明显变差；下伏岩家河组作为底板只发育在坳陷区，在隆起区水井沱组页岩与灯影组白云岩直接接触。埋藏-热演化史表明，早古生代至早中生代，宜昌斜坡区以海相沉积为主，中间发生了多次较小规模的隆升剥蚀，地层格架稳定；水井沱组页岩在早志留世 S_1 中期开始生成原油，中志留世 S_2 早期达到生油高峰，晚二叠纪 P_2 中期开始生成轻烃气体，晚三叠纪 T_3 中期达到生气高峰；受印支-燕山运动影响，中生代之后黄陵地区缓慢隆升并遭受剥蚀，而隆起区外页岩持续埋藏或暴露地表，鄂宜页 1 井水井沱组未经历强烈深埋，区域盖层也未遭受强剥蚀作用。与周边地区相比，宜昌斜坡区页岩生烃高峰晚、热演化程度低、晚白垩世以来的晚燕山—早喜山期构造运动对页岩气的破坏作用小，显示出黄陵隆升对宜昌斜坡区页岩气成藏的重要制约作用。

5. 延安陆相页岩气田示范区

中国有海相、海陆过渡相和陆相 3 类页岩气资源。其中，陆相页岩气地质资源量达 27.56 万亿立方米，占页岩气地质资源总量的 22.4%。延安地区陆相页岩气估算地质资源量为 1.5 万亿立方米。海相页岩气相比陆相页岩气地质条件复杂，没有成熟的理论和技术指导，勘探开发难度极大。延长石油集团于 2008 年开始陆相页岩气研究和勘探开发，钻成国内第一口陆相页岩气井，开启了我国陆相页岩气勘探的序幕。10 年来，延长石油集团始终保持国内陆相页岩气勘探开发技术领先地位，初步形成陆相页岩气"甜点"综合识别技术、陆相页岩气水平井钻完井技术和陆相页岩气水平井压裂改造技术。尤其是创新性地研发了超临界二氧化碳页岩气压裂工艺，有效减少了土壤污染等环境问题，提高了页岩气单井产量，对缺水地区页岩气开发与环境保护具有重要意义。截至 2017 年底，延长石油集团在延安地区已累计完钻页岩气井 66 口，落实陆相页岩气地质储量 1654 亿立方米。与此同时，通过页岩气和石油、天然气兼探，累计探明石油地质储量 3140 万吨、天然气地质储量 534 亿立方米。

6. 其他招标区块

从第一轮、第二轮招标，中国页岩气共招标 21 个区块。2011 年 6 月，国土资源部首次举行页岩气探矿权出让招标。中国石油、中国石化、中国海油、延长油矿管理局、中联煤层气和河南煤层气六家公司进行投标，渝黔南川页岩气勘查区块和渝黔湘秀山页岩气勘查区块探矿权顺利出让。2012年10月进行第二轮招标，20个招标区块吸引了83家企业参与竞标，最终共有16家企业中标了19个招标区块。

2016年，国际能源巨头壳牌、康菲石油等先后退出了四川页岩气区块的合作。2017年7月6日，国土资源部对《贵州省正安页岩气勘查区块探矿权拍卖公告》。这也是近6年来，国家启动的首个页岩气资源出让。

三、中国海相页岩气富集模式

以四川盆地五峰组—龙马溪组海相页岩为代表，中国海相页岩气发育"构造型甜点"和"连续型甜点区"两类页岩气富集模式。"构造型甜点"以焦石坝页岩气田为代表，具有构造边缘复杂、内部稳定、裂缝发育等特点。"连续型甜点区"以威远—富顺—永川—长宁页岩气区（图6-2-8、图6-2-9、图6-2-10）为代表，属盆地内大型凹陷中心和构造斜坡区，面积大、稳定、连续分布。无论哪种富集模式，其富集高产均受沉积环境、热演化程度、孔缝发育程度和构造保存"四大因素"控制，特殊性在于高演化（R_o值为2.0% ~3.5%）和超高压（压力系数为1.3~2.1）：①半深水—深水陆棚相控制了富有机质、生物硅质-钙质页岩规模分布；②富有机质页岩 TOC 值高、类型好，处于有效热裂解气范围，控制了有效气源供给；③富硅质、钙质页岩脆性好，易发育基质孔隙、页理缝及构造缝，为页岩气富集提供充足空间；④拥有良好的储盖组合及处在构造相对稳定区，原油裂解气和储集层经深埋后抬升但保存状态始终较好，形成页岩气"超压封存箱"（图6-2-10）。

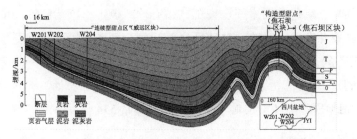

图6-2-8　四川盆地五峰组—龙马溪组海相页岩气富集模式图

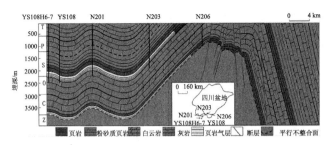

图 6-2-9 四川盆地长宁地区五峰组—龙马溪组页岩气田剖面图

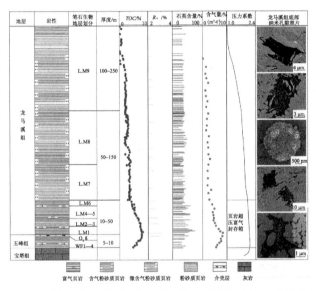

图 6-2-10 四川盆地五峰组—龙马溪组海相页岩气富集高产综合剖面图

第三节 中国页岩气勘探开发关键技术

通过页岩气勘探开发先导试验的持续攻关, 中国初步实现了目的层埋深 3500 m 以浅的三维地震勘探与压裂微地震监测、水平井钻完井、大型体积压裂、平台式"工厂化"生产模式等页岩气勘探开发关键技术、可钻式桥塞等重要装备与主要地质评价体系的国产化及规模应用。

1. 水平井钻完井技术

中国初步形成了五峰组—龙马溪组海相页岩气水平井快速钻完井技术, 机械钻速大幅提高，钻井周期大幅缩短。水平井井眼轨迹控制是保证页岩气井钻探成功以及获得高产的关键：①保证水平井段轨迹在五峰组顶部—龙马溪组底部厚 20 m 左右的高压封存箱中部钻进；②水平井段需要平行于最小主应力方向，井眼轨迹与最小水平主应力夹角越小，压裂改造储集层体积（SRV）就越大，单井产量与最终可采储量（EUR）就可能越高；③水平井段长度优化在 1500 m 左右，依据页岩储集层特征、工程技术难度、钻完井成本、井间干扰、压裂效果等因素，将四川盆地五峰组—龙马溪组页岩气水平井段长度优化在 1500 m 左右，为平台式"工厂化"水平井组部署提供了依据。

2. 平台式"工厂化"生产模式

在中国南方特殊地质、地表和水资源条件下，逐步形成了"钻井、压裂、生产"一体化交叉平台式"工厂化"生产模式，有效保护了环境，减少用地用水，实现了页岩气低成本、环境友好开发，提高了页岩气开发利用的经济性。四川盆地长宁、威远页岩气田采用同井场双钻机钻井模式，钻井成本降低 15% 以上。同时通过钻井工艺优化，钻井周期大幅缩短，长宁页岩气田钻井周期由勘探初期的 120 天降至目前的 60 天左右，威远页岩气田钻井周期已控制在了 80 天以内。

3. 大型体积压裂与压裂效果评价技术

四川盆地页岩气水平井大型体积压裂技术以"两大、一小、一低"为特征。①"两大"即大排量、大液量。大排量指压裂施工排量，一般为 10 m³/min 以上。大液量则为单段压裂用液量，一般为 2000～6000 m³。②"一小"为小粒径支撑剂，支撑剂一般采用 0.150～0.212 mm（70～100 目）和 0.212～0.425 mm（40～70 目）的陶粒。③"一低"是低砂比，压裂液平均砂液比为 3%～5%，最高不超过 10%。

目前正在试验和推广的页岩气水平井体积压裂技术有同步压裂、拉链式压裂等，它们是通过压裂设计增加井与井之间、段与段之间的岩石应力干扰，充分形成复杂交错的三维缝网，提高页岩储集层改造效果和保持压裂时效。长宁、威远页岩气田平台水平井组采用"同步+拉链"混合压裂模式，每天压裂段数由 2 段提高到 6 段及更多，压裂效率大幅提高。

4. 页岩气排采机制

中国探索形成了页岩气排采新机制，有效提高了页岩气井单井产量，实现了页岩气开发"提速增效"。

5. "压后焖井"新机制

中国南方海相页岩气开发初步形成了以压裂后焖井、裂缝闭合前小油嘴控制排液、裂缝闭合后逐级放大、后期减小油嘴等新的排采制度（图6-3-1），排采过程平稳，控砂排液效果好。观察认为压后焖井排采机制具有以下优势：①可持续产生微裂缝，改善页岩气解吸与扩散，增加泄气面积；②增加地层吸水量以减少返排量，压裂后关井一定时间能够使地层吸收部分压裂液，持续产生压裂缝、进一步加强裂缝的扩展，降低压裂液返排率，最终形成较大储集层改造体积；③维持地层超压。焖井能延缓裂缝闭合时间、降低井筒能量衰减速度、维持地层超压，提高单井产量和最终可采储量。

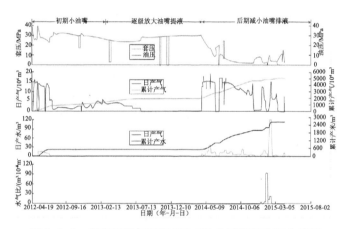

图6-3-1　长宁页岩气田宁201-H1井页岩气生产曲线图

6. "控压限产"生产新机制

页岩气开采有两种方式，即无阻畅喷和控压限产。"无阻畅喷"是在压裂后任由地层压力自然递减、不采取任何控压措施，使其在较短时间内快速采气以快速回收投资的一种开采方式，北美早期页岩气开发中常采用这种方式。"控压限产"是按一定开采速度，保持一定油压、套压，使产量达到稳定，当产量下降时采取焖井等措施保持产量稳定的开采方式，是中国南方海相页岩气采用的重要开采方式。对比发现"控压限产"开采方式具有以下优势：①保持人工裂缝长期开启，增加泄气面积；②有利于吸附气解吸，延长单井开采周期；③减少压裂液返排量，增强压裂效果；④提高单井最终可采储量，提高页岩气开发经济性。

第四节　中国页岩气勘探开发成功经验与挑战

1. 中国页岩气特殊性

北美页岩气具有先天优势，优质页岩厚度大、分布稳定，页岩气产层埋深适中，热成熟度适宜（R_o值为 1.1%~2.5%）。沉积埋藏演化过程中构造抬升次数少、抬升幅度小，未造成页岩气大规模破坏。资源富集"甜点区"范围较大（通常为 $0.5 \times 10^4 ~ 1.0 \times 10^4\ km^2$），页岩气层普遍超压，水平两向应力差及垂向应力差都较小（一般为 2~5 MPa），储集层压裂改造易形成纵横交错的网状体积裂缝，改造体积大（$4000 \times 10^4 ~ 12700 \times 10^4\ m^3$）。中国发育海相、海陆过渡相、陆相 3 类页岩气（储集层）（图 6-4-1），以中国南方五峰组—龙马溪组为代表的海相页岩厚 30~80 m，埋深较大（1 500~5 000 m），热成熟度高（R_o值为 2.0%~3.5%）。沉积埋藏演化过程中遭受过多次构造抬升且抬升幅度大，造成页岩气大规模的破坏。四川盆地西部（如威远页岩气田）及南部（如长宁页岩气田）区域地应力复杂，水平两向应力差大（变化范围 10~20 MPa），储集层压裂改造时不易形成网状体积裂缝，以水平方向的顺层裂缝为主，改造体积偏小（$4\ 000 \times 10^4 ~ 8\ 000 \times 10^4\ m^3$）。海陆过渡相页岩以薄互层（5~10 m）为主，物性差（孔隙度为 1.0%~3.0%）。陆相页岩埋藏深度大，热成熟度低（R_o值为 0.4%~1.3%），页岩气以生油过程中的伴生气为主，储集层含气量低（1.0~2.0 m^3/t），储集层脆性矿物含量低（20%~40%），可压性较差。四川盆地五峰组—龙马溪组海相页岩气为典型的高演化、超高压页岩气。超高压形成机制是：①以原油裂解气为主要气源的增压；②早期深埋增压、后期构造抬升，良好的顶、底板和侧向封堵条件使其较好地保存了早期较高的原始地层压力；③丰富的有机质纳米级孔喉构成的"微气藏"群的压力系统易于保存。海相超高压页岩气藏的关键评价指标及下限为：储集层压力系数大于 1.3、TOC 值大于 3.0%、孔隙度大于 4%和含气量大于 3.0 m^3/t 等。

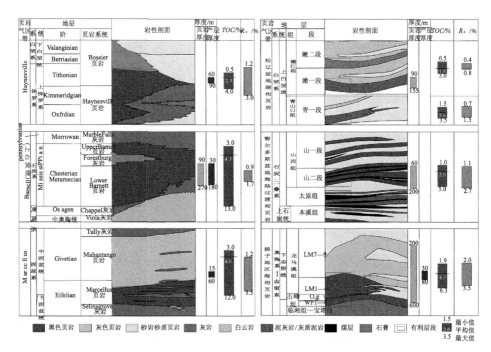

图 6-4-1　中美富有机质页岩类型与页岩气成藏基本特征对比示意图

2. 中国页岩气勘探开发成功经验

中国页岩气勘探开发坚持地质理论创新、勘探开发技术攻关，经过 10 年有效发展，形成了如下重要成功经验。

（1）选准"甜点区"，是页岩气取得成功的首要条件。中国页岩气勘探开发起步之初，以页岩厚度、TOC 含量、热演化程度、脆性程度、埋深等为主要条件，确定率先突破类型为南方古生界海相页岩气，重点主攻地区为四川盆地及邻区，重点突破层系为五峰组—龙马溪组。综合评价明确了页岩气地质特征及主控因素，提出了"又甜又脆又好"的页岩气富集"经济甜点区"优选标准，即含气量大于 3.0 m³/t、脆性指数大于 40%、埋深介于 1500~3500 m 等。

（2）打进"甜点段"，是页岩气水平井获得高产的重要保证。五峰组—龙马溪组 TOC 值大于 2.0% 的优质页岩层段厚为 30~70 m（图 6-4-2），页岩气富集高产"甜点段"的 WF1—LM5 发育丰富的叉笔石、尖笔石、轴囊笔石和冠笔石等笔石带，以富含生物硅质、钙质的页岩为主，平均 TOC 值为 3.0%~6.0%，孔隙度 4.0%~6.0%，含气量 3.0~8.0 m³/t，压力系数大于 1.3，水平井巷道控制在五峰组顶部—龙马溪组最底部 20~30 m "甜点段"中间位置，一般能够获得较高单井初产量和累计产量。

（3）优化水平段长度，是页岩气开发获得最佳经济效益的关键因素。目前四川盆地五峰组—龙马溪组页岩气水平井段平均长度为 1500 m 左右。长宁页岩气田 YS108 井区 20 余口井平均水平井段长度为 1 478 m，平均单井初始测试产量为 21.23×10^4 m^3/d；长宁页岩气田宁 201 井区 20 余口井平均水平井段长度为 1380 m，平均单井初始测试产量为 13.5×10^4 m^3/d；威远页岩气田 30 余口井平均水平井段长度为 1494 m，平均单井初始测试产量为 11.62×10^4 m^3/d；涪陵页岩气田近 30 口井平均水平井段长度为 1394 m，平均单井初始测试产量为 33.4×10^4 m^3/d。

（4）平台式"工厂化"生产模式，是页岩气开发降低成本的有效途径。四川盆地五峰组—龙马溪组页岩气勘探开发初步实现了同一钻井平台（井场）4~8 口水平井"工厂化"钻井和"同步+拉链式"压裂生产模式，单井钻井周期由初期的最长 195.69 天，缩短至当前的最短 33.7 天，压裂段数由初期的最多 10 段，增加到当前的平均 15 段（最高可达 26 段），2010 年至 2015 年，单井综合投资成本下降了 15%~25%。

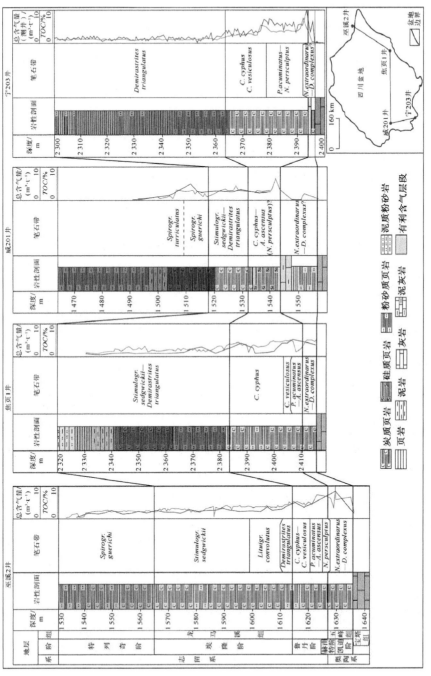

图 6-4-2 溪 2 井－焦页 1 井－威 201 井－宁 203 井五峰组-龙马溪组页岩气"甜点段"连井对比图

3. 中国页岩气勘探开发面临的挑战

中国页岩气勘探开发面临一系列挑战：①中国页岩气形成与富集机理尚不清楚，页岩气资源不确定性较大；②优质页岩气储集层精细地球物理识别与预测精度不够高；③"穿针式"水平井精准地质导向技术缺乏；④压裂效果微地震监测与评估方法需要完善；⑤山地—丘陵地区"小型工厂化"生产模式仍在探索中；⑥高效开发理论与产能评价处于起步阶段；⑦低压、低产井增产重复压裂技术需要攻关；⑧较高水资源消耗与环境保护有待改善；⑨全过程低成本勘探开发模式还没有形成；⑩有效组织与管理方法需要进一步深化。以下将其归纳为4个方面给予进一步阐述。

（1）页岩气资源不确定性较大。迄今中国页岩气勘探开发钻井仅800余口，且主要集中于四川盆地及邻区的五峰组—龙马溪组中，大区域钻井控制程度很低，无论是海相、海陆过渡相，还是陆相，其认识程度都较浅，页岩气资源具明显的不确定性。如海相页岩气资源评价风险存在于4个方面：一是有利区落实程度低、评价精度不高；二是经济资源埋藏深度不明确，目前仅实现了3 500 m以浅资源工业产量的突破，更深资源的经济性尚不清楚；三是四川盆地以外的构造改造区页岩气资源前景不明确；四是南方大面积低压、低产区的页岩气资源经济性尚不确定。

（2）3500 m以深页岩气勘探开发技术未突破。北美页岩气开采都以中浅层为主，中国通过引进吸收消化再创新初步形成了3500 m以内的中浅层页岩气技术系列。但中国深层页岩气资源潜力很大，仅南方3500~4500 m页岩气技术可采资源量达3.0×10^{12} m³左右，深层页岩气勘探开发技术刚处于探索初期，包括优质页岩气储集层精细地震识别与预测、水平井地质导向、压裂效果有效监测与评估、山地"小型工厂化"生产模式、高效开发理论与产能评价等多项技术需要强化攻关。针对3500 m深层的主要技术难点在于：①随埋深增大，构造更复杂，水平井钻井工程、井眼轨迹控制难度更大；②地层突破压力高，储集层体积改造难度大，改造效果差；③储集层物性变差，单井产量低，单井最终可采储量减小；④高温高压条件下，配套设备与工具性能要求高。所以，需要自主创新并形成中国特色深层页岩气理论技术和经验。

（3）水资源总体不足与环境保护难度较大。据四川盆地五峰组—龙马溪组页岩气井统计资料，单井钻井、压裂所用水量一般为25000~43000 m³，平均为35000 m³。页岩气开采依赖大量钻井压裂实现增产和稳产，水资源耗费较大。

页岩气资源分布区水资源相对匮乏是中国页岩气勘探开发瓶颈之一。页岩气勘探开发中另一密切相关的问题是环境保护，可能涉及的环境风险包括井场建设占用大量土地与地表植被破坏、钻井液与压裂液使用对土地与地下水资源污染、甲烷等烃类气体泄漏及其他有害物质排放对环境的污染，以及钻井、压裂、井场建设等产生的噪声对周边居民、动物的影响等。

（4）勘探开发成本仍较高。中国页岩气地质条件、地表条件都较复杂，勘探开发难度大、技术要求高，迄今成本仍居高不下。涪陵页岩气田单井综合费用平均为7000万~8500万元，威远—长宁—昭通页岩气田单井综合费用平均为6500万~7500万元，虽通过管理创新在不断降低成本，但目前仍处在低效益或无效益阶段，四川盆地外各区块的勘探开发目前还只有投入、没有产出，未来效益需要进一步评估。

附　录

2P Reserves：proven reserve + probable reserves 探明储量+估计储量

AEO：Annual Energy Outlook 美国能源情报署 EIA 发布的每年能源展望

API：American Petroleum Institute 美国石油组织

AU：Assessment Unit 评价单元

Bbl：Barrel 桶

Bbbl：Billion Barrels 十亿桶

Bbo：Billion Barrels of Oil 十亿桶石油

Bboe：Billion Barrels of Oil Equivalent 十亿桶石油当量

Bcf：Billion Cubic Feet 十亿立方英尺

Bcfd：billion Cubic Feet per Day 十亿立方英尺/日

Bcfe：Billion Cubic Feet of Equivalent 十亿立方英尺当量

Bcm：Billion Cubic Meter 十亿立方米

BEP：Break Even Point 盈亏平衡点

Bn：billion 十亿

Boe：barrels of oil equivalent 桶油当量

Btu：British thermal units 英制热单位

BLM：Bureau of Land Management （美国）土地管理局

CAGR ：Compound Annual Growth Rate 复合年增长率

Capex ：Capital Expenditure 投资成本

CBM：Coal Bed Methane 煤层气

CERI：Canadian Energy Research Institute 加拿大能源研究所

CFR：Code of Federal Regulations 美国联邦法规

Coal Bed Natural Gas 煤层天然气

CNG ：Compressed Natural Gas 压缩天然气

CEQ ：Council on Environmental Quality 环境质量委员会

CWA ：Civil Works Administration 土木工程署

D&C Costs：Drilling & Completions 钻完井成本

DA：Date Acquisition/analysis 数据采集/分析

DCF：Discounted Cash Flow 折现现金流量法或贴现现金流量法

DD&A：Depreciation, Depletion and Amortization 折旧损耗及摊销成本

Decision breakeven：全周期成本，包括钻井成本、完井成本、LOEs、生产税、矿权使用费、运输成本以及价格差，同时 10% 的收益率也计入在内

DOE：U. S. Department of Energy 美国能源部

Drilled but Uncompleted Wells（DUCs）：已钻井但未完井的生产井

DTA：Decision Tree Analysis 决策树分析法

E&P：Exploration and Production 勘探与开采的上游公司

EBITDA：Earnings Before Interest, Tax, Depreciation and Amortization 利息、所得税、折旧、摊销前盈余

GL：英制的液量单位，1GL＝118. 29ml

EIA：Energy Information Administration 美国能源情报署

ERCB：Energy Resources Conservation Board 加拿大能源保护局

EPA：Environmental Protection Agency 美国环境保护局

EOR：Enhanced Oil Recovery 提高原油采收率

ERR：Economically Recoverable Resource 经济可采资源

EUR：Estimated Ultimate Recovery 预计最终采收率

EV/EBITDAX：企业价值倍数，是一种被广泛使用的公司估值指标。EV：enterprise value

EBITDAX：earnings before interest, tax, depreciation and amortization。

F&D：Finding and Development（F&D）

包括勘探发现成本、钻完井成本

FCF：Free Cash flow 自由现金流

FDP：Field Development Program 现场开发计划

FERC：Federal Energy Regulatory Commission 美国能源管理委员会

FWS：Fish and Wildlife Service 鱼类与野生动物局

FR Failure Rate 故障率

FRS companies：Financial Reporting System companies 财务报告制度的公司

Ft：foot 英尺

G&A：General and Administrative Costs 综合行政管理成本

GJ：10 亿焦耳

Gal：gallon 加仑

GRI：Gas Research Institute 气体研究所

GORs：gas-oil-ratios 气油比

GECF：Gas Exporting Countries Forum 天然气出口国论坛

GHG：Green House Gas 温室气体

GPT Cost ：Gathering，Processing and Transport Cost 采集处理和运输成本

Gross wells 和 Net wells：Gross wells 是总井数，Net wells 是净井数。比如其中有一口井只有 60% 的产权，这口井在 gross 统计时可按照 1 口井来统计，但在 net 统计时只能统计为 0.6 口井

GWPC：Ground Water Protection Council 地下水保护委员会

HAP：Hazardous Air Pollutant 有害的空气污染物

HBP：held by production 生产才能保住租约

Henry Hub 亨利枢纽中心，美国天然气交易中心

HQ：headquarters 总部

HHP ：Hydraulic Horse Power 液压马力

IR ：Infra-red Ray 红外线

IOR：Improved Oil Recovery 提高收采率

IP：Initial Production 初产率

Lb：重量单位磅

LHV：Lower Heating Value 低热量值

LOEs：Lease Operating Expenses 租期作业费用

LPG：Liquefied Petroleum Gas 液化石油气体

LWD：Logging While Drilling 随钻测井

Mboe：Thousand Barrels of Oil Equivalent 千桶油当量

Mcf：Thousand Cubic Feet 千立方英尺

Mcfd：Thousand Cubic Feet per Day 千立方英尺/日

Mcfe：Thousand Cubic Feet Equivalent 千立方英尺当量

MM ：million 百万

MMBT：Million British thermal units 百万英热单位

MMcf：Million Cubic Feet 百万立方英尺

MTOE：Million Tonnes of Oil Equivalent 百万吨油当量

MMBOE：Million Barrels of Oil Equivalent 百万桶石油当量

MMBtu：每百万英国热量单位

Mn：million 百万

MoA：Memorandum of Agreement 协议备忘录

NBP：National Balancing Point 英国天然气交易中心

NEB：National Energy Board 加拿大国家能源署

NGL：Natural Gas Liquid 天然气液

NGVs：natural gas vehicles 天然气汽车

NPC：the National Petroleum Council 国家石油理事会

NRI：Net Revenue Interest 净收益

O&M：Operation and Maintenance 使用和维护

OCTG：Oil Country Tubular Goods 石油管材

OGJ：Oil and Gas Journal 油气期刊

OIP/GIP：Oil In Place/Gas In Place 地质储量/天然气地质储量

OPEC：Organization of Petroleum Exporting Countries 石油输出国组织

OPEX：Operation Expenditure 操作成本

OOIP：Original Oil In Place 原油就位

P/E：Price to Earning 市盈率

TOE：Tonne of Oil Equivalent 油当量吨

Proved Ultimate Recovery：Proved Reserve + Cumulative Production 最终可采
储量=探明储量+累积产量

PVP：Present Value of Profit 利润现值

R&M：Refining and Marketing 石油炼制和销售的下游公司

R&D：Research & Development 研发

ROR：Rate of Return 投资收益率

Royalty Rates 矿区特许权费率

S&P 标准普尔指数

SCF：Standard Cubic Feet 标准立方尺

SCO：Synthetic Crude Oil 合成原油

SEC：Securities and Exchange Commission 证券交易管理委员会

SRV：Stimulated Reservoir Volume 储层体积改造

SPR：Strategic Petroleum Reserve 战略石油储备

TCF：Trillion Cubic Feet 万亿立方英尺

TCFE：Trillion Cubic Feet Equivalent 万亿立方英尺当量

TDS ：Total Dissolved Solids 溶解性固体总量

TOC：Total Organic Content 有机碳含量

TPY：Tons Per Year 吨/年

TCF：Trillion Cubic Feet 万亿立方英尺

TRR：Technically Recoverable Resources 技术可采资源

TVD ：True Vertical Depth 实际垂深

USGS：United States Geological Survey 美国地质调查局

U. S. C. ：United States Code 美国法典

UIC：Underground Injection Control 井下注水控制

VOC：Volatile Organic Compound 挥发性有机化合物

WCSB：Western Canada Sedimentary Basin 西加拿大沉积盆地

WH：Well Head 井口

WTI：West Texas Intermediate 西德州中质原油

YOY：Year-On-Year 与去年同期相比

参考文献

［1］艾小莲. 实物期权定价模型在房地产投资决策中的应用研究［D］. 江苏大学博士论文，2009.

［2］安蓓. 2035 年中国将成为全球第二大页岩气产区［N］. 中国矿业报，2015.

［3］安林红. 页岩油气生产韧性超过想象［J］. 中国石油企业，2016，（12）：76-79.

［4］安林红. 支持美国页岩油生产韧性的因素及对未来产量的影响［N］国际石油网 2016 年 5 月 20 日 http：//oil. in-en. com/html/oil-2496450. shtml.

［5］安小龙，周恒. 油气田开发中传统经济评价方法研究［J］. 内蒙古石油化工，2010.

［6］Annual Energy Outlook 2018 with projections to 2050［R］《U. S. Energy Information Administration》.

［7］奥巴马. 三体研究［C］. 互联网论文库，2015.

［8］白晶. 页岩气"十二五"规划编制完成［N］. 中国能源报，2011.

［9］白生宝. 鄂尔多斯盆地南部延长组长 7 段页岩气储层评价［D］. 西安石油大学硕士论文，2015.

［10］白玉湖，陈桂华等. 页岩气产量递减典型曲线模型及对比研究［J］. 中国石油勘探，Vol. 21No. 52016 年 9 月.

［11］白玉湖，陈桂华等. 页岩油气产量递减典型曲线预测推荐做法［J］. 非常规油气，2017.

［12］白玉湖，杨皓，陈桂华，冯汝勇，丁芊芊. 页岩气产量递减典型曲线应用分析［J］. 可再生能源，2013 年 5 月，第 31 卷第 5 期.

［13］白玉湖，杨皓等. 页岩气产量递减典型曲线的不确定性分析方法［J］. 石油钻探技术，Vol. 41No. 4 2013 年 7 月.

［14］白玉湖，杨皓等. 页岩气产量递减典型曲线应用分析［J］. 可再生能源，2013.

［15］白志强. 川西南地区五峰组-龙马溪组页岩特征研究［D］. 成都理工大学硕士论文，2015.

［16］《BP 能源展望》2015 版、2016 版、2017 版、2018 版.

［17］《BP 世界能源统计年鉴》2015 版、2016 版、2017 版.

［18］蔡举. 基于实物期权法的油气勘探开发项目经济评价应用研究［D］. 西安石油大学硕士论文，2014.

［19］曹灿. 中石油集团天然气分公司发展战略研究［D］. 河北大学硕士论文，2013.

［20］曹倩. 区域脱钩［C］. 互联网论文库，2016.

［21］曹阳，陈琛等. 川西致密气藏裸眼水平井分段压裂技术［J］. 石油钻探技术，2012.

［22］常毓文，赵喆，郜峰，王曦. 低油价下的全球原油供需趋势［J］. 国际石油经济，2016，24（01）：60-63.

［23］陈昌. 原油价格的统计规律研究［C］. 互联网论文库，2015.

［24］陈传武. 涪陵页岩气田供气突破100亿立方米［J］. 中国石油和化工，2017.

［25］陈春威. 2017年全球油气行业资产及股权交易回顾与展望［J］. 国际石油经济，2018，26（05）：55-64.

［26］陈桂华，祝彦贺等. 页岩油气水平井井组地质油藏设计流程及其应用［J］. 中国海上油气，2013.

［27］陈率. 基于实物期权的煤炭项目投资决策研究［D］. 兰州商学院硕士论文，2010.

［28］陈美玲. 济阳坳陷古近系页岩油"甜点"地球物理响应特征研究［D］. 长江大学博士论文，2017.

［29］陈鹏. Ⅰ、Ⅱ类高煤阶煤水力压裂参数优化及软件开发［D］. 河南理工大学硕士论文，2012.

［30］陈蕊. 美欧对俄制裁长期利空国际油价［N］. 中国石油报，2014.

［31］陈小琼. 实物期权在新兴生物技术管理中的应用［D］. 电子科技大学硕士论文，2006.

［32］陈孝红，王传尚等. 湖北宜昌地区寒武系水井沱组探获页岩气［J］. 中国地质，2017.

［33］陈心明. 各向异性页岩体变形破坏特征的实验与数值模拟［D］. 西南石油大学硕士论文，2017.

［34］陈雁. 致密油形成的地质条件与富集模式［J］. 中国石油石化，2016.

［35］陈一鹤. 非常规天然气藏开发成本问题研究［J］. 中州煤炭，2015.

［36］陈赟. 2010年后我国能源结构转型研究［N］. 山东工商学院学报，2017.

［37］陈云天，蔡宁生等. 页岩气开采技术综述分析［J］. 能源研究与利用，2013.

［38］程林峰，吴凤秋. 一种标准测试岩心制作方法与孔渗参数配比研究［J］. 石油仪器，2008.

［39］程涌，陈国栋等. 中国页岩气勘探开发现状及北美页岩气的启示［N］. 昆明冶金高等专科学校学报，2017.

［40］仇斌. 基于实物期权的跨国经营对公司业绩影响的分析［D］. 对外经济贸易大学硕士论文，2007.

［41］崔娜. 矿产资源开发补偿税费政策研究［D］. 中国地质大学（北京）博士论

文，2012．

［42］大魔王．分段压裂二氧化碳［C］．互联网论文库，2016．

［43］单卫国．世界石油市场十年回顾与展望［J］．国际石油经济，2011．

［44］单阳威．上扬子地区下志留统页岩气经济评价［D］．成都理工大学硕士论文，2014．

［45］邓翔．川东地区下侏罗统大安寨段页岩气富集规律研究［C］．互联网论文库，2016．

［46］丁志君．非常规油气资源的勘探开发探讨［J］．中小企业管理与科技（中旬刊），2015．

［47］董大忠，高世葵等．论四川盆地页岩气资源勘探开发前景［J］．天然气工业，2014．

［48］董大忠，王玉满等．全球页岩气发展启示与中国未来发展前景展望［J］．中国工程科学，2012．

［49］董国良．鄂尔多斯盆地镇泾区块延长组长7页岩储层评价［D］．成都理工大学硕士论文，2012．

［50］董雷．页岩气资源开发趋势与展望［J］．中国远洋航务，2012．

［51］董旻蓉，陈钢等．页岩气开采技术与开发现状分析［J］．科技创新与生产力，2012．

［52］董志刚．水平井段内多缝分段压裂技术研究［N］．西南石油大学硕士论文，2016．

［53］豆金苗．油价下跌，迎来谁的"黄金时代"［N］．现代物流报，2014．

［54］段晓文．长庆油田公司天然气评价勘探项目风险分析方法研究［D］．西安理工大学硕士论文，2005．

［55］鄂金太．无碱二元复合体系驱油技术与经济可行性研究［D］．中国地质大学（北京）博士论文，2008．

［56］二叠纪盆地超级油田之王的前世今生［Z］光大证券，2017年08月．

［57］范世涛，赵峥等．专题一世界能源格局：四大趋势［J］．经济研究参考，2013．

［58］方圆．JY页岩气藏单井产量递减规律研究［D］．西南石油大学硕士论文，2016．

［59］飞飞．钻井过程中的新问题［C］．互联网论文库，2015．

［60］冯涛．实物期权及其在石油勘探开发中的应用［D］．对外经济贸易大学硕士论文，2004．

［61］凤凰财经，油价暴跌周年回顾，2015年5月31日http：//finance.ifeng.com/gold/special/2015opec/.

［62］付常青．渝东南五峰组—龙马溪组页岩储层特征与页岩气富集研究［D］．中国矿业大学博士论文，2017．

［63］甘辉．长宁地区龙马溪组页岩气资源潜力分析［D］．西南石油大学硕士论文，2015．

［64］高琨. 乌兰伊力更风电建设项目经济效益评价与环境影响分析［D］. 华北电力大学硕士论文，2012.

［65］高攀. "页岩革命"对全球油价影响几何［N］. 中国信息报，2014.

［66］高攀. 油价大跌考验美国"页岩革命"［N］. 经济参考报，2014.

［67］高世葵，董大忠. 基于实物期权的油气勘探经济评价的方法与实证［N］. 新疆石油学院学报，2004.

［68］高世葵，董大忠. 油气勘探经济评价的实物期权法与传统方法的综述分析与比较研究［J］. 中国矿业，2004.

［69］高世葵，董大忠. 油气勘探开发的二种期权决策方法［N］. 中国矿业大学学报，2004.

［70］高世葵，董大忠. 油气资源勘探开发项目的期权特征及决策方法［J］.《国际石油经济，2004.

［71］高世葵，朱文丽等. 页岩气资源的经济性分析——以 Marcellus 页岩气区带为例［J］. 天然气工业，2014.

［72］高世葵，朱文丽等. 页岩气资源的经济性分析—以 Marcellus 页岩气区带为例［J］. 天然气工业，2014.

［73］葛宁君. 房地产投资项目的实物期权方法研究［D］. 天津大学硕士论文，2007.

［74］宫云鹏. 南川地区构造特征及对龙马溪组页岩储层物性的控制作用［N］. 中国矿业大学硕士论文，2015.

［75］龚建明，王建强. 由上下扬子对比探讨南黄海中—古生界油气保存条件［J］. 海洋地质前沿，2017.

［76］龚小卫，李玮等. 国内非常规油气勘探开发技术研究现状及难点分析［J］. 中国锰业，2017.

［77］管清友，李君臣. "页岩气革命"与全球政治经济格局［J］. 西部资源，2013.

［78］管清友，李君臣. 美国页岩气革命与全球政治经济格局［J］. 国际经济评论，2013.

［79］管清友，李君臣. 页岩气：美国能源革命和中国战略瓶颈［N］. 中国经营报，2013.

［80］管全中，董大忠等. 层次分析法在四川盆地页岩气勘探区评价中的应用［N］. 地质科技情报，2015.

［81］光大石化化工裘孝锋团队，二叠纪盆地超级油田之王的前世今生［Z］和讯网，.

［82］郭来源. 陆相断陷湖盆富有机质页岩非均质性及其控制因素分析［N］. 中国地质大学博士论文，2017.

［83］郭琳. 进军页岩气勘探开发［J］. 中国投资，2011.

［84］郭明晶，成金华等. 油气勘探开发项目投资决策路径的设计［J］. 地质通报，2006.

［85］郭旭升，胡东风. 涪陵页岩气田富集高产主控地质因素［J］. 石油勘探与开发，2017.

［86］郭旭升，胡东风等. 四川盆地焦石坝地区页岩裂缝发育主控因素及对产能的影响［J］. 石油与天然气地质，2016.

［87］郭迎春，庞雄奇等. 致密砂岩气成藏研究进展及值得关注的几个问题［J］. 石油与天然气地质，2013.

［88］国际石油价格变化的历史解读 http：//www. 360doc. cn/mip/727153228. html .

［89］韩蓉. 基于因子分析方法的中国能源安全评价［C］. 互联网论文库，2016.

［90］郝洪，郑仕敏. 石油开发项目决策的期权方法［N］. 石油大学学报（社会科学版），2003.

［91］郝旭东. 创业投资决策中的实物期权理论方法研究［D］. 上海交通大学博士论文，2008.

［92］郝羽. 中小商品流通企业资金管理问题研究-以北京某超市为例［C］. 互联网论文库，2015.

［93］何接，黄贵花，唐康. 巴肯致密油地质特征及开发技术研究［J］. 石油化工应用，2017.

［94］何接，杨文博. 巴肯致密油地质特征及体积压裂技术研究［J］. 石油化工应用，2017.

［95］何清. 高标准补贴出台页岩气招商再添利器［J］. 21 世纪经济报道，2012.

［96］何晓伟. 能源与金融市场：谁在左右原油价格？［J］. 国际石油经济，2012.

［97］贺冠文，陈冠宇，梁冬琪. 页岩气革命与中国能源安全［J］. 当代化工研究，2017，P：12-13.

［98］贺沛. 同步压裂井间裂缝模拟研究［D］. 西安石油大学硕士论文，2016.

［99］贺彦，付小平. 勘探南方陆相页岩气项目收官［N］. 中国石化报，2014.

［100］侯明明. 防砂方式优选及产能评价研究［D］. 长江大学硕士论文，2012.

［101］侯明扬，杨国丰. 北美致密油勘探开发现状及影响分析［J］. 国际石油经济，2013.

［102］侯明扬，张杨. 页岩油开发对国际油价的影响研究［J］. 国际石油经济，2014.

［103］侯明扬，周庆凡. 全球致密油开发现状及对国际原油价格的影响［J］. 资源与产业，2014 年第 1 期.

［104］侯明扬. 2017 年全球油气资源并购市场特点及前景展望［J］. 国际石油经济，2018，26（03）：28-35.

［105］侯明扬. 美国页岩油气资源发展的影响与启示［J］. 改革与战略，2014.

［106］侯明扬. 又是油价起伏时 且看并购风云起［N］. 中国石报，2017 年 03 月（008）.

［107］侯明扬. 致密油将降低国际油价？［J］. 中国石油石化，2013.

［108］胡城翠. 实物期权在煤炭资源开发投资决策中的应用［D］. 内蒙古工业大学硕士论文，2006.

［109］胡菲菲. 民族地区环境税收问题研究：效应评价、政策模拟与实施路径［D］. 宁夏大学博士论文，2017.

［110］胡钶. 基于实物期权法的油田勘探开发项目一体化经济评价［J］. 经济师，2010.

［111］胡钦红，张宇翔等. 渤海湾盆地东营凹陷古近系沙河街组页岩油储集层微米—纳米级孔隙体系表征［J］. 石油勘探与开发，2017.

［112］胡文瑞. 中国非常规天然气资源开发与利用［N］. 大庆石油学院学报，2010.

［113］胡延旭. 低渗透砂岩油藏特征及其发展趋势［J］. 河南科技，2014.

［114］胡杨，贾志坤. 微地震数据综合解释技术［J］. 科技视界，2016.

［115］华文. 40年的等待：国际油市风云又起？［N］. 中国石化报，2016年1月，第008版.

［116］黄昌武. 中国致密油革命：看得见的未来［J］. 石油勘探与开发，2013.

［117］黄昌武. 中国致密油革命：看得见的未来［J］. 石油勘探与开发，2014.

［118］黄典荣. 世纪及其年代的表述方法应当改进［N］. 语言文字周报，2012.

［119］黄亮. 期权定价理论在投资决策中的应用［N］. 云南财贸学院学报，2001.

［120］黄邱贝. 复杂地质背景下页岩含气性主控因素［C］. 互联网论文库，2016.

［121］黄伟. 基于期权理论的油气田工程投资决策分析［D］. 天津大学博士论文，2007.

［122］黄文俊. 陕北绥靖地区延长组长6油层组三角洲砂体分布与成藏有利目标预测［D］. 中南大学硕士论文，2012.

［123］http：//futures. hexun. com/2017-08-15/190443423. html，2017年8月15日.

［124］http：//www. hebgt. gov. cn/heb/gk/kjxx/gjjl/101489821280508. html，2016年12月28日.

［125］http：//www. sohu. com/a/220475790_ 814194，2018年2月2日.

［126］http：//www. sohu. com/a/220475790_ 814194，2018年2月2日.

［127］https：//www. sohu. com/a/220055076_ 661705，2018年1月31日.

［128］济民. 北美页岩油气：能源盛宴的"头盘"［N］. 中国石化报，2014.

［129］加拿大天然气供需形式与出口展望［Z］国际燃气网，http：//gas. in-en. com/html/gas-2862046. shtml，2018年6月25日.

［130］加拿大页岩气开采与环境问题［Z］河北省国土资源厅网站，.

［131］加拿大油砂VS美国页岩油境遇大不同［Z］搜狐网，.

［132］加拿大油砂VS美国页岩油境遇大不同［Z］搜狐网，.

［133］姜植杰. 页岩气开发压裂技术工艺与压裂液体系研究［C］. 互联网论文库，2015.

［134］蒋官澄. 孤东油田出砂状况模拟及治理对策研究［D］. 中国海洋大学博士论文，2005.

［135］蒋源. 云南昭通—曲靖地区筇竹寺组页岩气储层研究及重点地段资源预测［D］. 昆明理工大学博士论文，2016.

［136］解习农，郝芳等. 南方复杂地区页岩气差异富集机理及其关键技术［N］. 地球科学-中国地质大学学报，2017.

［137］金学. 密云电网改造项目经济评价研究［D］. 南华大学硕士论文，2012.

［138］鞠耀绩，孙曼. 基于实物期权法的石油开采项目评价方法研究［J］. 中国矿业，2011.

［139］瞿辉，黄汝庆等. 2015 年国际石油市场走势预测［J］. 中国石油和化工经济分析，2015.

［140］康玮. 页岩气资源税费制度研究［D］. 中国地质大学（北京）硕士论文，2012.

［141］克里斯托弗·赫尔曼，颜会津. 美国页岩油热潮不可持续［N］. 中国能源报，2013.

［142］孔川. 天然气区域管网规划设计理论研究［D］. 重庆大学博士论文，2016.

［143］孔令峰，李凌等. 中国页岩气开发经济评价方法探索［J］. 国际石油经济，2015.

［144］孔令峰，李凌等. 中国页岩气开发经济评价方法探索［J］. 国际石油经济，2015.

［145］匡建超. 石油勘探开发集成化经济评价系统研究［D］. 成都理工大学博士论文，2006.

［146］兰洁. 中国石油在川探明 3 个区块页岩气储量［J］. 天然气与石油，2015.

［147］郎莹. 国际油价波动环境下的跨国石油企业适应力研究［D］. 武汉大学博士论文，2010.

［148］浪溪. 裂缝压裂［C］. 互联网论文库，2016.

［149］雷群，王红岩等. 国内外非常规油气资源勘探开发现状及建议［J］. 天然气工业，2008.

［150］雷小清. 战略投资的期权决策模式［J］. 技术经济与管理研究，2000.

［151］雷星晖，羊利锋. 实物期权方法在投资项目评估中的运用［J］. 基建优化，2001 年第 2 期.

［152］李昊. 石油价格波动及对策研究［D］. 厦门大学硕士论文，2007.

［153］李海东，胡国松. 基于 DEA 模型的高校科技创新效率评价——以石油类高校为例［J］. 科技与经济，2017.

［154］李海军. 油气勘探开发投资项目风险因素分析及实物期权评价研究［D］. 西南石油学院硕士论文，2005.

［155］李继庆，梁榜等. 产气剖面井资料在涪陵焦石坝页岩气田开发的应用［N］. 长江

大学学报（自科版），2017.

[156] 李经辉. 涪陵地区下侏罗统页岩气富集条件研究 [C]. 互联网论文库，2016.

[157] 李军，白栋. 延长石油：老字号开启新航程 [N]. 中国化工报，2012.

[158] 李珂. 压裂技术与页岩气的开发 [J]. 中国石油和化工标准与质量，2012.

[159] 李莉. 实物期权在鄂尔多斯盆地安塞—靖安区块石油经济评价中的应用 [D]. 中国地质大学（北京）硕士论文，2005.

[160] 李利. 基于时间序列我国石油价格分析预测 [C]. 互联网论文库，2016.

[161] 李萌萌. 我国页岩气勘探开发项目融资模式研究 [D]. 西南石油大学硕士论文，2017.

[162] 李楠. DS-XXZ4 地区气藏工程设计 [D]. 互联网论文库，2015.

[163] 李平. 页岩气圈而不探，没门！[N]. 中国矿业报，2012.

[164] 李庆. 冀中坳陷束鹿凹陷中南部沙三下亚段砾岩及泥灰岩致密储层评价 [D]. 中国地质大学（北京）博士论文，2015.

[165] 李榕. 周庆，不确定条件下产能项目评价模型及应用 [J]. 大庆石油地质与开发，2012.

[166] 李生涛. 富有机质页岩的 TOC 变化与地震响应特征分析 [C]. 互联网论文库，2015.

[167] 李天星. "能源独立"将改变世界能源版图 [J]. 中国石油企业，2012.

[168] 李潇菲. 聚合物驱的经济评价方法研究 [D]. 中国石油大学硕士论文，2009.

[169] 李小刚，罗丹等. 同步压裂缝网形成机理研究进展 [J]. 新疆石油地质，2013.

[170] 李秀慧. 全球天然气供需格局研究 [D]. 中国地质大学（北京）博士论文，2013.

[171] 李玄武，韩艳敏. 水平井水力喷射环空加砂压裂工艺与异常情况处理措施 [J]. 化学工程与装备，2014.

[172] 李雪静. 世界能源格局调整与炼油工业发展动向 [J]. 石化技术与应用，2015.

[173] 李玉洁. 国际油价与我国石油供求关系研究 [D]. 中国地质大学（北京）硕士论文，2009.

[174] 李玉琦. 投资项目风险分析 [J]. 石油规划设计，1998.

[175] 李志龙. "中国式资源诅咒"问题研究 [D]. 重庆大学硕士论文，2009.

[176] 李志学. 实物期权理论对矿权价值评估方法的改进 [J]. 中国国土资源经济，2005.

[177] 李忠厚，吴小斌等. 威远气田某区块页岩气水平井产水率数值模拟研究 [N]. 延安大学学报（自然科学版），2016.

[178] 李洲. 川中公山庙地区大安寨段成藏地质特征研究 [D]. 西南石油大学硕士论文，2017.

［179］李自如，徐姝. 减轻有色矿山税赋迫在眉睫［J］. 有色金属工业，2002.

［180］李宗亮. 渤南—孤北地区深层天然气成藏机理研究［D］. 中国石油大学博士论文，2008.

［181］梁豪. 页岩储层岩石脆性破裂机理及评价方法［D］. 西南石油大学硕士论文，2014.

［182］梁建设，王存武等. 沁水盆地致密气成藏条件与勘探潜力研究［J］. 天然气地球科学，2014.

［183］梁静. 风险投资项目的风险分析方法研究［D］. 天津财经学院硕士论文，2001.

［184］梁鹏，张希柱等. 我国页岩气开发过程中的环境影响与监管建议［J］. 环境与可持续发展，2013.

［185］廖兴明，廖晓蓉等. 辽河断陷源内油气资源潜力分析［J］. 地质论评，2016.

［186］廖永远. 罗东坤等. 促进中国页岩气开发的政策探讨［J］. 天然气工业，2012.

［187］林斌. 岩石水和气体压裂破裂压力差异的理论和试验研究［D］. 中国矿业大学硕士论文，2015.

［188］林伦，张立岩等. 驱动油气产业发展科技创新怎么办？［N］. 中国石油报，2013.

［189］林缅，江文滨等. 页岩油（气）微尺度流动中的若干问题［J］. 矿物岩石地球化学通报，2015.

［190］林敏. 石油价格系统的随机模拟研究［D］. 西南石油大学硕士论文，2006.

［191］林学生. 吉林油田非常规油气开发技术进展研究［C］. 互联网论文库，2015.

［192］林学生. 吉林油田非常规油气开发技术进展研究［C］. 互联网论文库，2015.

［193］林学生. 吉林油田非常规油气开发技术进展研究［C］. 互联网论文库，2016.

［194］刘宝勇. 大型循环流化床底部区域气固两相流动特性研究［D］. 中国石油大学硕士论文，2008.

［195］刘斌. 油气勘探项目经济评价方法研究［J］. 中国石油勘探，2002.

［196］刘斌. 油气勘探项目经济评价方法研究［J］. 中国石油勘探，2002.

［197］刘飞，潘登. 长宁-威远构造页岩气井返排流程优化设计和返排特征分析［J］. 油气井测试，2016.

［198］刘浩. 高煤级煤储层水力压裂的裂缝预测模型及效果评价［D］. 河南理工大学硕士论文，2010.

［199］刘浩. 水力压裂提高页岩气抽采率的机理研究［D］. 重庆大学硕士论文，2014.

［200］刘火编译. 加拿大将成页岩油革命新阵地［N］. 中国煤炭报，2018 年 2 月 6 日，第 007 版，世界能源.

［201］刘立才，吴晋军. 层内爆炸应用于页岩气储层改造的可行性研究［J］. 中国石油和化工标准与质量，2012.

［202］刘龙. 页岩气资源开发利用管理研究［D］. 长安大学硕士论文，2014.

［203］刘宁. 国际石油价格影响因素研究［D］. 华中科技大学硕士论文，2009.

［204］刘瑞春. 生物质热风炉炭化燃料燃烧特性及配风技术研究［D］. 哈尔滨理工大学硕士论文，2016.

［205］刘若冰. 中国首个大型页岩气田典型特征［J］. 天然气地球科学，2015.

［206］刘素荣. 浅论国际石油价格风险影响因素及预警机制的建立［J］. 价格月刊，2008.

［207］刘星. 公共基础设施项目投资的实物期权方法研究［D］. 南昌大学硕士论文，2007.

［208］刘杨. 低油价猛戳美国页岩油行业痛处［N］. 中国证券报，2015.

［209］刘杨. 美国页岩油气革命热情难降温［N］. 中国证券报，2014.

［210］刘玉琴. 国际原油价格及其影响因素研究［D］. 天津大学硕士论文，2010.

［211］刘照德. 传统投资分析法与现实期权法的比较分析［N］. 重庆工学院学报，2002.

［212］刘振武，撒利明等. 页岩气勘探开发对地球物理技术的需求［J］. 石油地球物理勘探，2011.

［213］柳兴邦. 油气勘探经济评价指标和评价方法初探［J］. 油气地质与采收率，2002.

［214］卢益民，徐泽明等. 关于在湖南煤矿区开采利用页岩气的建议［J］. 2010 第十届国际煤层气研讨会，2010.

［215］陆益祥. 页岩油地质要素及甜点预测［D］. 长江大学硕士论文，2017.

［216］陆益祥. 页岩油地质要素及甜点预测［D］. 长江大学硕士论文，2017.

［217］路虹. 页岩油革命呼啸而来［N］. 国际商报，2018 年 4 月 3 日，第 004 版，环球.

［218］吕宾. 矿产资源补偿费费率调整及征收细化研究［D］. 中国地质大学（北京）博士论文，2012.

［219］吕晓岚，曲立. 基于二叉树期权定价法的我国油气勘探开发项目一体化经济评价［J］. 资源与产业，2010.

［220］吕晓岚. 基于实物期权法的我国油气勘探开发项目经济评价研究［D］. 北京机械工业学院硕士论文，2007.

［221］罗东坤. 油气勘探投资经济评价方法［J］. 油气地质与采收率，2002.

［222］罗佐县. 从美国油气并购看行业发展走向［N］. 中国石报，2017 年 02 月（002）.

［223］罗佐县. 美国页岩油勘探开发前景展望及其影响分析［J］. 技术经济与管理研究，2014.

［224］马超群，黄磊等. 页岩气井压裂技术及其效果评价［J］. 石油化工应用，2011.

［225］马超群，黄磊等. 页岩气压裂技术及其效果评价［J］. 吐哈油气，2011.

［226］马登科. 国际石油价格动荡：原因、影响及中国策略［D］. 吉林大学博士论文，2010.

［227］马广松. 控压钻井技术在四川金秋富顺区块的应用［D］. 东北石油大学硕士论文，2015.

［228］马明轩. 致密油成"不倒翁"，"铁三角"将更稳固！［D］. 中国石化报，http：//www. sohu. com/a/165358850_ 466965 .

［229］马也. 中美页岩气开发合作途径初探［N］. 国土资源情报，2014.

［230］马越. 天然气储运技术及应用发展研究［C］. 互联网论文库，2015.

［231］马越. 天然气储运技术及应用发展研究［C］. 互联网论文库，2016.

［232］美国解禁原油出口 一个时代的终结 http：//www. ccin. com. cn/ccin/news/2015/12/23/327376. shtml.

［233］苗月. 海塔盆地中部断陷油气成因机制研究［D］. 东北石油大学硕士论文，2011.

［234］聂海宽，金之钧等. 四川盆地及邻区上奥陶统五峰组—下志留统龙马溪组底部笔石带及沉积特征［N］. 石油学报，2017.

［235］聂晓敏，陆志奇等. 2013 页岩气开发技术简述［J］. 油气地球物理，2013.

［236］宁云才，钟敏. 低油价下致密油资源开发现状及应对措施［J］. 中国矿业，2017.

［237］牛犁. 国际油价走势回顾与展望［N］. 中国石化报，2009.

［238］潘宁. 国际石油价格形成机制分析与中国石油定价模式研究［D］. 复旦大学博士论文，2011.

［239］潘玉萍. 柴油/天然气双燃料燃烧过程数值模拟研究［D］. 广西大学硕士论文，2017.

［240］裴振中. 偏最小二乘—最大熵法在石油勘探风险评价中的应用［D］. 成都理工大学硕士论文，2005.

［241］彭彩珍，任玉洁等. 页岩气开发关键新型技术应用现状及挑战［J］. 当代石油石化，2017.

［242］彭齐鸣. 我国页岩气勘探开发稳步推进［J］. 能源，2014.

［243］彭贤锋，张昌民等. 油气资源经济评价方法研究［J］. 现代商业，2008.

［244］平玉兰. 天然气勘探项目风险评价及防范措施研究［D］. 大庆石油学院硕士论文，2009.

［245］齐晴，陈勇等. 页岩气地球物理关键技术研究［J］. 2014 年中国地球科学联合学术年会——专题 20：岩石物理与非常规油气勘探开发，2014.

［246］启航，高攀. 美"页岩革命"对全球油价影响几何［N］. 中国信息报，2014.

［247］钱强. 鄂尔多斯盆地上古生界烃源岩沉积、沉降、抬升剥蚀及生烃性、含烃性研究［D］. 西北大学硕士论文，2014.

［248］秦齐. 火山岩气藏体积压裂多裂缝协同效应及布缝优化研究［D］. 东北石油大学硕士论文, 2015.

［249］邱正松, 高宏松等. 页岩气钻探开发技术研究进展［J］. 西部探矿工程, 2012.

［250］屈振亚. 页岩气生成过程及其碳氢同位素演化［D］. 中国科学院研究生院（广州地球化学研究所）硕士论文, 2015.

［251］渠沛然. 致密油气: 不可忽视的"主力军"［J］. 中国能源报, 2013.

［252］渠艳东. 保健品原料生产企业质量成本控制的方法研究［D］. 对外经济贸易大学硕士论文, 2014.

［253］任晓莉. 生物絮凝剂制备及其对草浆造纸废水深度处理［D］. 大连理工大学硕士论文, 2015.

［254］阮徐可, 杨明军等. 不同形式天然气水合物藏开采技术的选择研究综述［J］. 天然气勘探与开发, 2012.

［255］森波尔. 页岩气储层产能模拟研究［C］. 互联网论文库, 2015.

［256］沙林秀, 潘仲奇. 基于 NPSO 的三维复杂井眼轨迹控制转矩的优选［J］. 石油机械, 2017.

［257］邵心敏. 陇东长 7 致密油储层改造缝网模态探讨［D］. 西安石油大学硕士论文, 2015.

［258］盛德涛. 页岩气压裂增产技术的研究与探讨［J］. 科技信息, 2013.

［259］石油出口禁令解除, 美国页岩油倾巢而出横扫全球市场［Z］https: //item. btime. com/m_ 9426621695f23b536, 2018 年 2 月 9 日.

［260］石元会, 周涛等. 页岩气工程大数据仓库建设与管理系统开发［J］. 录井工程, 2017.

［261］史杰青, 邓南涛等. 国外致密油增产技术发展及中国致密油开发建议［J］. 当代化工, 2015.

［262］宋国理. 国内成品油价格形成机制研究［D］. 吉林大学硕士论文, 2012.

［263］苏良银, 白晓虎等. 长庆超低渗透油藏低产水平井重复改造技术研究及应用［J］. 石油钻采工艺, 2017.

［264］孙海成, 汤达祯等. 页岩气储层压裂改造技术［J］. 油气地质与采收率, 2011.

［265］孙家祥. 防砂完井工艺经济评价［J］. 西部探矿工程, 2005.

［266］孙丽朝. 业外资本中标页岩气二轮招标［N］. 北京商报, 2012.

［267］孙萍萍. 基于实物期权的 BOT 高速公路投资决策方法研究［D］. 江苏科技大学硕士论文, 2010.

［268］孙雄. 滇东北地区下古生界页岩气储层特征与资源潜力研究［D］. 昆明理工大学硕士论文, 2015.

[269] 谭红旗. 稠油油藏热采出砂预测与防砂技术研究 [D]. 中国石油大学硕士论文, 2007.

[270] 谭红旗. 稠油油藏热采出砂预测与防砂技术研究 [D]. 中国石油大学硕士论文, 2007.

[271] 谭宗武. 试论期权在投资决策中的运用 [D]. 西南财经大学硕士论文, 2005.

[272] 唐志苇. 世界石油价格控制权的演变及我国的应对之策 [D]. 西南财经大学硕士论文, 2007.

[273] 陶博. XZ油田产量递减规律研究 [D]. 东北石油大学硕士论文, 2016.

[274] 田书超. 美国页岩气开发技术及政策研究（1970-2015）[D] 中共中央党校硕士论文, 2016.

[275] 童书兴. 论油价暴跌的原因及影响 [J]. 国际贸易问题, 1986年03期: 19-24.

[276] 汪海阁, 刘岩生等. 国外钻、完井技术新进展与发展趋势（Ⅱ）[J]. 石油科技论坛, 2013.

[277] 汪家铭. 四川页岩气勘探开发步伐加快 [J]. 四川化工, 2013.

[278] 王崇阳. 致密油藏注CO_2实验研究 [C]. 互联网论文库, 2016.

[279] 王大锐. 非常规油气突破引发世界石油工业科技新革命——访中国石油勘探开发研究院副院长兼总地质师邹才能博士 [J]. 石油知识, 2013.

[280] 王大锐. 致密油与页岩油开发面临的挑战—访国家能源致密油气研发中心副主任朱如凯 [J]. 石油知识, 2016.

[281] 王丹娜. 敲出障碍期权在房地产投资决策中的应用 [D]. 河南大学硕士论文, 2007.

[282] 王道富, 高世葵等. 中国页岩气资源勘探开发挑战初论 [J]. 天然气工业, 2013.

[283] 王定峰, 张孝栋等. 水平井分段压裂技术及在长北气田的适用性研究 [J]. 石油化工应用, 2012.

[284] 王斐彧. 我国能源净进口量变化对我国国际短期资本流动的影响 [C]. 云南大学硕士论文, 2016.

[285] 王凤龙. 基于油藏经营的油气田企业资本预算研究 [D]. 中国石油大学硕士论文, 2007.

[286] 王凤龙. 基于油藏经营的油气田企业资本预算研究 [D]. 中国石油大学硕士论文, 2007.

[287] 王海庆, 王勤. 体积压裂在超低渗油藏的开发应用 [J]. 中国石油和化工标准与质量, 2012.

[288] 王宏峰. 能源平衡或许能挽救贸易失衡 [N]. 中国矿业报, 2014.

[289] 王惠. 燃料二甲醚生命周期评价及其敏感性分析 [D]. 昆明理工大学硕士论

文，2009.

[290] 王建波. 秦家屯油田储量评价研究 [D]. 吉林大学硕士论文，2007.

[291] 王婧，陈蕊等. 新常态下的国际石油市场 [J]. 国际石油经济，2014.

[292] 王琨，杨慧壁. 等我国非常规油气资源研究进展 [J]. 地下水，2015.

[293] 王林. 美国页岩区并购"头炮"打响 [N]. 中国石化报，2018 年 04 月 （007）.

[294] 王玲，熊永生. 水平井压裂技术下的页岩气开发环境影响研究 [J]. 生态经济，2013.

[295] 王明飞，陈超等. 涪陵页岩气田焦石坝区块五峰组—龙马溪组一段页岩气储层地球物理特征分析 [J]. 石油物探，2015.

[296] 王明宣. 实物期权定价理论在石油开发项目价值分析中的应用 [D]. 南京理工大学硕士论文，2007.

[297] 王年平. 国际石油合同模式比较研究 [D]. 对外经济贸易大学博士论文，2007.

[298] 王宁. 大庆油田三次采油项目经济评价研究 [D]. 大庆石油学院硕士论文，2010.

[299] 王芮. 鄂尔多斯盆地志丹-甘泉地区延长组长 7 段页岩油及页岩气成藏条件研究 [D]. 西安石油大学硕士论文，2015.

[300] 王少豪. 机会的价值——期权理论在资产评估中的应用 [J]. 中国资产评估，2000.

[301] 王升健. 三次采油试验项目的实物期权方法评价研究 [D]. 吉林大学硕士论文，2007.

[302] 王卫忠. 新安边油房庄长 7 致密油水平井体积压裂技术研究及应用 [C]. 互联网论文库，2016.

[303] 王文文. 基于海外并购的企业成长研究 [D]. 山东大学硕士论文，2015.

[304] 王晓鹏. 柴达木盆地北缘中侏罗统页岩气成藏条件分析 [D]. 长安大学硕士论文，2015.

[305] 王艳艳. 钢连接件对脲醛树脂泡沫外墙外保温系统的影响研究 [D]. 哈尔滨工业大学硕士论文，2015.

[306] 王阳. 三塘湖油田条湖组致密油开发机理实验研究 [D]. 西南石油大学硕士论文，2016.

[307] 王玉芳，翟刚毅等. 四川盆地及周缘龙马溪组页岩产气效果影响因素 [N]. 地质力学学报，2017.

[308] 王元元. 基于实物期权博弈的矿山投资决策研究 [D]. 南华大学硕士论文，2008.

[309] 王月. 油田企业资本预算管理研究 [D]. 中国石油大学硕士论文，2009.

[310] 魏巍. 西部凹陷南部沙河街组储层孔隙度计算与有利区预测 [D]. 东北石油大学硕士论文，2013.

［311］魏炜，饶海涛. 关键技术创新发展对非常规能源产业发展的影响［J］. 非常规油气，2017.

［312］魏祥峰，赵正宝. 川东南綦江丁山地区上奥陶统五峰组—下志留统龙马溪组页岩气地质条件综合评价［J］. 地质论评，2017.

［313］魏旭. 水平井簇式压裂缝间干扰数值模拟应用研究［C］. 互联网论文库，2016.

［314］魏喆. 基于实物期权的基础设施特许经营项目价值研究及实证分析［D］. 天津大学硕士论文，2006.

［315］魏志红，魏祥峰. 页岩不同类型孔隙的含气性差异——以四川盆地焦石坝地区五峰组—龙马溪组为例［J］. 天然气工业，2014.

［316］温忍学. 采油企业财务分析与项目决策研究［D］. 天津大学硕士论文，2002.

［317］吴纯忠. 如何又快又好又省地开发我国页岩气——专家对我国页岩气开发的建议［J］. 国际石油经济，2013.

［318］吴辉然. 浅析国际石油勘探开发合同风险的规避［J］. 当代经济，2008.

［319］吴剑刚，杜一男等. 石油投资项目布莱克-斯科尔斯期权定价模型建立及应用［J］. 沿海企业与科技，2008.

［320］吴翔. 国际原油价格波动与我国经济增长内在关联机制的计量研究［D］. 吉林大学博士论文，2009.

［321］武兴兵. 高新技术风险投资的风险规避与优化模型［D］. 北京工业大学硕士论文，2001.

［322］www. eia. gov/aeo，2018 年 2 月 6 日.

［323］夏菁. 非常规致密油藏微观孔隙结构特征及其对开发的影响研究［D］. 西安石油大学硕士论文，2016.

［324］夏颖哲，王泽方. 美国页岩气开发的启示［J］. 中国财政，2013.

［325］夏志杰. 基于组合权衡的 IT 项目投资决策模型及方法研究［D］. 同济大学博士论文，2008.

［326］晓健. 国家能源局页岩气"十二五"规划编成［N］. 中国国土资源报，2011.

［327］肖钢，白玉湖. 基于环境保护角度的页岩气开发黄金准则［J］. 天然气工业，2012.

［328］谢军，张浩淼等. 地质工程一体化在长宁国家级页岩气示范区中的实践［J］. 中国石油勘探，2017.

［329］谢青. 六盘山盆地下白垩统页岩油气生成、聚集条件评价及有利区预测［D］. 长安大学博士论文，2017.

［330］辛新平. 煤层井下水力增透理论及应用研究［D］. 河南理工大学博士论文，2014.

［331］徐彬彬. 常规稠油油藏三次采油技术优选方法研究［D］. 中国石油大学硕士论

文，2008.

[332] 徐慧. 美国德克萨斯州页岩油气产能接近峰值？[J]. 资源环境与工程，2015.

[333] 徐可达. 海外油气田开发经济评价方法研究 [D]. 大庆石油学院硕士论文，2005.

[334] 徐坤. 置换开采天然气水合物实验研究 [D] 大连理工大学硕士论文，2013.

[335] 徐溯. 公允价值计量属性在万科集团的运用分析 [C]. 互联网论文库，2015.

[336] 徐玉高，武正弯，鲍春莉. 美国二叠纪盆地并购热潮和影响分析 [J]. 国际石油经济，2017，25（12）：38-45.

[337] 许冬进，廖锐全等. 致密油水平井体积压裂工厂化作业模式研究 [J]. 特种油气藏，2014 年 6 月，第 21 卷第 3 期：1-6.

[338] 许舟. 中国对外贸易中的内涵能源规模与结构 [D]. 暨南大学硕士论文，2016.

[339] 许舟. 中国对外贸易中的内涵能源规模与结构 [D]. 暨南大学硕士论文，2016.

[340] 荀忠义. 江苏油田 Z43 断块防砂技术研究与应用 [D]. 中国石油大学硕士论文，2007.

[341] 闫新义. 砂岩致密化形成机理探讨 [D]. 西安石油大学硕士论文，2016.

[342] 颜勇航. 三都综合利用电厂发电项目投资风险管理 [D]. 湖南大学硕士论文，2008.

[343] 杨迪. 青藏高原冻土区天然气水合物形成条件及分布研究 [C]. 互联网论文库，2015.

[344] 杨东伟. 国际油价波动对中国经济影响的 SVAR 模型分析 [D]. 西南交通大学硕士论文，2011.

[345] 杨帆. 鄂尔多斯盆地东部页岩气和煤层气形成与共同勘探开发潜力探究 [C]. 互联网论文库，2016.

[346] 杨建平. 辽河油田稠油防砂实验研究与防砂工艺决策 [D]. 中国石油大学博士论文，2007.

[347] 杨建平. 辽河油田稠油防砂实验研究与防砂工艺决策 [D]. 中国石油大学博士论文，2007.

[348] 杨杰，向启贵. 含硫气田水达标外排处理技术新进展 [J]. 天然气工业，2017.

[349] 杨金华，朱桂清等. 值得关注的国际石油工程前沿技术（Ⅱ）[J]. 石油科技论坛，2012.

[350] 杨凯澜. 鄂尔多斯盆地东南缘淌泥河地区长 7 段烃源岩研究 [C]. 互联网论文库，2015.

[351] 杨可薪，肖军等. 松辽盆地北部青山口组致密油特征及聚集模式 [N]. 沉积学报，2017.

[352] 杨欣荣. 煤炭投资项目风险分析与蒙特卡洛模拟 [D]. 中国地质大学（北京）硕

士论文，2006.

［353］杨旭光. 农机销售免征增值税后的销价［J］. 农机市场，1994.

［354］杨旭萍. 基于实物期权的油气勘探开发项目投资决策研究［D］. 中国石油大学硕士论文，2007.

［355］姚中辉，张俊华. 体积压裂技术在石油开发中的应用［J］. 中国新技术新产品，2013.

［356］叶清. 可燃冰—天然气水合物［J］. 厦门科技，2017.

［357］移峥峰. 页岩气应力/解吸/滑脱联合作用规律和多级渗流模型［D］. 中国矿业大学硕士论文，2016.

［358］阴启武. 孔二段致密油储层裂缝扩展与诱导应力场研究［D］. 西南石油大学硕士论文，2016.

［359］殷爱贞，付斌等. 国际油价波动影响因素分析及中国的能源对策研究［J］. 河南科学，2010.

［360］殷诚. 页岩气技术进步及其贡献率研究［D］. 中国地质大学（北京）硕士论文，2015.

［361］尹华平. 实物期权在"芙蓉盛世"项目投资决策中的应用研究［D］. 中南大学硕士论文，2007.

［362］于欢. 全球能源消费增速放缓［N］. 中国能源报，2014.

［363］余木宝. 全球油气业务并购波澜不惊［J］. 中国石化，2018（02）：68-71.

［364］袁书坤，陈开远等. 北美 Marcellus 页岩气藏多波勘探天然微裂缝检测［J］. 石油物探，2014.

［365］约瑟夫·奈. 页岩革命也是地缘政治革命［N］. 中国矿业报，2018 年 1 月 5 日，第 004 版.

［366］岳鹏升，石乔等. 中国页岩气近期勘探开发进展［J］. 天然气勘探与开发，2017.

［367］岳琦. 川南页岩气开发加码［N］. 中国矿业报，2014.

［368］詹旭. 国际原油价格波动的原因分析及政策建议［C］. 互联网论文库，2016.

［369］张超，杨建明. 铀矿开采项目经济评价方法研究［J］. 矿冶，2005.

［370］张寒. 商业银行石油储运项目贷款风险评估研究［C］. 互联网论文库，2015.

［371］张航伟. 延长石油集团技术创新体系建设研究［D］. 西北大学硕士论文，2012.

［372］张宏学，刘卫群. 页岩气开采的相关实验、模型和环境效应［J］. 岩土力学，2014.

［373］张焕芝，何艳青等. 国外水平井分段压裂技术发展现状与趋势［J］. 石油科技论坛，2012.

［374］张焕芝，何艳青等. 哈里伯顿公司致密气开发技术系列［J］. 石油科技论

坛，2013.

[375] 张剑. 多孔介质中水合物饱和度与声波速度关系的实验研究［D］. 中国海洋大学博士论文，2008.

[376] 张键，刘建仪等. 页岩的地球物理特征研究［N］. 重庆科技学院学报（自然科学版），2012.

[377] 张抗. 从致密油气到页岩油气—中国非常规油气发展之路探析［J］. 中国地质教育，2012.

[378] 张抗. 中美非常规油气概念差异及启示［J］. 中国石油企业，2012.

[379] 张快. 涪陵区块下侏罗统页岩气形成条件分析及有利层系优选［D］. 成都理工大学硕士论文，2015.

[380] 张莉，柳立. 浅析 H_2S 和 CO_2 对特高含硫天然气水化物形成温度的影响［J］. 天然气与石油，2006.

[381] 张丽华. 杰瑞创页岩气商业化利用新模式［N］. 中国矿业报，2015.

[382] 张乃欣. 中俄石油天然气工业合作产融结合模式研究［D］. 中国社会科学院研究生院博士论文，2016.

[383] 张爽. 阜新王营矿业有限公司的投资决策方法研究［C］. 互联网论文库，2015.

[384] 张所续. 加快我国页岩气勘探开发的建议［J］. 国土资源，2013.

[385] 张庭宾. 美国超级储备原油意在中东石油危机［N］. 第一财经日报，2015.

[386] 张万杰. 油田勘探开发项目经济评价研究［D］. 中国石油大学硕士论文，2007.

[387] 张蔚红，熊林芳. 页岩气钻采技术进展［J］. 地下水，2013.

[388] 张霄. 基于分形理论的体积压裂水平井产能预测方法研究［D］. 中国石油大学（华东）硕士论文，2014.

[389] 张小龙. 四川盆地及周边地区五峰组—龙马溪组页岩有机质特征、沉积环境和含气性研究［D］. 兰州大学博士论文，2015.

[390] 张学武. 成品油将保持较高价格［N］. 中国证券报，2003.

[391] 张雪慧. 当前国际油价低位运行的原因及影响分析［J］. 价格理论与实践，2009.

[392] 张彦彦. 我国矿产资源税费制度演进及资源税改革研究［D］. 石家庄经济学院硕士论文，2014.

[393] 张一鸣. 国家财政加大力度补贴页岩气［N］. 中国经济时报，2012.

[394] 张译戈. 长宁地区页岩气测井精细解释方法研究［D］. 西南石油大学硕士论文，2014.

[395] 张莹婷. 页岩气——天然气［J］. 工业炉，2013.

[396] 张永峰，杨树锋等. 用于油气勘探项目战略经济评价的实物期权法［N］. 石油学报，2003.

［397］张玉华，巩志启. 市场经济条件下矿井中长期生产发展规划经济效益评价问题的研究［J］. 煤炭经济研究，1995.

［398］张忠义. 陇东地区延长组长 7 段致密油地质特征及成藏机理研究［D］. 西南石油大学博士论文，2017.

［499］章铭. 基于资源 CGE 模型的资源税最优税率设计［D］. 中国地质大学（北京）硕士论文，2013.

［400］赵帮胜. 鄂尔多斯盆地下寺湾地区山西组泥页岩沉积地球化学特征与储层特征［D］. 长安大学硕士论文，2016.

［401］赵超能. 页岩储层水力压裂裂缝相互作用机理研究［D］. 西安石油大学硕士论文，2017.

［402］赵恒. 疏松砂岩油藏水平井完井方式优选［D］. 西南石油大学硕士论文，2007.

［403］赵洪伟. 海洋天然气水合物相平衡条件模拟实验及探测技术研究［D］. 吉林大学博士论文，2005.

［404］赵景影. 美国页岩油气革命对石油美元环流的影响分析［C］. 互联网论文库，2015.

［405］赵靖舟. 非常规油气有关概念、分类及资源潜力［J］. 天然气地球科学，2012.

［406］赵立翠［1］，高旺来［1］等. 页岩储层应力敏感性实验研究及影响因素分析［N］. 重庆科技学院学报：自然科学版，2013.

［407］赵前. 二叠纪盆地并购潮成因及展望［N］. 中国石油报，2016 年 10 月（002）.

［408］赵世彩. 油气勘探项目经济评价研究［D］. 中国石油大学硕士论文，2009.

［409］这两大巨无霸页岩油气田，正悄悄酝酿着阿省能源业大变革！［Z］搜狐网，.

［410］这两大巨无霸页岩油气田，正悄悄酝酿着阿省能源业大变革！［Z］搜狐网，https：//www. sohu. com/a/220055076_ 661705，2018 年 1 月 31 日.

［411］甄士民. 不完全信息下复合实物期权的定价研究［D］. 西安理工大学硕士论文，2006.

［412］郑翰林. 浅析页岩气革命对美俄能源地缘政治格局的影响［J］. 化工管理，2015.

［413］郑立军，才博等. 致密油储层改造技术研究与应用［J］. 油气井测试，2015.

［414］郑启航，高攀. 美国"页岩革命"能让油价跌多少［J］. 新华每日电讯，2014.

［415］中国石油新闻中心，美欧对俄制裁长期利空国际油价 http：//news. cnpc. com. cn/system/2014/08/12/001501878. shtml.

［416］中国页岩气网新闻中心. 美十九个页岩油气区带一览［Z］中国页岩气网，http：//www. csgcn. com. cn/news/show-21768. html，2013 年 8 月 6 日.

［417］舟丹. 我国页岩气的开发现状［J］. 中外能源，2014.

［418］周广照. 川中油田侏罗系大安寨致密油储层综合评价［C］. 互联网论文库，2016.

[419] 周吉光. 我国矿产资源有偿使用问题研究 [D]. 石家庄经济学院硕士论文，2007.

[420] 周娟. 石油勘探—开发一体化经济评价模型研究 [D]. 成都理工大学硕士论文，2005.

[421] 周娉. 中国煤层气产业发展评价及途径研究 [D]. 中国地质大学（北京）博士论文，2012.

[422] 周晓星. 鄂尔多斯盆地白河区长 4+5、长 6 油气富集规律研究 [D]. 西安石油大学硕士论文，2014.

[423] 周勇刚. 鼓励更多民企进入页岩气勘查开发 [N]. 中华工商时报，2014.

[424] 周月，陈保东，张彬. 天然气水合物实验装置的比较 [J]. 天然气与石油，2004.

[425] 周泽山. 页岩气，沉稳开发进行时 [N]. 中国石油报，2014.

[426] 周正武，刘新凯等. 保靖地区龙马溪组高成熟海相页岩吸附气量及其影响因素 [J]. 中国石油勘探，2017.

[427] 周作杰. 国际石油价格波动与我国经济增长的关联机制研究 [D]. 江苏大学硕士论文，2010.

[428] 朱恒江，王红伟. 出口物资在清关工作中存在的问题和建议 [M]《江汉石油科技，2013.

[429] 朱利先，赵慧琴. 绿色低碳发展模式的构建 [J]. 现代商业，2016.

[430] 朱利先，赵慧琴. 绿色低碳发展模式的构建 [J]. 现代商业，2016.

[431] 朱如凯，邹才能等. 中国能源沉积学研究进展与发展战略思考 [N]. 沉积学报，2017.

[432] 朱彤，俞凌杰. 四川盆地海相、湖相页岩气形成条件对比及开发策略 [J]. 天然气地球科学，2017.

[433] 朱文丽. 能源企业非常规油气资源经济评价研究 [D]. 中国地质大学（北京）硕士论文，2015.

[434] 朱晓军，朱建华. 分布式能源网络系统的探索与实践 [N]. 科学通报，2017.

[435] 朱怡. BP：中国能源消费增速持续减缓 [N]. 中国电力报，2014.

[436] 朱玉瑜. 水平井分段压裂技术研究 [C]. 互联网论文库，2016.

[437] 卓仁燕. 页岩气储层物性参数实验研究 [D]. 西南石油大学硕士论文，2016.

[438] 宗欣. 页岩气储层渗透特性研究 [N]. 互联网论文库，2016.

[439] 邹才能，杜金虎等. 四川盆地震旦系—寒武系特大型气田形成分布、资源潜力及勘探发现 [J]. 石油勘\探与开发，2014.

[440] 邹才能，陶士振等. "连续型"油气藏及其在全球的重要性：成藏、分布与评价 [J]. 石油勘探与开发，2009.

[441] 邹才能，陶士振等. 论非常规油气与常规油气的区别和联系 [J]. 中国石油勘

探，2015.

[442] 邹才能，杨智等. 纳米油气与源储共生型油气聚集 [J]. 石油勘探与开发，2012.

[443] 邹才能，杨智等. 页岩油形成机制、地质特征及发展对策 [J]. 石油勘探与开发，2013.

[444] 邹才能，杨智等. 中国非常规油气勘探开发与理论技术进展 [N]. 地质学报，2015.

[445] 邹才能，杨智纳等. 米油气与源储共生型油气聚集 [J]. 石油勘探与开发，2012.

[446] 邹才能，翟光明等. 全球常规-非常规油气形成分布、资源潜力及趋势预测 [J]. 石油勘探与开发，2015.

[447] 邹才能，张国生等. 非常规油气概念、特征、潜力及技术——兼论非常规油气地质学 [J]. 石油勘探与开发，2013.

[448] 邹才能，张国生等. 全球非常规油气勘探与理论研究新进展 [J]. 中国矿物岩石地球化学学会第14届学术年会，2013.

[449] 邹才能，张国生等. 全球非常规油气勘探与理论研究新进展 [J]. 中国矿物岩石地球化学学会第14届学术年会，2013.

[450] 邹才能，朱如凯等. 常规与非常规油气聚集类型、特征、机理及展望——以中国致密油和致密气为例 [N]. 石油学报，2012.

[451] 邹才能.“非常规革命”重塑世界能源格局 [N]. 中国石化报，2013.

[452] 邹金倍. 影响燃气调压器结冰的因素分析及防止其结冰的方法研究 [C]. 互联网论文库，2016.

[453] 邹雨时，张士诚等. 煤粉对裂缝导流能力的伤害机理 [N]. 煤炭学报，2012.

International Energy Outlook 2017 [R] 《U. S. Energy Information Administration》 www. eia. gov/ieo，2017 年 9 月 14 日.

[454] ETA. 2014 annual energy outlook [EB/OL]. (2014-04-01) [2014-09-12]. http：//www. eia. gov/forecasts/AEO/pdf/0383%282014%29. pd.

[455] Ibrahim H, Gidh Y, Purwanto A, et al. Holistic optimization approach improves economic viabilityof Bakken shale play. Woodlands, Texas：Society of Petroleum Engineers, April, 2011.

[456] INTEK. U. S. Shale Gas and Shale Oil Plays. Washington, D C：U. S. Energy Informa-tionAdmin istration, July, 2011.

[457] Global Data. Bakken Shale in the Us-oil Shale market analysis and forecasts to 2020. Glob aldata, June, 2010：1-36.

[458] KAISER M J. Haynesville shale play economic analysis [J]. Journal of Petroleum Science and Engineering, 2012, 82-83：75-89.

［459］Wood Mackenzie. Play Overview-marcellus northeast shale ［EB/OL］. ［S. 1.］: Wood Mackenzie Unconventional Gas Service. 2010.

［460］Wood Mackenzie. Play Overview-marcellus southwest shale EB/OL. ［S. 1.］: Wood Mackenzie Unconventional Gas Service. 2010.

［461］Global Data. Marcellus Shale in the US-GAS shale marketanalysis and forecasts to 2020 ［R］. London: Global Data 2010: 1-6.

［462］GIS data. Marcellus Shale play ［J/OL］. Q3 2012 North American Shale Quarterly. http: //nasq. hartenergy. com Shales/Marcellus/2012-q3/

［463］U. S. Energy Information Administration. Technically recoverable shale oil and shale gas resources ［R］//An assessment of 137 shale formations in 41 countries outside the United States. Washington DC: EIA, 2013.

［464］EIA. Shale gas and the outlook for U. S. natural gas markets and global gas resources ［EB/OL］. (2011-07-21) ［2014-09-18］. http: //www. eia. gov/pressroom/presentations/newell_ 06212011. pdf.

［465］EIA. The result has been rapid increases in production from the Barnett field ［EB/OL］ (2011-06-21) ［2014-0918］. http: //www. eia. gov/pressroom/presentations/newell_ 0621201. pdf.

［466］EIA. Review of emerging resources: U. S. shale gas andshale oil plays ［EB/OL］. (2011-07-01) ［2014-09-16］. http//www. eia. gov/analysis/studies/usshalegas/pdf/usshaleplays. Pdf.

［467］DOE Modern shale gas development in the United States. APrimer ［EB/O1］. (2009-04-01) ［2014-09-15］. http: //www. energy. gov/sites/prod/files/2013/03/10/Shalegasprimer-Online 4-2009 pdf.